海水水质国控网监测作业指导书

国家海洋环境监测中心　编

中国环境出版集团·北京

图书在版编目（CIP）数据

　　海水水质国控网监测作业指导书 / 国家海洋环境监
测中心编. -- 北京：中国环境出版集团，2024.9.
　ISBN 978-7-5111-5969-4

　Ⅰ．X832

　中国国家版本馆CIP数据核字第202435K109号

责任编辑　曲　婷
封面设计　彭　杉

出版发行　中国环境出版集团
　　　　　（100062　北京市东城区广渠门内大街 16 号）
　　　　　网　　　址：http://www.cesp.com.cn
　　　　　电子邮箱：bjgl@cesp.com.cn
　　　　　联系电话：010-67112765（编辑管理部）
　　　　　发行热线：010-67125803，010-67113405（传真）
印　　刷　北京中科印刷有限公司
经　　销　各地新华书店
版　　次　2024 年 9 月第 1 版
印　　次　2024 年 9 月第 1 次印刷
开　　本　787×1092　1/16
印　　张　18.5
字　　数　380 千字
定　　价　85.00 元

编 委 会

前　言

　　海水水质监测是海洋生态环境监测工作的重要内容之一，监测数据质量对于科学、客观地评价海水水质状况具有重要意义。目前，海水水质国控网监测主要依据《海洋监测规范　第 4 部分：海水分析》（GB 17378.4—2007）、《海洋监测规范　第 3 部分：样品采集、贮存与运输》（GB 17378.3—2007）开展，为进一步规范海水水质国控网监测工作，提升监测和质控技术水平，确保监测数据真实、准确、可比，编写本作业指导书。

　　本作业指导书共包括 44 个文件，内容包括海水水质国控网监测外业准备、现场监测、样品采集、预处理、保存、运输、交接等技术要求，pH、溶解氧、水温、盐度现场监测方法，化学需氧量、五日生化需氧量、亚硝酸盐氮、硝酸盐氮、氨氮、活性磷酸盐、铜、铅、锌、镉、总铬、汞、砷、硒、六价铬、氰化物、硫化物、挥发性酚、阴离子表面活性剂、六六六、滴滴涕、马拉硫磷、甲基对硫磷、苯并[a]芘、叶绿素 a、总大肠菌群、粪大肠菌群等分析方法以及实验室分析测试质量控制技术要求等。

　　本作业指导书主要参与编写单位有国家海洋环境监测中心、生态环境部海河流域北海海域生态环境监督管理局生态环境监测与科研中心、生态环境部珠江流域南海海域生态环境监督管理局生态环境监测与科研中心、河北省秦皇岛生态环境监测中心、天津市生态环境监测中心、辽宁省大连生态环境监测中心、山东省青岛生态环境监测中心、山东省烟台生态环境监测中心、山东省日照生态环境监测中心、江苏省环境监测中心、江苏省连云港环境监测中心、江苏省南通环境监测中心、浙江省海洋生态环境监测中心、福建省厦门环境监测中心站、广东省深圳生态环境监测中心站、广西壮族自治区海洋环境监测中心站、海南省生态环境监测中心。

　　本作业指导书由国家海洋环境监测中心负责解释。

目　录

海水水质国控网监测外业准备实施细则

1 适用范围

海水水质国控网监测外业工作包括现场监测、样品采集、预处理和保存。本实施细则适用于海水水质国控网监测的外业准备工作，其他近岸海域环境质量海水水质监测任务的外业准备可参照执行。

2 工作流程图

工作流程图如图1所示。

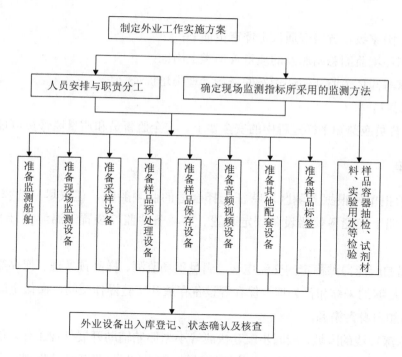

图 1　工作流程图

3 工作实施方案

海水水质国控网监测任务承担单位中标或确认接受委托后，需一周内通过数据传输系统提交工作实施方案。

4 人员安排与职责分工

4.1 人员持证上岗

采样和分析人员需持证上岗。无证人员需在有证人员监督指导下开展工作，数据质量由持证人员负责。参与外业工作的人员应购买人身意外保险。

根据船舶大小配置足够数量的外业人员，建议每船不少于 5 人。

4.2 质量监督员

外业质量监督员至少应从事海水水质监测外业工作 2 年，熟悉 pH、溶解氧、水温、盐度、水色、透明度等现场监测技术及质控要求，熟悉各监测指标样品采集、预处理、保存等技术及质控要求。

实验室质量监督员可优先选择具备以下条件或具备丰富的实验室分析测试工作经验的人员：

1）具有国家级、省级资质认定评审员证书；

2）中国环境监测总站颁发的质量管理类上岗证；

3）国家海洋环境监测中心颁发的质量管理类培训证。

4.3 安全监督员

安全监督员应熟知采样过程中的安全要求，安全监督员和质量监督员可以兼任。

5 监测船舶

5.1 任务承担单位根据监测区域特征选择合适的监测船舶，建议尽量选择专业调查船或监测船。船上应配备仪器设备固定装置、环境条件监控装置（温湿度计）、废液收集装置等。

5.2 监测船舶应能提供稳定的交流电源，满足现场监测、样品预处理、保存等需求。监测船舶应预留足够的采样和预处理、保存等设备存放和实验操作空间，操作空间应干净、整洁且远离船舶自身污染源。

5.3 对于水深较浅的区域，应同步配套快艇等小型船舶辅助开展外业工作。使用快艇等小型船舶时，应保证小型船舶能在 2 h 内返回陆地或到达专业调查船或监测船上，开展样品预处理和保存等操作。

5.4 采样单位需租赁船舶的，应与出租方签订租赁合同；需同步租赁采水器的，应在合同中明确标出租赁期间采水器的使用权和维护权完全归采样单位所有。

6 外业设备及其配套设施

6.1 现场监测设备

6.1.1 现场监测设备名称、数量、检定校准、期间核查要求

各单位按本单位资质情况携带温盐深剖面仪（CTD）、多参数水质仪、风速风向仪、透明度盘、水色计、水温计等设备。每台设备应一用一备。现场监测设备应在检定校准合格有效期内使用。

6.1.2 出入库登记

仪器出库前应按照《海水水质国控网监测外业准备作业指导书》中"第一部分 现场监测设备校准与核查方法"的规定进行核查并记录。水温、盐度、pH、溶解氧需填写核查记录表。仪器设备出入库均应详细记录设备名称、型号、数量、编号、出入库日期等信息。仪器设备的作业指导书及使用登记记录、检定/校准证书等材料应随机携带。填写现场监测设备出入库登记表。

6.1.3 仪器状态确认

出海前仪器使用者应对出海仪器设备各项条件逐一检查，按使用说明书的规定进行现场监测仪器设备的运输、安装、布放、操作、维护。一般情况下，仪器设备在船上安装后应先开启仪器进入工作状态，确认检查仪器能否正常工作。

6.1.4 仪器用校准、质控溶液等（pH、盐度）

出海前应确认是否携带 pH 计配套使用的校准缓冲溶液、pH 标准样品、标准海水、盐度标准样品，并检查是否在有效期内，是否变质。溶解氧零氧水应现用现配。相关试剂、溶液应做好备份。

6.1.5 原位监测所需配重等材料

根据仪器设备特性和现场水深等环境条件，合理选择配重规格、材质的铅鱼，以及必要的其他辅助材料。CTD 需根据水深设置不同配重，同时保证线缆通信正常。

6.1.6 记录

填写现场监测设备的基础信息、使用时间、仪器状态等。

6.2 采样设备及设施

6.2.1 采样设备名称

6.2.1.1 列出需要的采样设备名称，根据点位水深配备相应的海水采样设备及设施，主要有 CTD 采水系统、分层采水器、表层采水器（仅用于采集表层海水），表层油类采水器，电动或手动绞车。

6.2.1.2 计划使用 CTD 采水系统采样时，应同时配备分层采水器，确保 CTD 采水系统出现临时故障时海水样品可正常采集。

6.2.1.3 除 CTD 采水系统外，其他采水器应一用一备。

6.2.2 出入库登记

采样设备出入库均应详细记录设备名称、型号、规格、数量、编号、出入库日期等信息。采样设备的作业指导书、检定/校准证书（如有）等材料应随机携带。填写采样设备出入库登记表。

6.2.3 设备状态确认

出海前检查采样设备（如 CTD）携带的各种传感器和电压状态是否正常，确保电缆信号传输正常，检查控制系统是否正常。检查表层采水器、分层采水器的外观、密闭性等。

6.2.4 采样用配套材料（绞车、电缆、绳子、手套等）

检查采样设备专用绞车运行状态，维护记录是否正常，电缆是否良好，其他配套材料是否齐全。条件允许情况下加装安全绳。为防止采样过程的样品沾污，水文钢丝绳应以非金属材质涂敷或以塑料绳代替。使锤应以聚四氟乙烯、聚乙烯等材质喷涂。

6.2.5 记录

详细填写现场采样设备信息及状态情况。

6.3 样品预处理设备

6.3.1 预处理设备名称及预处理监测指标

6.3.1.1 应包括但不限于过滤装置（含滤膜）、萃取装置等。预处理设备需要按照标准规定的方法进行清洗、保存等，检查预处理设备工作状态，确保正常。

6.3.1.2 预处理监测指标主要有营养盐类、重金属类、石油类等。

6.3.2 出入库登记

应记录样品预处理设备名称、型号、规格、数量、出入库日期等信息。填写样品预处理设备出入库登记表。

6.3.3 设备状态确认

检查预处理设备的运行状态，确保正常使用。对抽滤装置、萃取装置的密封性进行检查。

6.3.4 预处理用试剂材料及其验收要求（实验用水、固定剂、滤膜等）

按照《海水水质国控网监测外业准备作业指导书》中"第二部分 样品预处理用试剂材料制备及检验方法"对实验用水、固定剂及滤膜等进行验收并形成记录。要求实验用水符合技术要求，固定剂在有效期内，滤膜按照规定进行前处理并检查滤膜空白。

6.3.5 记录

详细记录现场样品预处理设备信息及状态情况。

6.4 样品保存设备

6.4.1 各监测指标对应样品的保存要求

船上应配备冰柜、冰箱等样品保存设备。每个指标的样品保存方式根据《海水水质国控网监测样品采集、预处理、保存实施细则》的要求执行。

6.4.2 样品保存设备

样品保存设备主要包括冰箱、冷藏库、冷冻库、样品周转箱等。

6.4.3 出入库登记

记录样品保存设备名称、规格、型号、数量、出入库日期等信息。填写样品保存设备出入库登记表。

6.4.4 设备状态确认

出海前确认样品保存设备工作状态，确保正常使用并对其冷冻、冷藏温度进行监控。

6.4.5 样品保存配套材料（自封袋、样品框等）

检查样品保存配套材料是否齐全、充足，如样品标签、铝箔、密封带、封口膜、自封袋、样品箱等。

6.4.6 样品保存配套供电设备

监测船舶无法提供交流电的必须配有移动电源，并保证电量充足、电压稳定。出海前应检查船上样品保存配套供电设备运转状态是否良好，并做好维护记录更新。

6.4.7 记录

记录样品包装方式、数量和状态等信息。

6.5 音视频等监控设备

6.5.1 音视频设备名称、功能及软件配备条件

6.5.1.1 应配备足够的音视频设备，至少包括手机、北斗终端、执法记录仪等。音视频设备功能应满足调查需求，配备必需的软件。

6.5.1.2 音视频设备应能够覆盖现场监测、样品采集、预处理、现场保存等全流程。使用执法记录仪实时记录现场监测、样品采集、预处理、保存、船上分析测试（如有）等全过程。

6.5.1.3 执法记录仪技术参数要求：便携、操作简便、大广角、高清、至少能够储存 18 h 的视频记录、大容量电池。

6.5.2 数据传输系统接入要求

数据传输系统接口等部件要与监测船设备和实验设备相匹配，最好配备必要的转接设备，重要部件做好备份。

6.5.3 设备出入库登记

记录音视频设备名称、规格、型号、出入库日期等信息。船上安装的音视频设备记录名称、型号和使用时间。填写音视频设备出入库登记表。

6.5.4 设备状态确认

出海前安装调试相关的音视频设备，确保功能齐全，工作正常。

6.5.5 配套用材料（电源线、充电器等）

检查音视频设备配套用材料是否齐全，功能是否正常，并做好备份，完善设备失效预案。

7 样品容器清洗、抽检及包装

7.1 样品容器材质、容积等要求

按照《海水水质国控网监测样品采集、预处理、保存实施细则》中的要求配备样品容器。各监测指标准备的样品容器数量应为该监测指标计划采样数量的 1.2 倍以上。

7.2 样品容器清洗要求

按照《海水水质国控网监测外业准备作业指导书》中"第三部分 样品容器清洗及包装方法"的规定清洗样品容器。

7.3 样品容器抽检比例

样品瓶空白检查：样品瓶数量≤50 个时，抽查 10%（且≥2 个）进行空白测试；50～200 个抽检 5 个；200 个及以上抽检 10 个。

7.4 检查方法

按照与海水水质国控网监测指标相同的分析方法进行检查。

7.5 抽检结果评价

当测定结果大于检出限时，应查找原因，若是由试剂引起的，则更换试剂；若是由样品瓶引起的，则按下述要求处理：

1）样品瓶数量≤20 个时，如抽检结果中有 1 个不合格，则应全部重新洗涤，并按 20% 的比例（不少于 2 个）重新抽检，直至洗涤抽检合格。

2）20＜样品瓶数量≤100 个时，如抽检结果中有 1 个不合格，则在剩余样品瓶中继续按 10% 的比例补充抽检，如均为未检出，则样品瓶可以使用。如抽检结果中有 2 个及以上不合格或补充抽检仍有检出，则按 1）的要求重新清洗抽检，直至洗涤抽检合格。

3）样品瓶数量＞100 个时，如抽检结果中有 1 个不合格，则在剩余样品瓶中继续按 5% 的比例补充抽检，如均为未检出，则样品瓶可以使用。如抽检结果中有 2 个及以上不合格或补充抽检仍有检出，则按 1）的要求重新清洗抽检，直至洗涤抽检合格。

7.6 样品容器包装

应配备专业的样品包装箱，按照《海水水质国控网监测外业准备作业指导书》中"第三部分 样品容器清洗及包装方法"的规定对样品容器进行防沾污包装，以及包装完成后的打包装箱。确保在运输过程中将温度控制在允许范围内。

8　样品标签

　　所有样品均应有唯一性标签，并清晰记录。根据监测任务下达产生的二维码数据库进行标签的打印。可将标签全部提前打印，到站位后贴在样品瓶上，或者到达采样站位后，根据现场水深确定采样层次后现场打印标签。当站位的采样层次超过预设层次时，需要在海洋环境监测数据传输系统 App 中增加多出来的层次的原始浓度样编码，一般使用质控编码。

编写人员：
王艳洁（国家海洋环境监测中心）
胡序朋（浙江省海洋生态环境监测中心）
郭海川（河北省秦皇岛生态环境监测中心）
张蕾（河北省秦皇岛生态环境监测中心）

海水水质国控网监测外业准备作业指导书

第一部分　现场监测设备校准与核查方法

1　pH

1.1　适用范围

本方法适用于仪器出库前和现场监测期间 pH 计的校准与核查。

1.2　试剂及材料

1.2.1　标准缓冲溶液

分别购置有证邻苯二甲酸氢钾 pH 标准物质、磷酸二氢钾 pH 标准物质和硼砂 pH 标准物质，按照标准物质证书的要求配制成 pH 分别为 4.00、6.86 和 9.18（25℃）的标准缓冲溶液。至少应制备 pH 为 6.86 和 9.18（25℃）两种缓冲溶液。

1.2.2　有证标准样品

按照有证标准样品（GSB）证书中的方法进行标准样品的配制与保存。

1.3　仪器与设备

1.3.1　建议使用带有自动温度补偿功能的 pH 电极和仪器。

1.3.2　除被核查设备外的其他辅助设备等。

1.4　核查步骤

1.4.1　标准溶液、标准样品恒温至室温

将 pH 标准缓冲溶液及标准样品恒温至室温后用于 pH 计的校准与核查。

1.4.2　开机预热

开机预热 20～30 min 后进行仪器校准及标准样品测定。

1.4.3　电极清洗

用去离子水清洗电极 2～3 遍后，用吸水纸将电极吸干，备用。

1.4.4　曲线绘制

按照仪器使用规程（说明书）要求开展仪器的校准。将 pH 电极分别放入 pH 为 4.00、6.86 和 9.18（至少应包括 6.86 和 9.18）的标准缓冲溶液中，待仪器读数稳定后进行校准。

1.4.5　标准样品测试

将 pH 电极清洗并用吸水纸擦干后放入标准样品中，待仪器数据显示稳态后记录标准样品的 pH。

1.4.6 结果评价

将标准样品的 pH 实测值与标准值进行比较，在标准值 ± 不确定度范围内表明结果符合要求。

1.4.7 核查及评价结果记录

记录 pH 标准缓冲溶液校准和标准样品测定结果。

2 水温

2.1 适用范围

本方法适用于仪器出库前和现场监测期间水温传感器的校准与核查。

2.2 仪器与设备

2.2.1 被核查仪器。

2.2.2 经检定合格的表层水温表、多参数水质仪、数字测温仪等比对仪器。

2.3 核查方法

2.3.1 采用仪器比对的方法开展核查。

2.3.2 选择与被核查仪器相同准确度等级的比对仪器进行仪器比对。两台仪器均需在检定/校准有效期内。

2.3.3 向水槽中注入一定温度的水，将被核查仪器和比对仪器同时放入水槽内，水面要高于水温表感温部位，感温 5 min，读取两台水温表的水温。

2.3.4 若两台水温表的水温读数之差不超过 ±0.3℃，则表明比对试验结果为满意，若不满足上述要求，则表明比对试验结果为不满意。

3 盐度

3.1 适用范围

本方法适用于仪器出库前和现场监测期间盐度传感器的校准与核查。

3.2 仪器与设备

3.2.1 被核查仪器。

3.2.2 经检定合格的实验室盐度计、多参数水质仪、便携式盐度计等比对仪器。

3.2.3 一级标准海水。

3.2.4 二级标准海水。

3.3 核查方法

3.3.1 标准海水核查法

3.3.1.1 多参数水质仪、便携式盐度计等应采用标准海水核查法开展出库前和现场监测期间的校准与核查。

3.3.1.2 使用一级标准海水对被核查仪器进行定标校准。

3.3.1.3 校准合格后测试二级标准海水，若测定值在二级标准海水理论值 ± 不确定度范围内，仪器校准通过。

3.3.2 仪器比对法

3.3.2.1 温盐深剖面仪可使用仪器比对法开展出库前和现场监测期间的校准与核查。

3.3.2.2 选择与被核查仪器相同准确度等级的实验室盐度计、多参数水质仪或便携式盐度计开展仪器比对。被核查仪器和比对仪器均需在检定/校准有效期内。

3.3.2.3 实验室盐度计、多参数水质仪、便携式盐度计等比对仪器按照 3.3.1 标准海水核查法校准核查。

3.3.2.4 将被核查仪器和比对仪器同时放入装有一定盐度海水的水槽内，读取两台设备测得的盐度值。

3.3.2.5 取两台设备测得的盐度值的平均值。

3.3.2.6 当盐度小于 10 时，两台设备读取的盐度值不超过平均值±5%，表明比对试验结果满意，反之则表明比对试验结果不满意。当盐度在 10～25 之间时，两台设备读取的盐度值不超过平均值的±2%为满意，反之为不满意。当盐度大于 25 时，两台设备读取的盐度值不超过平均值的±1%为满意，反之为不满意。

4 溶解氧

4.1 核查内容：零点校准和接近饱和值校准

4.2 试剂与材料

4.2.1 无水亚硫酸钠（Na_2SO_3）或七水合亚硫酸钠（$Na_2SO_3 \cdot 7H_2O$）。

4.2.2 钴（Ⅱ）盐，如六水合氯化钴（Ⅱ）（$CoCl_2 \cdot 6H_2O$）。

4.2.3 零点检查溶液：称取 0.25 g 无水亚硫酸钠（4.2.1）和约 0.25 mg 钴（Ⅱ）盐（4.2.2），溶解于 250 mL 蒸馏水中。临用时现配。

4.3 零点检查

将探头浸入零点检查溶液（4.2.3）中，待反应稳定后读数，调整仪器到零点。

4.4 接近饱和值校准

在一定的温度下，向蒸馏水中曝气，使水中氧的含量达到饱和或接近饱和。在这个温度下保持 15 min，将探头浸没在瓶内，瓶中完全充满按上述步骤制备的样品，将探头在搅拌的溶液中稳定 2～3 min，调节仪器读数至样品已知的溶解氧质量浓度。

第二部分 样品预处理用试剂材料制备及检验方法

1 实验用水

实验用水应按照《分析实验室用水规格和试验方法》（GB/T 6682—2008）中的分类和检验方法，至少每月开展一次实验用水检验并形成记录。推荐使用纯水等一级水作为实验用水。

2 固定剂

根据监测计划要求，配制现场固定用固定剂溶液。根据样品预计数量确定固定剂配制体积，一般按照预计体积的 1.5 倍来准备。固定剂空白检查方法如表 1 所示。主要固定剂的配制方法如下：

2.1 硫酸（H_2SO_4）：ρ =1.84 g/mL，优级纯。用于阴离子表面活性剂、有机类、油类、汞、砷等项目样品的固定。

2.2 磷酸溶液：用水稀释 10 mL 磷酸（H_3PO_4，ρ =1.69 g/mL）至 100 mL。用于挥发性酚样品的固定。

2.3 氢氧化钠溶液，ρ（NaOH）=2.0 g/L：称取 2.0 g 氢氧化钠溶于水中，并稀释至 1 000 mL，贮存于聚乙烯容器中。用于氰化物样品的固定。

2.4 氢氧化钠溶液，ρ（NaOH）=4.0 g/L：称取 4.0 g 氢氧化钠溶于水中，并稀释至 1 000 mL，贮存于聚乙烯容器中。用于六价铬样品的固定。

表 1　固定剂空白检查方法

固定剂	项目	空白检查分析方法
硫酸	化学需氧量	碱性高锰酸钾法［GB 17378.4—2007（32）］
硫酸	汞	原子荧光法［GB 17378.4—2007（5.1）］
硫酸	砷	原子荧光法［GB 17378.4—2007（11.1）］
硝酸	重金属	电感耦合等离子体质谱法［HY/T 147.1—2013（5）］
硫酸	油类	荧光分光光度法［GB 17378.4—2007（13.1）］
氢氧化钠溶液/硫酸	六价铬	二苯碳酰二肼分光光度法（GB 7467—87）
氢氧化钠溶液	氰化物	异烟酸-吡唑啉酮分光光度法［GB 17378.4—2007（20.1）］
乙酸锌溶液/氢氧化钠溶液	硫化物	亚甲基蓝分光光度法［GB 17378.4—2007（18.1）］
磷酸	挥发性酚	4-氨基安替比林分光光度法［GB 17378.4—2007（19）］
硫酸	六六六、滴滴涕	气相色谱-质谱法（HJ 699—2014）
硫酸	马拉硫磷、甲基对硫磷	气相色谱-质谱法（HJ 1189—2021）
硫酸	阴离子表面活性剂	亚甲基蓝分光光度法［GB 17378.4—2007（23）］

2.5 乙酸锌溶液（50 g/L）：称取 5.0 g 乙酸锌溶于水中，并稀释至 100 mL。用于硫化物样品的固定。

2.6 氢氧化钠溶液（40 g/L）：称取 4.0 g 氢氧化钠溶于水中，并稀释至 100 mL，贮存于聚乙烯容器中。用于硫化物样品的固定。

2.7 碳酸镁悬浮液（10 g/L）：称取 1 g 碳酸镁（$MgCO_3$），加水至 100 mL，搅匀，盛入试剂瓶中待用，用时需再摇匀。用于叶绿素 a 样品的固定。

2.8 硝酸（HNO_3）：ρ =1.42 g/mL，优级纯。用于重金属、硒样品的固定。

3 滤膜

3.1 营养盐和重金属滤膜要求：营养盐和重金属过滤使用 0.45 μm 醋酸纤维滤膜。处理方式：用敷有聚乙烯膜的不锈钢镊子挟持滤膜的边缘，竖直向下逐张浸入 0.5 mol/L 的盐酸溶液中，至少浸泡 12 h。之后用纯水冲洗至中性，密封待用。

3.2 粪大肠菌群：将滤膜放入烧杯中，加入纯水，置于沸水浴中煮沸灭菌 3 次，每次 15 min。前两次煮沸后需要换水并洗涤 2～3 次，以除去膜内残余溶剂。

4 试剂材料检验

4.1 按照实验室分析方法分别对实验用水、固定剂、滤膜等进行空白检验。

4.2 按照容器空白检查表中的方法进行空白检验。处理好的滤膜抽检，每批次处理的滤膜至少抽 2 张。

4.3 不同监测指标的分析方法应符合年度全国海洋生态环境监测工作实施方案中的要求。

第三部分 样品容器清洗及包装方法

1 样品容器清洗方法

本部分规定了不同测项样品容器的清洗方法。对于新容器应该彻底清洗，使用的洗涤剂种类取决于待测物质的组分。用一般洗涤剂或无磷洗涤剂清洗时，用软毛刷洗刷容器内外表面及盖子，用自来水冲洗干净，然后用被监测项目分析要求的纯水冲洗数次。使用聚乙烯容器时，先用 1 mol/L 的盐酸溶液清洗，然后再用硝酸（1+3）溶液长时间浸泡，营养盐类样品瓶不能使用硝酸（1+3）溶液浸泡，应使用盐酸（1+3）溶液浸泡。用于贮存计数和生化分析的水样瓶，应该用硝酸（1+3）溶液浸泡，然后用蒸馏水淋洗以除去任何可能存在的重金属或铬酸盐残留物，如果待测定的有机成分需经萃取后进行测定，也可以用萃取剂清洗容器。用于贮存检验细菌水样的容器，除采用一般清洗方法进行清洗外，还应将容器置于 120℃ 高压锅中并保持 15 min，或在 160℃ 烘箱内烘烤 2 h 予以灭菌。盛放低浓度某种组分的样品瓶不能用于盛放高浓度样品，以避免交叉污染。

1）营养盐类样品容器：使用无磷洗涤剂清洗 1 次，然后用自来水清洗 2 次，用盐酸（1+3）溶液浸泡 24 h 后，用去离子水清洗。

2）重金属类样品容器：海水重金属的样品瓶应保证专瓶专用，避免用铬酸洗涤液浸泡。对于已使用过的重金属类样品瓶，一般不可省去酸清洗浸泡程序。对用于低浓度海水、排污口附近浓度较高海水和污染源监测的容器，应分别处理和存放，减少低浓度样品受到容器沾污的可能性。具体清洗方法：依次使用洗涤剂清洗 1 次，使用自来水清洗 2 次，使用硝酸（1+3）溶液浸泡 24 h 后，用去离子水清洗。

3）化学需氧量（COD）样品容器：依次使用洗涤剂清洗 1 次，使用自来水清洗 3 次后，用去离子水冲洗 2～3 次。

4）油类样品容器：使用自来水清洗后用铬酸洗液清洗 1 次后，用自来水清洗 3 次，再用不含有机物的蒸馏水清洗 2～3 次后烘干，最后用脱芳烃石油醚洗涤 2 次，待有机溶剂挥发后，在 160℃ 烘箱内烘干 1 h。

5）生化需氧量（BOD_5）样品容器：依次使用洗涤剂清洗 1 次，使用自来水清洗 3 次后，用去离子水冲洗 2～3 次。

6）氰化物样品容器：依次使用洗涤剂清洗 1 次，使用自来水清洗 3 次后，用去离子水冲洗 2～3 次。

7）挥发性酚样品容器：依次使用洗涤剂清洗 1 次，使用自来水清洗 3 次后，用去离子水冲洗 2～3 次。

8）阴离子表面活性剂样品容器：使用铬酸洗液清洗 1 次后，依次使用自来水清洗 3 次，用去离子水清洗 2～3 次后烘干，最后使用萃取液清洗 2 次。注意：不可使用阴离子表面活性剂类型的洗涤剂洗涤。

9）有机污染物样品容器：使用铬酸洗液清洗 1 次后，依次使用自来水清洗 3 次，用去离子水清洗 2～3 次后烘干，最后使用萃取液清洗 2 次。

10）硫化物样品容器：依次使用洗涤剂清洗 1 次，使用自来水清洗 3 次后，用去离子水冲洗 2～3 次。

2 样品容器包装方法

采样容器和采集后的样品，除现场测定样品外，应采取措施防止样品容器挤压、破碎，保持样品完整性。样品容器装运前必须逐件与样品登记表、样品标签和采样记录进行核对，核对无误后分类装箱，同一测项的样品尽量打包在同一个样品周转箱，以减少交叉污染。不同容器的包装建议如下：

1）塑料容器要拧紧内外盖，贴好密封带。

2）玻璃瓶要塞紧磨口塞，然后用铝箔包裹，样品包装要严密，装运过程中耐颠簸；用隔板隔开玻璃容器，填满装运箱的空隙，使容器固定牢靠。

3）重金属和营养盐类样品瓶使用 Parafilm 封口膜进行封口。

样品容器包装完成后装入专用样品周转箱，不同季节应采取不同的保护措施，保证样品的运输环境条件；在装运的液体样品容器侧面粘贴"此端向上"的标签，"易碎—玻璃"的标签应贴在箱顶。

编写人员：

王艳洁（国家海洋环境监测中心）

胡序朋（浙江省海洋生态环境监测中心）

郭海川（河北省秦皇岛生态环境监测中心）

张蕾（河北省秦皇岛生态环境监测中心）

海水水质国控网监测现场监测实施细则

1 适用范围

本实施细则适用于海水水质国控网监测水温、盐度、pH 和溶解氧的测定。

2 术语和定义

2.1 原位监测

原位监测是指为获得海水的物理、化学参数而在采样层原来所处位置，基本保持原位水文等外界条件下对海水进行的测试。海水水温必须原位监测，盐度应尽量原位监测。

2.2 现场监测

现场监测是指在监测船舶上完成海水的物理、化学参数分析工作，获得监测数据。海水 pH、溶解氧应现场监测。

2.3 监测点位到点确认

2.3.1 开展原位监测的点位实际经纬度与计划经纬度的差异距离不得超过 500 m。

2.3.2 船到达监测点位前 5 min，各岗位有关人员应进入准备状态，待船舶稳定后方可开展现场监测。

2.3.3 现场监测前需进行定位签到，若无法定位，需要手动输入经纬度并拍照佐证签到。

2.3.4 当船体到达监测点位后，应根据风向和流向，立即将监测船周围海面划分为船体沾污区、风成沾污区和监测区三部分，在监测区开展现场监测工作。

2.4 现场监测

2.4.1 船到达监测点位前 20 min，停止排污和冲洗甲板，关闭厕所通海管路，直至现场监测作业结束。

2.4.2 开展现场监测前应仔细检查仪器设备的性能及监测点位周围的安全状况，采取适当措施，防止船上各种污染源可能带来的影响。

2.4.3 发动机关闭后，若船体仍在缓慢前进，则应稍事等待，待船体彻底停稳后在监测区下放温盐深剖面仪、多参数水质仪等现场监测设备。

2.4.4 采用向风逆流监测，将来自船体的各种沾污控制在尽量低的水平上。

2.4.5 温盐深剖面仪、多参数水质仪等现场监测设备应随分层采水器同时下水，同深度监测。

2.4.6 按照《海水水质国控网监测现场监测作业指导书》中的规定开展水温、盐度、pH 和溶解氧的现场测定。

2.4.7 现场监测应记录实际采样位置的经纬度和相关监测数据，并拍摄现场监测视频或照片。

3 质量控制要求

3.1 温盐深剖面仪法

每天至少应选择 10%（不少于 1 个）的点位与表层水温表、多参数水质仪、数字测温仪等开展仪器比对，比对结果应符合《海水水质国控网监测现场监测作业指导书》中"第一部分 水温"的要求。

3.2 多参数水质仪法

3.2.1 仪器设备每日开关机及校准

按照作业指导书及相关仪器使用说明书，选择合适的标准缓冲溶液和校准方式于每日开展监测前进行校准核查。

3.2.2 每点质控样测试

按照作业指导书及相关仪器使用说明书，选择合适的标准溶液进行测定，测定结果应在标准溶液允许范围内。

3.2.3 每批样品应至少测定 10%的平行样，样品数量少于 10 个时，应至少测定一个平行样。

3.3 疑似异常数据的判定与处置

3.3.1 疑似异常数据的判定

当 pH、溶解氧现场监测数据超出二类海水水质限值或系统提示 pH、溶解氧、水温、盐度等超出历史极值时，判定为疑似异常数据。

3.3.2 疑似异常数据的处置流程

3.3.2.1 按照《海水水质国控网监测现场监测作业指导书》中水温、盐度、pH 和溶解氧的要求，重新校准现场监测用仪器，确保质控样品测试合格后，重新测定水样，并记录测定值。

3.3.2.2 如两次测定结果在评价合格范围内，取第一次测定结果作为该点位该层次的现场监测数据。如两次测定结果不在评价合格范围内，则按照《海水水质国控网监测现场监测作业指导书》中水温、盐度、pH 和溶解氧的仪器比对方法开展现场监测用仪器和备用仪器的现场比对监测，如比对结果在评价合格范围内，则取现场监测用仪器的监测数据作为该点位该层次的现场监测数据。

3.3.2.3 现场监测仪器重新校准、质控、重测以及两台仪器校准、质控、比对等关键环节需拍摄视频和照片。

编写人员：

赵文奎（国家海洋环境监测中心）

周敬峰（广西壮族自治区海洋环境监测中心站）

张晓昱（江苏省环境监测中心）

郑江鹏（江苏省环境监测中心）

周超凡（江苏省环境监测中心）

海水水质国控网监测现场监测作业指导书

第一部分　水　温

1　温盐深剖面仪法

1.1　原理

水温测量主要依赖于物理测量装置，温度传感器的铂热电阻会随着细微的温度变化而产生线性变化，通过测量铂电阻的电流，反推出电阻值，从而推算出水温。

1.2　仪器与设备

1.2.1　温盐深剖面仪：分实时显示和自容式两大类，温度精度至少为 0.1℃。

1.2.2　与温盐深剖面仪配套使用的铅锤、绞车等。

1.2.3　CTD 资料的处理原则上按照仪器制造公司提供的数据处理软件实施，其基本规则和步骤如下：

　　a）将仪器采集的原始数据转换成温度数据；

　　b）对资料进行编辑；

　　c）对资料进行质量控制，主要包括剔除坏值、校正压强零点以及对逆压数据进行处理等；

　　d）进行各传感器之间的延时滞后处理；

　　e）取下放仪器时观测的数据计算温度，并按规定的标准层深度记存数据。

1.3　现场测试步骤

1.3.1　CTD 操作主要包括室内和室外操作两大部分。前者是控制作业进程，后者则是收放水下单元，两者应密切配合、协调进行。

1.3.2　仪器状态检查和准备工作：连接电脑和 CTD，根据仪器使用说明检查仪器状态（电压、内存等），必要时需更换电池保证仪器正常运行，设定采样频率等参数后备用。

1.3.3　对于配套多联采水系统的温盐深剖面仪，投放前应确认机械连接牢固可靠，水下单元和采水器水密情况良好。对于温盐深剖面仪，投放前应按照《海水水质国控网监测外业准备作业指导书》中"第一部分　现场监测设备校准与核查方法"的要求进行校准核查。

1.3.4　待整机调试至正常工作状态或校准核查合格后，开始投放仪器。打开开关，将水下单元吊放至海面以下，使传感器浸入水中感温 3～5 min。对于实时显示 CTD，观测前应记下探头在水面时的深度（或压强值）；对于自容式 CTD，应根据取样间隔确认在水面已记录了至少 3 组数据后方可下降进行观测。

1.3.5 根据现场水深和所使用的仪器型号确定探头的下放速度。一般应控制在 1.0 m/s 左右，在深海季节温跃层以下下降速度可以稍快些，但以不超过 1.5 m/s 为宜。在一次观测中，仪器下放速度应保持稳定。若船只摇摆剧烈，可适当加快下放速度，以避免在观测数据中出现较多的深度（或压强）逆变。

1.3.6 为保证测量数据的质量，取仪器下放时获取的数据为正式测量值，仪器上升时获取的数据作为水温数据处理时的参考值。

1.3.7 获取的记录应立即读取或查看。如发现缺测数据、异常数据、记录曲线间断或不清晰时应立即补测。如确认测量数据失真，应检查探头，找出原因，排除故障。

1.4 质量控制

1.4.1 利用 CTD 测量水温时，每天至少应选择 10%的点位（不少于 1 个）与多参数水质仪或数字测温仪等开展仪器比对。

1.4.2 在比对点位，将多参数水质仪、数字测温仪等比对仪器固定于采水系统架或 CTD 上，与 CTD 同步投放至比对点位开展现场比测。

1.4.3 取两台仪器水温读数的平均值，若两台仪器的水温读数均在平均值±0.3℃范围内，则表明比对试验结果为满意。

1.4.4 若 CTD 比对测量结果为不满意，应及时检查仪器，必要时更换传感器。

1.5 注意事项

1.5.1 释放仪器应在迎风舷，避免仪器压入船底。观测位置应避开机舱排污口及其他污染源。

1.5.2 探头出入水时应特别注意防止和船体碰撞。在浅水区作业时，还应防止仪器触底。

1.5.3 CTD 的温度传感器应保持清洁。每次观测完毕，都需用蒸馏水（或去离子水）冲洗干净，不能残留盐粒或污物。探头应放置在阴凉处，切忌暴晒。

1.5.4 每个航次出海调查前均需对仪器进行校准。出海期间最好带两台 CTD，一台使用，另一台备用。

2 多参数水质仪法

2.1 原理

水温测量主要依赖物理测量装置，温度传感器的铂热电阻会随着细微的温度变化而产生线性变化，通过测量铂电阻的电流，反推出电阻值，从而推算出水温。

2.2 仪器与设备

2.2.1 多参数水质仪：温度精度至少为 0.1℃。

2.2.2 与多参数水质仪配套使用的绞车、铅锤等。

2.3 现场测试步骤

2.3.1 打开唤醒手持器，并连接电缆。

2.3.2 连好电缆后，打开主机，按照《海水水质国控网监测外业准备作业指导书》中"第一部分　现场监测设备校准与核查方法"校准并核查温度传感器。

2.3.3 核查通过后，将仪器探头投放入待测点位水面下，恒温 3～5 min。

2.3.4 读取数据，可以实时记录，也可以在测量结束后通过数据终端传到电脑上。

2.3.5 将仪器探头取出，用超纯水清洗探头，放置好仪器。

2.4 质量控制

2.4.1 每天至少应选择 10%的点位（不少于 1 个）开展仪器比对。参与比对的仪器可以为其他多参数水质仪、表层水温表或数字测温仪等。

2.4.2 按照《海水水质国控网监测外业准备作业指导书》中"第一部分　现场监测设备校准与核查方法"对参与比对的仪器开展校准与核查。

2.4.3 在比对点位，将现场监测用多参数水质仪与参与比对的仪器固定在一起，同步投放至比对点位开展现场比测。

2.4.4 取两台仪器水温读数的平均值，若两台仪器的水温读数均在平均值±0.3℃范围内，则表明比对试验结果为满意。

2.4.5 若多参数水质仪比对测量结果为不满意，应及时检查仪器，必要时更换传感器。

2.5 注意事项

2.5.1 不要在主机的接口插入硬物。

2.5.2 注意防水，以免损坏仪器电路板。

2.5.3 仪器不用时，及时关机，节约用电。

2.5.4 不得私自拆卸仪器。

第二部分　盐　度

1　温盐深剖面仪法

1.1　原理

温盐深剖面仪（CTD）可用来测量海洋环境下的电导率、温度和压力，其 CPU 电路接到来自电脑端或手持终端的指令并通过时钟控制传感器进行采样，转换电路将传感器系统工作获取的采样模拟信号转换成数字信号，并存入内部存储器，可由电脑端或手持终端通过接口回放至内存，从而获取水文测量要素的资料。其中，温度、压力资料分别由温度探头和压力探头获取，电导率资料通过电导池测量获取，盐度资料通过综合电导率、温度及压力资料计算获得。

1.2 仪器与设备

1.2.1 温盐深剖面仪：分实时显示和自容式两大类，盐度精度至少为 0.1。

1.2.2 与温盐深剖面仪配套使用的绞车、铅锤等。

1.3 现场测试步骤

1.3.1 CTD 操作主要包括舱室内和舱室外操作两大部分。前者是控制作业进程，后者则是收放水下单元，但两者应密切配合、协调进行。

1.3.2 仪器状态检查和准备工作：连接 CTD 和电脑端或手持终端，根据仪器使用说明检查仪器状态（电压、内存等），必要时需更换电池保证仪器正常运行。设定采样频率等参数后备用。

1.3.3 对于配套多联采水系统的温盐深剖面仪，投放前应确认机械连接牢固、可靠，水下单元和采水器水密情况良好。对于温盐深剖面仪，投放前应按照《海水水质国控网监测外业准备作业指导书》中"第一部分　现场监测设备校准与核查方法"的要求进行校准与核查。

1.3.4 待整机调试至正常工作状态或校准核查合格后，开始投放仪器。打开开关，将水下单元吊放至海面以下，使传感器浸入水中感温 3～5 min。对于实时显示 CTD，观测前应记下探头在水面时的深度（或压强值）；对于自容式 CTD，应根据取样间隔确认在水面已记录了至少 3 组数据后方可下降进行观测。

1.3.5 根据现场水深和所使用的仪器型号确定探头的下放速度。一般应控制在 1.0 m/s 左右，在深海季节温跃层以下下降速度可以稍快些，但以不超过 1.5 m/s 为宜。在一次观测中，仪器下放速度应保持稳定。若船只摇摆剧烈，可适当加快下放速度，以避免在观测数据中出现较多的深度（或压强）逆变。

1.3.6 为保证测量数据的质量，取仪器下放时获取的数据为正式测量值，仪器上升时获取的数据作为盐度数据处理时的参考值。

1.3.7 获取的记录应立即读取或查看。如发现缺测数据、异常数据、记录曲线间断或不清晰时应立即补测。如确认测量数据失真，应检查探头，找出原因，排除故障。

1.3.8 CTD 资料的处理原则上按照仪器制造公司提供的数据处理软件实施，其基本规则和步骤如下：

　　1）将仪器采集的原始数据转换成电导率数据，测量的电导率值换算成盐度后，如在跃层中有明显的"异常尖锋"存在，应将电导率或温度测量值进行时间滞后订正，然后再重新计算盐度；

　　2）对资料进行编辑；

　　3）对资料进行质量控制，主要包括剔除坏值、校正压强零点以及对逆压数据进行处理等；

4）进行各传感器之间的延时滞后处理；

5）取下放仪器时观测的数据计算盐度，并按规定的标准层深度记存数据。

1.4 质量控制

1.4.1 利用 CTD 测量盐度时，每天至少应选择 10%的点位（不少于 1 个）与多参数水质仪、便携式盐度计等开展仪器比对。

1.4.2 在比对点位，将多参数水质仪、便携式盐度计等比对仪器固定于采水系统架或 CTD 上，与 CTD 同步投放至比对点位开展现场比测。

1.4.3 两台仪器对同一水样同时测量，两组盐度数据取平均值。

当盐度小于 10 时，两台设备读取的盐度值不超过平均值±5%，表明比对试验结果满意，反之则表明比对试验结果不满意。当盐度在 10～25 之间时，两台设备读取的盐度值不超过平均值的±2%为满意，反之为不满意。当盐度大于 25 时，两台设备读取的盐度值不超过平均值的±1%为满意，反之为不满意。

1.4.4 若 CTD 比对测量结果为不满意，应及时检查仪器，必要时更换传感器。

1.5 注意事项

1.5.1 释放仪器应在迎风舷，避免仪器压入船底。观测位置应避开机舱排污口及其他污染源。

1.5.2 探头出入水时应特别注意防止和船体碰撞。在浅水区作业时，还应防止仪器触底。

1.5.3 在深水区测量盐度时，应每天采集水样，以便进行现场标定。如发现 CTD 测量结果达不到所要求的准确度，应及时检查仪器，必要时更换传感器。

1.5.4 CTD 的电导率传感器应保持清洁。每次观测完毕，都要用蒸馏水（或去离子水）冲洗干净，不能残留盐粒或污物。探头应放置在阴凉处，切忌暴晒。

1.5.5 每个航次出海测量前均需确保仪器已按照校准程序进行校准。测量期间最好带两台 CTD，一台使用，另一台备用。

2 多参数水质仪法

2.1 原理

根据交流电极法将相互平行且距离为固定值的两块极板（或圆柱电极）放到被测溶液中，在极板的两端加上一定的电势，然后通过电导仪测量极板间电导，从而测得溶液电导率。将电导率传感器与 pH、溶解氧、温度传感器集成在一起，通过 RS232 通信方式，与多参数水质仪的主机连接，盐度可由主机换算电导率获得。

2.2 仪器与设备

2.2.1 多参数水质仪：盐度精度至少为 0.1。

2.2.2 与多参数水质仪配套使用的绞车、铅锤等。

2.3 现场测试步骤

2.3.1 打开唤醒手持器，并连接电缆。连好电缆后，打开主机。

2.3.2 仪器校准与核查

2.3.2.1 每日仪器开机预热后，用一级标准海水对多参数水质仪进行定标校准。

2.3.2.2 用二级标准海水作为质控样品进行准确度核查。

2.3.3 将多参数水质盐度传感器放入海水样品中，恒温 3～5 min。

2.3.4 读取数据，可以实时记录，也可以在测量结束后通过 U 盘或数据终端传到电脑上。

2.3.5 将仪器探头取出，用超纯水清洗探头，放置好仪器。

2.4 质量控制

2.4.1 每次监测前均需测定二级标准海水，当测定值在误差允许范围内方可测定海水样品。

2.4.2 应按照样品数量 10%的比例（至少 1 个）测定自控平行样。在同一样品中，将仪器探头取出，用超纯水冲洗干净探头并轻轻擦干，继续放入水样中重复测定 1 次。

2.4.3 取两次测定盐度值的平均值。当盐度小于 10 时，两台设备读取的盐度值不超过平均值±5%，表明比对试验结果满意，反之则表明比对试验结果不满意。当盐度在 10～25 之间时，两台设备读取的盐度值不超过平均值的±2%为满意，反之为不满意。当盐度大于 25 时，两台设备读取的盐度值不超过平均值的±1%为满意，反之为不满意。

2.5 注意事项

2.5.1 不要在主机的接口插入硬物。

2.5.2 注意防水，以免损坏仪器电路板。

2.5.3 校准、核查和现场监测过程中，应确保多参数水质仪的传感器端浸入溶液中，轻轻旋转和上下移动多参数水质仪，以去除电导池中的气泡，至少等待 1 min 的温度平衡。

2.5.4 如果数据在 1 min 后不稳定，可轻轻旋转多参数水质仪或重新安装校准杯，以确保电导池中没有气泡。

第三部分　pH

1 原理

pH 由测量电池的电动势而得。该电池通常由参比电极和氢离子指示电极组成。溶液每变化 1 个 pH 单位，在同一温度下电位差的改变是常数，据此在仪器上直接以 pH 的读数表示。

2 仪器与设备

2.1 除非另作说明，所用试剂均为分析纯，水为去离子水或等效纯水。

2.2 标准缓冲溶液（均用 pH 标准缓冲物质配制，或选择市售有证标准缓冲溶液）。

2.2.1 磷酸二氢钾（KH_2PO_4）和磷酸氢二钠（Na_2HPO_4）混合标准缓冲溶液（25℃时，pH=6.864）。购买磷酸二氢钾和磷酸氢二钠的有证 pH 标准缓冲物质，配制成所需浓度后，贮存于聚乙烯瓶中，有效期 1 周。

2.2.2 硼砂标准缓冲溶液：c（$Na_2B_4O_7 \cdot 10H_2O$）=0.010 mol/L（25℃时，pH=9.182）。购买硼砂的有证 pH 标准缓冲物质，配制成所需浓度后，贮存于聚乙烯瓶中，有效期 1 周。

2.2.3 邻苯二甲酸氢钾标准缓冲溶液：c（$KHC_8H_4O_4$）=0.05 mol/L（25℃时，pH=4.003）。购买邻苯二甲酸氢钾的有证 pH 标准缓冲物质，配制成所需浓度后，贮存于聚乙烯瓶中，有效期 1 周。

各种标准缓冲溶液的 pH 随温度的变化而变化。0～45℃各种标准缓冲物质的 pH 如表 1 所示。

表 1　0～45℃各种标准缓冲物质的 pH

温度/℃	混合磷酸盐	硼砂	邻苯二甲酸氢钾
0	6.981	9.458	4.006
5	6.949	9.391	3.999
10	6.921	9.330	3.996
20	6.879	9.226	3.998
25	6.864	9.182	4.003
30	6.852	9.142	4.010
35	6.844	9.105	4.019
40	6.838	9.072	4.029
45	6.834	9.042	4.042

2.2.4 饱和氯化钾溶液：称取 40 g 氯化钾（KCl），加入 100 mL 水，充分搅拌后盛于试剂瓶中（此溶液应与氯化钾固体共存）。

2.3 多参数水质仪：pH 电极精度为 0.01，具有自动温度补偿功能的 pH 电极，pH 测定范围为 0～14。

3 现场测试步骤

3.1 开机启动仪器，确认测试仪器可以正常开机，检查仪器其他参数设置正确。

3.2 仪器校准

采用多点校准法进行校准，至少制备 pH 为 6.86 和 9.18（25℃）两种缓冲溶液，按仪器说明书对仪器进行校准。

1）校准时，用蒸馏水冲洗电极并用滤纸边缘吸去电极表面水分，将电极浸入第一种标准缓冲溶液，缓慢水平搅拌，避免产生气泡，待仪器示值稳定后，观察并记录测定温度和 pH。

2）取出电极，用蒸馏水冲洗电极并用滤纸边缘吸去电极表面水分，将电极浸入第二种标准缓冲溶液中，缓慢水平搅拌，避免产生气泡，待仪器示值稳定后，观察并记录测定温度和 pH。

3）取出电极，用蒸馏水冲洗电极并用滤纸边缘吸去电极表面水分，将电极浸入第一种标准缓冲溶液中，缓慢水平搅拌，避免产生气泡，待仪器示值稳定后，观察并记录测定温度和 pH。

4）每个 pH 校准溶液的仪器示值与该温度下标准缓冲溶液的理论 pH 之差应≤0.05 个 pH 单位，否则重复上述步骤，直至合格。

5）仪器 1 min 内读数变化＜0.05 个 pH 单位即可视为示值稳定。

3.3 选择一种 pH 与待测水样接近且与校准仪器用 pH 溶液不同源的有证标准样品或标准物质开展仪器准确度控制。将电极先用蒸馏水充分淋洗，然后用滤纸将水吸干后将电极浸入有证标准样品或标准物质中，待示值稳定后，记录测试结果。测试结果满足有证标准样品或标准物质的不确定度要求方可进行样品监测。否则需要进行原因排查和异常排除，并再次进行核查，直至合格，或使用备用仪器重新进行核查。

3.4 用蒸馏水冲洗电极并用滤纸边缘吸去电极表面水分，将 pH 电极投入水中，缓慢水平搅拌，避免产生气泡，待示值稳定后，记录测试值。

3.5 将 pH 电极取出，用蒸馏水清洗干净后放入装有饱和氯化钾溶液的保护罩内，并将仪器妥善放置。

4 质量控制要求

4.1 每日开机后，需首先用标准缓冲溶液对仪器进行校准。每次测量前均需首先测定有证标准样品或标准物质，当有证标准样品/标准物质测定值在不确定度允许范围内时方可进行样品测量。

4.2 每日样品应至少测定 10%的平行样，样品数量少于 10 个时，应至少测定 1 个平行样，允许差为 ±0.2 个 pH 单位。取第一次测定值作为该点位该层次的 pH 监测数据。

5 注意事项

5.1 仪器使用前应检查密封圈是否完好，以防止水分进入电池盒和传感器端口。

5.2 测定时，复合电极（含球泡部分）应全部浸入水样中。

5.3 使用过的标准缓冲溶液不得再倒回原瓶中。

第四部分 溶解氧——电化学探头法

1 原理

溶解氧电化学探头是一个用选择性薄膜封闭的小室，室内有两个金属电极并充有电解质。氧和一定数量的其他气体及亲液物质可透过这层薄膜，但水和可溶性物质的离子几乎不能透过薄膜。将探头浸入水中进行溶解氧的测定时，由于电池作用或外加电压在两个电极间产生电位差，使金属离子在阳极进入溶液，同时氧气通过薄膜扩散在阴极获得电子被还原，产生的电流与穿过薄膜和电解质层的氧的传递速度成正比，即在一定的温度下该电流与水中氧的分压（或浓度）成正比。

2 仪器与设备

除非另有说明，本标准所用试剂均使用符合国家标准的分析纯化学试剂，实验用水为新制备的去离子水或蒸馏水。

2.1 无水亚硫酸钠（Na_2SO_3）或七水合亚硫酸钠（$Na_2SO_3 \cdot 7H_2O$）。

2.2 钴（II）盐，如六水合氯化钴（II）（$CoCl_2 \cdot 6H_2O$）。

2.3 零点检查溶液：称取 0.25 g 无水亚硫酸钠（2.1）和约 0.25 mg 钴（II）盐（2.2），溶解于 250 mL 蒸馏水中。临用时现配。

2.4 氮气：纯度≥99.9%。

2.5 溶解氧测量探头：原电池型（如铅/银）或极谱型（如银/金），探头上附有温度、盐度和气压补偿装置。

2.6 仪表：直接显示溶解氧的质量浓度或饱和百分率。

2.7 电导率仪：测量范围 2～100 mS/cm。

2.8 温度计：最小分度为 0.5℃。

2.9 气压表：最小分度为 10 Pa。

3 现场测试步骤

按照仪器说明书进行校准和测试。

3.1 校准

3.1.1 零点检查和调整：当测量的溶解氧质量浓度水平低于 1 mg/L（或 10%饱和度）时，或者当更换溶解氧膜罩或内部的填充电解液时，需要进行零点检查和调整。若仪器具有零点补偿功能，则不必调整零点。

零点调整：将探头浸入零点检查溶液中，待反应稳定后读数，调整仪器到零点。

3.1.2 接近饱和值的校准：在一定的温度下，向蒸馏水中曝气，使水中氧的含量达到饱和或接近饱和。将探头浸没在液面下，并持续缓慢搅拌 2～3 min 以后，注意始终不能有气泡附着在探头上，记录仪器读数，对照表 1，若仪器读数与对应温度下溶解氧的理论饱和质量浓度差不超过 ±0.02，仪器校准合格。当仪器不能再校准，或仪器响应变得不稳定或较低时，及时更换电解质或（和）膜。

注：有些仪器能够在水饱和空气中进行校准。

表 1 氧的溶解度与水温和含盐量的函数关系

温度/℃	在标准大气压（101.325 kPa）下氧的溶解度 [$\rho(O)_s$] / (mg/L)	水中含盐量每增加 1 g/kg 时溶解氧的修正值 [$\Delta\rho(O)_s$] / [(mg/L) / (g/kg)]	温度/℃	在标准大气压（101.325 kPa）下氧的溶解度 [$\rho(O)_s$] / (mg/L)	水中含盐量每增加 1 g/kg 时溶解氧的修正值 [$\Delta\rho(O)_s$] / [(mg/L) / (g/kg)]
0	14.62	0.087 5	21	8.91	0.046 4
1	14.22	0.084 3	22	8.74	0.045 3
2	13.83	0.081 8	23	8.58	0.044 3
3	13.46	0.078 9	24	8.42	0.043 2
4	13.11	0.076 0	25	8.26	0.042 1
5	12.77	0.073 9	26	8.11	0.040 7
6	12.45	0.071 4	27	7.97	0.040 0
7	12.14	0.069 3	28	7.83	0.038 9
8	11.84	0.0671	29	7.69	0.038 2
9	11.56	0.065 0	30	7.56	0.037 1
10	11.29	0.063 2	31	7.43	
11	11.03	0.061 4	32	7.30	
12	10.78	0.059 3	33	7.18	
13	10.54	0.058 2	34	7.07	
14	10.31	0.056 1	35	6.95	
15	10.08	0.054 5	36	6.84	
16	9.87	0.053 2	37	6.73	
17	9.66	0.051 4	38	6.63	
18	9.47	0.050 0	39	6.53	
19	9.28	0.048 9	40	6.43	
20	9.09	0.047 5			

3.2 测定

将探头浸没在样品液面以下，并持续缓慢搅拌 2～3 min 以后，注意始终不能有气泡附着在探头上，记录仪器读数。

4 质量控制要求

4.1 每次测定前应首先对仪器进行接近饱和度校准。

4.2 每天至少应选择 1 个点位的 1 个层次开展仪器比对或方法比对。两台仪器同时测量同一水样的溶解氧含量，取两组数据的平均值，如测定值在（平均值±0.3）mg/L 范围内，则比对结果为合格，否则应重新校准比对，必要时更换设备。也可以现场采集溶解氧双样，用碘量法测定溶解氧含量，取仪器测定值与碘量法测定值的平均值，如测定值在（平均值±0.3）mg/L 范围内，则比对结果为合格，否则应重新校准比对，必要时更换设备。

4.3 更换电解质和膜之后，或当膜干燥时，都要使膜湿润，只有在读数稳定后，才能进行校准（见 3.1），仪器达到稳定所需的时间取决于电解质中溶解氧消耗所需的时间。

4.4 每批样品应至少测定 10% 的平行样，样品数量少于 10 个时，应至少测定 1 个平行样。取第一次测定值作为该点位该层次的溶解氧监测数据。

5 注意事项

5.1 干扰：水中存在的一些气体和蒸汽，如氯、二氧化硫、硫化氢、胺、氨、二氧化碳、溴和碘等物质，通过膜扩散影响被测电流而干扰测定。水样中的其他物质（如溶剂、油类、硫化物、碳酸盐和藻类等）可能堵塞薄膜，引起薄膜损坏和电极腐蚀，影响被测电流而干扰测定。

5.2 电极的维护：任何时候都不得用手触摸膜的活性表面。

5.2.1 电极和膜片的清洗：若膜片和电极上有污染物，会引起测量误差，一般 1～2 周清洗 1 次。清洗时要小心，将电极和膜片放入清水中涮洗，注意不要损坏膜片。

5.2.2 经常使用的电极建议存放在存有蒸馏水的容器中，以保持膜片的湿润。干燥的膜片在使用前应该用蒸馏水湿润活化。

5.3 电极的再生：电极的再生周期约 1 年 1 次。电极的再生包括更换溶解氧膜罩、更换电解液和清洗电极。每隔一定时间或当膜被损坏或污染时，需要更换溶解氧膜罩和填充电解液。如果膜未被损坏或污染，建议 2 个月更换一次填充电解液。

5.4 将探头浸入样品中时，应保证没有空气泡截留在膜上。

5.5 样品接触探头的膜时，应保持一定的流速，以防止与膜接触的瞬时将该部位样品中的溶解氧耗尽而出现错误的读数。应按照仪器说明书的要求操作，保证样品的流速不致使读数发生波动。

编写人员：
赵文奎（国家海洋环境监测中心）
周敬峰（广西壮族自治区海洋环境监测中心站）
张晓昱（江苏省环境监测中心）
郑江鹏（江苏省环境监测中心）
周超凡（江苏省环境监测中心）

海水水质国控网监测样品采集、预处理、保存实施细则

1 适用范围

适用于海水水质国控网监测样品采集、预处理和保存中各环节的控制。

2 样品采集与分装

2.1 监测点位到点确认

受海况影响，实际经纬度与计划经纬度偏差≤500 m，即视为到达监测点位；特殊情况下无法到达指定监测点位时，应按照要求提出点位偏离申请，经同意后方可偏离采样，并尽可能在距离计划经纬度较近处采集样品。

2.2 采样前准备

2.2.1 穿戴工作救生衣，并戴好安全帽，禁止穿拖鞋上甲板。

2.2.2 船到达点位前 20 min，停止排污和冲洗甲板，关闭厕所通海管路，直至监测作业结束；船舶到达监测点位前，关闭船舶发动机，避开污水排口，减少水体扰动，各采样岗位有关人员进入准备状态。

2.2.3 到达点位，待船停稳，具备条件的情况下，展开突出活动操作平台，或安全和方便的样品采集空间。

2.2.4 采样前认真核对采样器具、样品容器及其瓶塞（盖）、标签等的规格和数量，仔细检查装置的性能及采样点周围的状况；样品容器确保已盖好，减少污染的机会并安全存放。

2.2.5 样品采集需要选择相对独立的采样区域，尽量避免船舶自身（污水排放口、船舶尾气等）可能对样品的污染。

2.3 采水器采集水样

按照《海水水质国控网监测样品采集、预处理、保存作业指导书》中"第一部分 海水样品采集方法"的规定采集海水样品。

2.4 样品分装

2.4.1 分装时间要求：采水器上岸后 2 min 内开始分装。

2.4.2 分装顺序要求：样品分装时，需要佩戴手套。无须过滤的样品先分装，需过滤的样品后分装；一般按悬浮物和生化需氧量→化学需氧量（其他有机物测定项目）→总磷、总氮→叶绿素 a→汞→营养盐→重金属的顺序进行；容器需要润洗的指标为化学需氧量、营养盐和重金属，容器无须润洗的指标为悬浮物、生化需氧量、有机物、总磷、总氮、汞和

叶绿素 a。

2.4.3 硫化物、五日生化需氧量平行样应使用三通管或双虹吸管等体积同时分装。

2.4.4 水样运输前，应将样品瓶的外（内）盖盖紧，按照标准分析方法要求存放至样品周转箱内。装箱时应用减震材料分隔固定，以防振动、破损。

2.5 质量控制

2.5.1 现场空白样

2.5.1.1 现场空白样的采集

1）采样人员将准备好的采样瓶及用专用容器盛装的纯水（现场空白样所用的纯水，其制备方法及质量要求与实验室内空白样纯水相同）带到采样现场，运输过程中应注意防止沾污。

2）现场空白必须在采样现场采集，不得提前在实验室内分装，使用纯水荡洗样品瓶及瓶盖 2～3 次，再将纯水分装至样品瓶中。现场空白样应与采集的水样同步在现场进行过滤、萃取或添加固定剂保存等预处理，并同步进行冷藏贮存、运输交接等。

注意事项：纯水的质量直接决定空白值的高低。因此，要求纯水中待测物质的浓度应低于所用方法检出限。

2.5.1.2 采集比例

每船每天采集的现场空白样不得少于 1 个；测定结果应小于该监测指标的方法检出限，并与实验室空白无显著差异。

2.5.2 现场平行样

2.5.2.1 现场平行样的采集

1）现场平行样必须是同一采水器同一次采集的样品；

2）现场平行样应与样品完全同步进行水样分装、预处理、添加固定剂、冷藏贮存等；

3）采集现场平行样时，分样要均匀，使用分样工具同步分装成 2 份，并分别加入保存剂，不能装完一份样品再装另一份样品。

注意事项：对水质中非均相物质或分布不均匀的污染物，在样品灌装时摇动采样器，使样品保持均匀。

2.5.2.2 采集比例

每船每天现场平行样应占样品总量的 10%以上，样品量小于 10 个时，至少采集 1 个现场平行样。

3 样品预处理

3.1 样品预处理按照表 1 中的规定执行

3.2 质量控制要求

3.2.1 实验场所应满足现场样品预处理、分析要求，预处理工作台分区合理，避免交叉污染；

3.2.2 现场空白样、现场平行样与样品同步进行预处理，注意控制预处理操作和条件保持一致；

3.2.3 悬浮物、叶绿素 a 样品采集后建议现场立即过滤。如不能立即过滤，则冷藏避光保存，24 h 内运回实验室过滤或冷冻保存，25 日内完成过滤。悬浮物和叶绿素 a 现场过滤时，应按照样品总量 10%的比例开展自控。

4 样品保存

4.1 各监测指标样品保存条件及方法

不同监测指标样品保存具体要求见表 1。

表 1 海水样品处理和保存表

项目	最小采样量/mL	现场处理方式	保存方法	最长保存时间
粪大肠菌群	60	不应冲洗，直接采样	冷藏	24 h
悬浮物	1 000	最好现场过滤	冷藏并暗处保存；或冷冻	24 h；或 25 d
溶解氧	125 左右	碘量法加 $MnCl_2$ 和碱性 KI	避光	24 h
化学需氧量	300	—	冷冻	7 d
生化需氧量	1 000	—	冷藏	24 h
氨氮	100	0.45 μm 滤膜过滤	冷冻	7 d
硝酸盐氮	100	0.45 μm 滤膜过滤	冷冻	30 d
亚硝酸盐氮	100	0.45 μm 滤膜过滤	冷冻	7 d
活性磷酸盐	100	0.45 μm 滤膜过滤	冷冻	60 d
有机氯农药	2 000	加盐酸至 pH<2	避光，冷藏	沉降 24 h 以上后，取 1 L 上清液萃取，7 d 内萃取完毕
有机磷农药	2 000	用硫酸溶液或氢氧化钠溶液调节水样 pH 至 5～8	避光，冷藏	沉降 24 h 以上后，取 1 L 上清液萃取，7 d 内萃取完毕
苯并[a]芘	2 000	每 1 L 海水样品中加入 80 mg 硫代硫酸钠和 5 mL 甲醇	避光，冷藏	沉降 24 h 以上后，取 1 L 上清液萃取，7 d 内萃取完毕

项目	最小采样量/mL	现场处理方式	保存方法	最长保存时间
挥发性酚	500	加磷酸至 pH<4，并加入 1 g CuSO$_4$	避光，冷藏	24 h
氰化物	500	加 NaOH 至 pH>12	避光，冷藏	24 h
硫化物	2 000	加入 2 mL 50 g/L 醋酸锌和 2 mL 40 g/L NaOH	避光，冷藏	7 d
阴离子表面活性剂	500	加硫酸至 pH<2；加入甲醛，使甲醛体积浓度为 1%	避光，冷藏；冷藏	48 h；7 d
重金属	200	0.45 μm 滤膜过滤，加硝酸至 pH<2	避光	90 d
油类	400~1 000	加硫酸至 pH<2，采样 4 h 内现场萃取完毕	萃取液冷藏	萃取液 20 d 内分析完毕
汞	250	加硫酸至 pH<2	避光	90 d
砷	50~200	0.45 μm 滤膜过滤，加硫酸至 pH<2	避光	90 d
六价铬	50~200	0.45 μm 滤膜过滤，加 NaOH 或硫酸至 pH=8	避光，冷藏	24 h
总磷	50~200	—	冷冻	60 d
总氮	50~500	加入 2 mL 硫酸；—	冷藏；冷冻	28 d；60 d
硒	100~500	0.45 μm 滤膜过滤，加硝酸至 pH<2	避光	90 d
叶绿素 a	250~4 000	—	冷冻	25 d

注：海水样品处理及保存以具体分析方法要求为准。

4.2 样品分组

一般将相同指标的样品放置于同一样品箱内，仔细核对箱内样品数量、样品编号是否清晰、样品瓶无破损和无漏液。

4.3 温度监控

样品保存设备应当保持温度监控。温度监控设备应当实时显示保存设备内部温度，温度范围为-20℃~4℃，同时记录温度监控情况，内容至少包括任务编号、样品保存设备名称及编号、温度记录、记录时间、记录人、温度监控设备名称及编号、温度保存要求，温度符合性判断等。

编写人员：

赵文奎（国家海洋环境监测中心）

史斌（浙江省海洋生态环境监测中心）

梁永津（珠江南海监测与科研中心）

郭永童（珠江南海监测与科研中心）

田永强（福建省厦门环境监测中心）

肖伟剑（福建省厦门环境监测中心）

李逸（珠江南海监测与科研中心）

海水水质国控网监测样品采集、预处理、保存作业指导书

第一部分　海水样品采集方法

1　多联采水器（配套 CTD 使用）采样

1.1　采样准备

1.1.1　对仪器、下放架、绞车、吊挂装置和通信设备进行全面检查，确保通信和工作正常；

1.1.2　仪器投放前应先测量现场水深；

1.1.3　仪器电缆接口处应确保水密，打开采水器。

1.2　仪器投放

1.2.1　投放前打开仪器电源和 CTD 工作软件，对应采水桶序号设置好采样深度，一般按照由下往上的顺序采集各层次水样。

1.2.2　采水器下放时入水位置应避开机舱排污口或其他污染源。

1.2.3　采样层次应根据现场测量的水深确定，避免触底，具体采样层次要求见表1。

表 1　采样层次要求

水深/m	标准层次	底层与相邻标准层最小距离/m
水深<10	表层 a	—
10≤水深<25	表层，底层 b	—
25≤水深<57	表层、10 m、底层	—
57≤水深<112	表层、10 m、50 m、底层	5
112≤水深<212	表层、10 m、50 m、100 m、底层	10
212≤水深<512	表层、10 m、50 m、100 m、200 m、底层	10
水深≥512	表层、10 m、50 m、100 m、200 m、500 m	10

注：a 表层是指海面以下 0.1～1 m；
　　b 底层是指距离海底 2 m 的水层，深海或大风浪时可酌情增加。

1.2.4　采水器下放速度应控制在 1.0 m/s，并在下放过程中保持稳定，若船只摇摆剧烈，应加快下放速度，但不宜超过 1.5 m/s。

1.2.5　采水器全部进入水面以下后，应停留 3～5 min，使温度传感器感温至表层水温。

1.3　仪器回收

1.3.1　采样完毕，宜以 1 m/s 的速度回收仪器；

1.3.2 仪器到达指定采样深度时，点击采水按钮，关闭指定采水桶；

1.3.3 仪器回收至接近水面时，应停留在水下至仪器旋转微弱或停止后提出水面；

1.3.4 当海况恶劣时，应将仪器停留在近海面 5 m 左右，观察船只摇晃规律，待船只处于平衡状态时迅速回收仪器；

1.3.5 仪器回收至甲板后，应关闭工作电源，准备样品分装；

1.3.6 监测数据应在每次测量完成后立即下载，存储并分析原始数据，若发现数据异常，宜立即补测。

1.4 注意事项

1.4.1 当天结束采样后，用淡水冲洗采样器、电缆及通信接口，以防海水腐蚀。

1.4.2 监测任务结束后，应取出电池保存，且每 6 个月至少进行一次通电检测。

1.4.3 水深小于 200 m 时，采样的深度由钢缆长度确定，施放长度由计数器显示。由于海流存在，钢缆与垂直方向会有倾角，当倾角大于 15°时需用专用量角器测量角度并作深度订正。

　　注：可根据实际使用采水器的操作说明进行相应操作。

2 分层采水器采样

2.1 分层采水器类型

　　分层采水器主要包括卡盖式和球阀式两种。

2.2 采水器的使用方法

2.2.1 一般使用绞车作为动力设备进行采样。由绞车和钢缆、铅鱼、采水器等构成采水系统，在不同深度采集水样。

2.2.2 将水温原位监测仪器固定在分层采水器上，将采水器固定在绞车的钢丝缆绳上，将铅鱼固定在采水器底部。

2.2.3 释放使锤，测试采水器关盖是否正常。同时检查原位监测仪器、采水器、铅鱼等是否固定牢靠。

2.3 卡盖式采水器操作方法

2.3.1 关闭卡盖式采水器两端的卡盖，将采水器投放入水面以下，感温 3～5 min。

2.3.2 采水器到达指定深度后，下放使锤，关闭卡盖。同时读取水温现场监测数据。

2.3.3 将采水器提出水面，按规定要求分装样品。

2.4 球阀式采水器操作方法

2.4.1 将采水器两侧的球阀按顺时针旋转一圈，将连接球阀的细绳拉直，保证细绳上的小球在金属杆两侧，拉起按压阀。

2.4.2 将勾绳的接口挂到连接钢丝绳的白色杆中部的卡扣中，然后将球阀按逆时针旋转一圈，此时采水器两侧处于关闭状态。

2.4.3 将上端的放气孔拧紧，出水口拉出，放入水中进行采样。

2.4.4 进入水体后在水压作用下，按压阀被压进，采水器两侧的球阀呈打开状态。

2.4.5 到达指定采样深度后，将使锤沿钢丝绳滑向采水器，同时用手握紧钢丝绳，当感觉到钢丝绳振动后，采样完成，取回采水器。

2.5 注意事项

2.5.1 将分层采水器放入水体中，应保持与水面垂直，当水深流急时，应加重铅锤的重量。

2.5.2 采样过程中，应注意使采水器与船舷保持一定距离，避免碰撞。

2.5.3 在样品分装前，先放掉少量水样，再分装。

2.5.4 当天采样结束后，用淡水冲洗采样器，放置于阴凉干燥处保存备用。

3 表层采水器（仅适用于表层海水采样）采样

表层采水器在使用前应先用采样点位的海水荡洗 2~3 次，荡洗后的水样应暂存在船上的废液桶中，待采样完成后再倾倒入海。采样时于安全操作平台上，将表层采水器缓慢放入水面下 0.1~1 m 指定位置直接采样。当天采样结束后，用淡水冲洗采水器，放置于阴凉干燥处保存备用。

4 表层油类采水器采样

4.1 将浮球上的绳子和采样器上的绳子理顺。

4.2 将玻璃瓶瓶塞拿出，放一边，再将玻璃瓶放入不锈钢采样器内，用螺丝固定在不锈钢采样器上。

4.3 一只手提住浮球上的绳子下水，当浮球达到指定采样深度时，另一只手拉动不锈钢采样器上的绳子，水流进入玻璃瓶中，过段时间后，提出水面，将不锈钢采样器螺丝拧松，将玻璃瓶取出，盖上瓶塞。

4.4 采样时要严格控制采样时间，当水样溢出时，必须换瓶重新采样。

4.5 当天采样结束后，用淡水冲洗采水器，放置于阴凉干燥处保存备用。

第二部分　海水样品预处理方法

1 营养盐样品过滤

营养盐样品采集后需经孔径 0.45 μm 的混合纤维素酯微孔滤膜过滤预处理，过滤后贮存于具有双层盖的聚乙烯容器中，快速冷冻至 −20℃保存。

1.1 过滤步骤

1.1.1 将采样器中采集的水样转移至抽滤装置进行抽滤。

1.1.2 打开抽气泵开关，开始抽滤。抽滤少量水样荡洗抽滤瓶 3 次，再继续抽滤至需求水量为止。抽滤过程中，如果抽滤速度过慢，更换滤膜后继续抽滤。

1.1.3 抽滤完成后，先拔掉抽滤瓶接管，旋开安全瓶上的旋塞恢复常压，最后关闭抽气泵。

1.1.4 水样应从抽滤瓶上口倒出。先用抽滤后的水样荡涤样品瓶及瓶盖 2~3 次（每次约为瓶容量的 1/10），再将抽滤后的水样装于聚乙烯样品瓶中（装水样量应是瓶容量的 3/4），现场空白样、现场平行样按照与实际样品一致的操作步骤进行预处理。

1.1.5 盖好双层瓶盖，确保样品瓶密封，贴上标签，冷冻保存。

1.2 注意事项

1.2.1 滤膜处理：海水过滤滤膜为孔径 0.45 μm 的混合纤维素酯微孔滤膜。使用前应用体积分数为 1% 的盐酸浸泡 12 h，然后用蒸馏水洗至中性，浸泡于蒸馏水中，备用。每批滤膜经处理后，应对各要素做膜空白试验，确认滤膜符合要求后方可使用。若任一要素的膜空白高于方法检出限，应查找原因，必要时更换新批号滤膜。

1.2.2 抽滤装置由无油隔膜式真空泵、全玻璃过滤器（溶剂过滤器）、微孔滤膜三部分构成。全玻璃过滤器包括过滤杯（300 mL 或 500 mL）、集液瓶（0.5 L、1 L 或 2 L）、砂芯过滤头、固定夹、软管等。也可采用满足要求的一体式便携抽滤装置，按照操作说明书参照过滤步骤进行抽滤。

1.2.3 安装抽滤装置应检查过滤头与抽滤瓶之间连接是否紧密，抽气泵连接口是否漏气。

1.2.4 滤膜的安装需要用塑料镊子进行操作。抽滤人员戴上手套，使用塑料镊子将 0.45 μm 的滤膜放在玻璃砂芯滤器上，切勿用手直接取用滤膜。水样过滤膜不能重复使用。

1.2.5 用少许纯水冲洗滤膜，并检查是否漏液；如果漏液，重新安装，确保抽滤系统正常抽滤。

1.2.6 荡洗抽滤瓶时要遵守"少量多次"的原则，一定要将滤膜完全湿润，润洗后的水样倒入废液桶。

1.2.7 每次过滤后需用去离子水清洗过滤装置，以防样品交叉污染。

1.2.8 在处理过程中，作业区域不得开展使用氨水和硝酸等的实验和前处理，应注意避免使用硝酸固定重金属对营养盐样品的沾污。

1.2.9 应防止船上排污水的污染、船体的扰动，同时防止空气污染，特别是防止船烟、吸烟者和厕所等的污染。

2 重金属、砷、六价铬样品过滤

重金属样品必须在采样现场进行过滤，过滤后贮存于双层盖聚乙烯容器中，加硝酸酸化至 pH<2。砷、六价铬样品过滤后单独分装，砷加硫酸至 pH<2，六价铬加 NaOH 或硫酸至 pH=8。

2.1 过滤步骤

2.1.1 将水样转移至抽滤装置进行抽滤。

2.1.2 打开抽气泵开关，开始抽滤。抽滤少量水样荡洗抽滤瓶 3 次，再继续抽滤至需求水量为止。抽滤过程中，如果抽滤速度过慢，更换滤膜后继续抽滤。

2.1.3 抽滤完成后，先拔掉抽滤瓶接管，旋开安全瓶上的旋塞恢复常压，最后关闭抽气泵。

2.1.4 水样应从抽滤瓶上口倒出。先用抽滤后的水样荡涤样品瓶及瓶盖 2～3 次，再将抽滤后的水样装于聚乙烯样品瓶中。现场空白样、现场平行样按照与实际样品一致的操作步骤进行预处理。

2.1.5 按要求加入固定剂，盖好瓶盖，确保样品瓶密封，贴上标签。

2.2 注意事项

2.2.1 安装抽滤装置应检查过滤头与抽滤瓶之间连接是否紧密，抽气泵连接口是否漏气。

2.2.2 滤膜的安装需要用塑料镊子进行操作。抽滤人员戴上手套，使用塑料镊子将 0.45 μm 的滤膜放在玻璃砂芯滤器上，切勿用手直接取用滤膜，水样过滤膜不能重复使用。

2.2.3 先用纯水冲洗滤膜，并检查是否漏液；如果漏液，重新安装，确保抽滤系统正常抽滤。

2.2.4 荡洗抽滤瓶时要遵守"少量多次"的原则，一定要将滤膜完全湿润，润洗后的水样倒入废液桶。

2.2.5 每次过滤后需用去离子水清洗过滤装置，以防样品交叉污染。

2.2.6 应防止船上排污水的污染、船体的扰动，同时防止空气污染，特别是防止船烟和吸烟者的污染。

3 油类萃取

油类样品采集后加硫酸调至 pH<2，4 h 内现场萃取完毕。

3.1 萃取步骤

3.1.1 将采集并加酸固定的海水样品全量转入分液漏斗中，用 10.0 mL 环保型脱芳石油醚小心淋洗采样瓶瓶盖，淋洗液流入采样瓶中并荡洗采样瓶后转入分液漏斗中，振荡 2 min（注意放气），静置分层，将水相放入原水样瓶中，石油醚萃取液收集于 20 mL 带刻度比色管中。

3.1.2 重复上述步骤，合并两次石油醚萃取液，用石油醚定容至标线（V_1）。

3.1.3 测量水样体积，减去硫酸溶液用量，得到水样实际体积（V_2）。

3.1.4 石油醚萃取液应冷藏或冷冻保存。

3.2 注意事项

3.2.1 使用前先检查分液漏斗的盖子和旋塞是否严密，检查分液漏斗是否泄漏；

3.2.2 样品加入分液漏斗之前要关闭活塞；

3.2.3 分液时，轻轻打开活塞，眼睛要注视界面，当两层液体的界面刚到活塞部位即关闭，上层液体从上口倒出；

3.2.4 石油类测定的关键环节是萃取过程，萃取振摇时间直接关系着萃取效果，可选择手工萃取，也可以选择全自动旋转振荡器进行萃取振摇，萃取振摇时间应满足技术要求；

3.2.5 在萃取过程中，混合液在分液漏斗中发生乳化，形成乳浊液而难以分离，应采用冷冻或冷藏等物理技术消除乳化状态。

编写人员：

赵文奎（国家海洋环境监测中心）

史斌（浙江省海洋生态环境监测中心）

梁永津（珠江南海监测与科研中心）

郭永童（珠江南海监测与科研中心）

田永强（福建省厦门环境监测中心）

肖伟剑（福建省厦门环境监测中心）

李逸（珠江南海监测与科研中心）

海水水质国控网监测现场监测影像记录技术要求

1 适用范围

本技术要求适用于海水水质国控网监测的点位签到、现场监测仪器校准、现场监测、样品采集、样品前处理、样品保存全过程影像记录。

2 技术要求

2.1 监测影像拍摄设备

2.1.1 视频记录仪

视频记录仪是指具有录像、照相、录音等功能，用于记录现场监测全流程视频工作过程的便携式设备，用于海水水质监测现场视频录制和保存。视频录制前，应当对视频记录仪的电池容量、内存空间、系统日期和时间等进行检查，保证视频记录仪能够正常使用。推荐使用具有防水和夜间拍摄功能的视频记录仪。

2.1.2 智能手机

智能手机是指具有独立的操作系统，具有信息管理、网络连接功能，可以通过安装软件程序对其功能进行扩充的移动手持设备，用于海水水质监测现场照片拍摄和保存。照片拍摄前，应当对智能手机的电池容量、内存空间、系统日期和时间等进行检查，保证智能手机能够正常使用。

2.2 监测影像拍摄要求

海水水质监测影像应覆盖现场监测、样品采集、预处理、保存等全过程，能够再现监测活动实况，便于监测管理人员查阅和监督管理。监测影像拍摄技术要求具体见表1。

表 1 海水水质国控网监测影像记录技术要求

序号	监测步骤	拍摄形式	拍摄内容
1	点位签到	经纬度视频	拍摄北斗终端定位过程
		现场环境视频	清晰反映点位周边环境，特别是存在养殖区、疏浚倾废、污染等情况
		点位签到视频	拍摄手机 App 签到过程：照片上传和经纬度录入
2	样品采集	油类样品采集视频	拍摄表层油类采水器入水、出水过程，油类采样瓶液面高度，确认水样是否满瓶溢出，如溢出拍摄换瓶采样过程
		海水样品采集视频	拍摄采集多联/分层/表层采水器入水、出水过程：CTD 采水器需拍摄 3～5 min 感温过程；分层采水器是否安装水温原位监测设备

序号	监测步骤	拍摄形式	拍摄内容
2	样品采集	样品分装视频	拍摄从采水器倒入采样瓶的操作全过程，包括分装顺序、润洗、贴标签等步骤
3	现场监测	现场监测仪器校准视频	拍摄每天开机后 pH、溶解氧现场校准过程，拍摄仪器读数（要求环境背景能体现是在采样现场）、校准液标签信息
		现场监测标准样品视频	拍摄现场监测仪器测定 pH/盐度标准样品过程，拍摄仪器读数、标准样品标签
		现场监测过程视频	拍摄水温（与采水器出入水过程同时拍摄）、盐度、pH、溶解氧现场监测仪器读数及数据录入北斗/手机 App 过程
		现场监测指标复测视频	当现场监测指标超二类或超级值复测时，拍摄手机 App 超二类或超级值记录、现场监测仪器重新校准、现场监测标准样品过程；若更换仪器设备需重复以上校准、质控过程
4	样品前处理	油类萃取操作视频	拍摄水样由采样瓶全量转入分液漏斗；石油醚淋洗采样瓶瓶盖，淋洗液流入采样瓶中并荡洗采样瓶后转入分液漏斗；振荡放气，静止分层，将水相放入原水样瓶中，石油醚萃取液收集至指定容器，用相同的步骤再萃取一次，合并两次石油醚萃取液用石油醚定容至标线，用量筒测量水样体积
		抽（过）滤操作视频	拍摄抽（过）滤操作，包括润洗滤器过程；用抽（过）滤好的水样润洗样品瓶的过程，至少 2 次
		添加固定剂视频	拍摄添加固定剂的全过程，包括固定剂标签和加入量、样品标签、pH 比色情况和样品保存方法
5	样品保存	样品冷冻/冷藏视频	拍摄营养盐、COD 样品放入冰柜冷冻的过程；油类萃取液冷冻/冷藏过程；重金属样品存储环境

3　注意事项

3.1　所有视频由监测单位在外业结束后发送至国家海洋环境监测中心，监测单位可自行备份留存。视频存档编号格式为年度+航次+点位名称+拍摄内容。

3.2　所有记录的影像资料应清晰完整，视频流畅无拖影。

3.3　各监测单位可使用高清摄像头高位全景拍摄外业操作全过程，应确保各监测步骤在视频材料中明显体现。

3.4　各监测单位应尽量拍摄全部点位的外业监测视频，其中，专业监测船舶必须拍摄外业视频，小艇、快艇等辅助船舶可视情况拍摄。

编写人员：

吴英璀（国家海洋环境监测中心）

于秀彦（山东省威海生态环境监测中心）

赵仕兰（国家海洋环境监测中心）

海水水质国控网监测样品交接、流转实施细则

1 适用范围

本实施细则适用于海水水质样品由监测船舶至运输车辆、由运输车辆至实验室等流程。

2 样品流转

2.1 采样船舶与运输车辆之间的样品流转方式可能为采样船舶—样品接驳船—运输车辆或者采样船舶—运输车辆两种方式。

2.2 采样船舶、接驳船、运输车辆均应确定一名样品交接人员,负责对流转的样品进行清点确认。

2.3 采用采样船舶—样品接驳船—运输车辆的流转方式时,采样船舶—样品接驳船段样品交接人员应核对确认采样记录表,清点核对样品箱数量,大致浏览样品冷冻冷藏状态,并填写样品流转记录表。样品由接驳船到达岸上后,接驳船—运输车辆段样品交接人员应对照采样记录表和监测指标,逐一核对清点样品数量、状态、保存方式,一旦发现样品未按规定保存、样品容器有破损、样品量不够等情况,运输车辆方接样人员应拒绝接收样品,并请接驳船交接人员与采样人员沟通确认样品情况,必要时补采或重采。

2.4 采用采样船舶—运输车辆的流转方式时,样品到达岸上后,样品交接人员应对照采样记录表和监测指标,逐一核对清点样品数量、状态、保存方式,一旦发现样品未按规定保存、样品容器有破损、样品量不够等情况,运输车辆方接样人员应拒绝接收样品,并与采样人员沟通确认样品情况,必要时补采或重采。

2.5 采样人员将样品采集完毕后,将样品容器运回实验室过程中应采取多种措施,防止破碎,保证样品的代表性和完整性。

3 样品交接

3.1 样品确认

3.1.1 样品密封性

样品管理员应根据“样品流转记录表”确认样品周转箱是否封闭完好,以确认样品是否在运输过程中受到沾污、损坏或丢失。

3.1.2 样品温度

样品管理员应根据"样品运输监控记录表"和样品周转箱的温度监控设备确认样品周转箱内部温度是否符合相关规范和技术文件要求。冷藏温度应保持在 $1\sim5℃$，冷冻温度应低于 $-18℃$。

3.1.3 样品状态

在接收样品时，样品管理员应对样品的时效性、完整性和保存条件进行检查和记录，应检查和记录样品是否符合标准规定，对不符合要求的样品可以拒收。样品状态检查应至少包括以下几方面：

1）营养盐样品、化学需氧量样品、叶绿素 a 样品是否处于冷冻状态；

2）营养盐样品、重金属样品是否为过滤后的澄清溶液；

3）有机氯农药样品萃取液、有机磷农药样品萃取液、多环芳烃萃取液、油类萃取液是否处于冷藏或冷冻状态；

4）生化需氧量、粪大肠菌群样品是否处于冷藏状态；

5）用 pH 试纸确认汞、重金属等水样 pH 是否小于 2。

3.1.4 样品有效期

对照采样记录表，按照各监测指标的样品有效期，仔细核对各监测指标对应的样品是否在样品有效期内。

3.2 样品交接

3.2.1 样品管理员应对照现场采样记录表或 App 逐一扫码确认样品编号，核对样品数量、样品有效期、样品状态、样品编码。

3.2.2 样品管理员在确定样品数量、样品有效期、样品状态、样品编码等正确无误后，填写"样品交接记录表"，交接双方在样品交接记录表上签字确认。

3.2.3 样品管理员收到样品后，应第一时间与质控人员确认是否添加实验室他控样品，如需添加实验室他控样品，专职质控人员添加完成后应将实验室他控样品、原样等交接给样品管理员，由样品管理员将实验室他控样品和外业采集的样品一同流转给分析人员。如无需添加实验室他控样品，样品管理员应第一时间将样品流转至分析人员，并提醒分析人员样品有效期限，督促分析人员在有效期内完成分析测试。如分析人员因特殊原因无法流转样品，样品管理员应按照各监测指标对样品的保存要求保存好样品，并填写样品保存记录表。

3.2.4 样品流转至分析人员后，如分析人员无法第一时间分析样品，应按照各监测指标对样品的保存要求保存好样品，并填写样品保存记录表。

3.2.5 所有样品均应有唯一性编码，并应将样品分为待测样品和留样样品，以确保样品在测试和贮存过程中不会发生混淆或随意调用。

3.2.6 所有样品均应使用系统生成的样品编码进行采样、交接、流转、分析等，无须再按本单位样品编码原则重新编码。

3.2.7 样品交接和流转过程中如发现编号错乱、样品容器不符合要求、保存方式不符合要求、样品状态不符合要求或样品超过了保存期限，应立即查明原因，及时补采或重采。

5 样品存在问题时的处置流程

样品交接和流转过程中如发现编号错乱、样品容器不符合要求、保存方式不符合要求、样品状态不符合要求或样品超过了保存期限，应立即查明原因，及时补采或重采。

编写人员：

赵仕兰（国家海洋环境监测中心）

徐铭霞（海河北海监测科研中心）

海水水质国控网监测实验室分析质量控制实施细则

1 适用范围

本实施细则规定了海水样品进入实验室后流转、前处理、分析等流程的质量控制要求，适用于海水水质国控网监测样品分析质量控制。

2 术语和定义

2.1 分析人员自控

分析人员在分析测试过程中采用实验室空白测定、校准曲线及其核查校准、仪器设备调谐或核查、实验室分析平行样测定、有证标准物质测定、质控样测定、加标回收率测定等质量控制措施，对分析数据结果的正确度和精密度予以有效控制和评价。

2.2 实验室他控

在分析人员开展测试前，由专职质控人员（相对独立于具体项目的分析测试活动）加入密码样品，包括有证标准物质、质控样、加标样和平行样，分别对分析数据结果正确度和精密度予以有效控制和评价。

2.3 实验室分析平行样

实验室分析平行样是指独立取自同一个样本的两个样品，以控制和评价分析数据结果的精密度。

2.4 加标回收率测定

加标回收率测定是指在样品基质中加入定量的标准物质，按照与样品相同的分析步骤进行测定，得到的结果与理论值的比值。

3 实验室准备

3.1 人员分工及能力确认

3.1.1 每个监测指标最好由不少于 2 人共同开展分析测试工作，如仅 1 人开展工作，则该人员应持有该监测指标上岗证且从事该指标分析测试工作至少 2 年。

3.1.2 无证人员可以在对应监测指标的持证人员监督下参与样品分析工作，但数据质量由持证人员负责，且测试人处必须有持证人员与无证人员共同签字。

3.1.3 样品分析测试原始记录校对人应为持有该指标上岗证的人员，原始记录审核人应为分析科室负责人。

3.1.4 专职质控人员应持有质量管理上岗证，熟悉海水水质各监测指标分析方法。

3.1.5 监测数据一审人员为分析科室负责人，二审人员为质控部门负责人，三审人员为单位海洋化学领域授权签字人。

3.1.6 各单位按照承担任务和实施方案中预设的人员分工情况，明确该航次各监测指标样品管理人、分析人、校对人、审核人、专职质控人员，监测数据一审人员、二审人员和三审人员，除授权签字人应核实其授权签字领域是否包含海洋化学领域外，其余人员应核实确认上岗证是否在有效期内。

3.2 仪器设备的配置、检定/校准和结果确认

3.2.1 根据分析单位的工作内容和工作量，按照方法要求配置相应的仪器设备，并且保证各项检测项目配备足够数量的仪器设备和辅助测量设备。

3.2.2 对监测结果的准确性、有效性有影响或计量溯源性有要求的仪器设备，均需实施检定/校准，开展实验前需核对仪器设备检定校准证书是否在有效期内。

3.2.3 按照作业指导书的要求确认仪器设备是否按照要求开展期间核查和仪器维护，是否形成相关记录及证明材料是否齐备，核查的方法是否正确，核查结果是否满足评价要求。

3.2.4 开展分析工作前，对各项监测项目的仪器设备和辅助测量设备进行开机确认，确保其可以正常使用，必要时可再开展一次期间核查。

3.3 标准物质、实验用水、试剂耗材的配置和符合性检验

3.3.1 按照方法要求优先选择与样品基体相同的有证标准物质或质控样，按规定的保存条件存储，需避光保存的标准物质需保存在暗处，需冷藏或者冷冻保存的，需要配备专用的冷藏或者冷冻冰箱。应对保存的环境条件进行监控并记录。

3.3.2 开展分析工作前，对各项监测项目的标准物质进行确认，包括名称、编号，并确保标准物质在有效期内。

3.3.3 在各航次监测开展前，实验室应对采购的试剂耗材逐一核实质量证明资料，并对其质量进行验收，证实其符合规定要求后方能使用。不同批次的试剂耗材在投入实验前要根据对应的方法做好试剂验收工作并做好记录，符合要求后方可用于实验。

3.3.4 定期对实验室制备或外购的纯水进行检验，确保其满足各项指标监测要求，并形成纯水检验记录，按照方法要求使用符合要求的实验室用水，建议统一使用一级水。

3.4 环境设施条件的确认与监控

按照方法要求对开展每项监测项目的实验室环境条件进行确认，包括温度、湿度等，必要时配备空调、加湿器、除湿机等设施。配置环境条件控制的监控设备进行监控和记录。不同实验所需场所应确保不产生相互干扰，避免造成污染。

3.5 安全防护装备与设施的配置与核查

3.5.1 根据监测任务，配置足够数量的安全防护装备与设施，并定期核查其功能及有效期。

3.5.2 安全防护装备包括手套、口罩、护目镜等。

3.5.3 安全防护设施包括洗眼器、喷淋、灭火器、医药箱等。

3.5.4 根据监测指标配备相应的（危）废物处理容器、确定（危）废物的处置方法。

3.6 确定自控和他控措施

3.6.1 各监测指标分析人员按照各监测指标对应的分析方法作业指导书中的要求确定每个监测指标的自控措施和实施的频次。

3.6.2 专职质控人员确定添加实验室他控样品的监测指标及数量，准备好各类标准物质/质控样。

4 样品交接、流转和留样保存

4.1 样品交接按照《海水水质国控网监测样品交接、流转实施细则》执行。

4.2 样品分析完毕后，分析人员应将剩余样品流转至样品管理员保存，以备必要时重测。

4.3 样品管理员应对样品进行合理分区，按照样品的类别划分不同的区域，避免交叉污染，同时设置待测区、样品流转区、测毕区和留样区等，张贴明显标识。

4.4 超出有效期限的测毕样品，由分析部门负责人确认后可采取适当的方式处置，避免污染环境。

5 实验室他控

5.1 实验室他控样品添加

样品完成交接后，由专职质控人员负责添加他控样品，他控样品包括他控平行样、他控标样/质控样或他控加标样。

5.1.1 实验室他控平行样

5.1.1.1 随机抽取一份海水样品，分为双份平行样，其中一个重新编码，即以密码形式插入平行样，用于控制和评价分析数据结果的精密度。

5.1.1.2 每期海水监测至少插入 1 个实验室他控平行样。分析人员按照与样品相同的测定步骤进行测定。

5.1.2 实验室他控标样/质控样

5.1.2.1 应优先使用与样品基体相同的有证标准物质或质控样作为他控标样/质控样。

5.1.2.2 将标样/质控样重新编号，以密码形式插入他控标样/质控样，用于控制和评价分析数据结果的正确度。

5.1.2.3 每期海水监测至少插入 1 个实验室他控标样/质控样，分析人员按照与样品相同的测定步骤进行测定。

5.1.3 实验室他控加标样

随机抽取一份海水样品，分为双份平行样，其中一个加入一定量的标准物质，并重新编码，即以密码形式插入同批次样品中，用于控制和评价分析数据结果的正确度。当样品的基体复杂、基体对测定结果影响较大时，可采用此方法。

6 实验室分析

6.1 样品的前处理

6.1.1 在样品保存期限内按照各监测指标对应的分析方法作业指导书规定进行样品的前处理，如方法中有多种选择，应根据样品的特点和本实验室的条件选择最佳方法。

6.1.2 原始记录中应填写前处理所使用的设备信息、前处理方法、时间等信息，以保证结果的可追溯性。

6.2 样品的测定

6.2.1 一般同批分析的样品数量≤100个。

6.2.2 在样品保存期限内按照各监测指标对应的分析方法作业指导书进行样品的测定。

6.2.3 分析过程中应注意环境条件的控制，避免交叉污染。

6.3 实验室自控

分析人员按照各监测指标对应的分析方法作业指导书中要求采取自控措施，除此以外还应注意以下几个方面：

1）校准曲线核查：如仪器响应值不稳定或校准曲线非当天绘制，均须对校准曲线进行核查，核查时应先用新配制的标准空白和标准系列溶液的中间浓度点核查仪器信号值是否与绘制的标准曲线的信号值有明显差别，如有明显差别，应重新配制标准系列溶液并绘制校准曲线；如无明显差别，则继续用与样品基体相同的有证标准物质或质控样核查仪器正确度，标准物质或质控样测定结果应在合格范围内，否则，应重新绘制校准曲线。

2）应优先购置并使用与样品基体相同的有证标准物质/质控样开展准确度控制。当与样品基体相同的有证标准物质/质控样无法购置时，可以采用基体加标方式开展准确度控制。

6.4 分析测定原始记录及仪器谱图

6.4.1 分析测定原始记录应能够正确记载数据量值、有效位数和产生的相关信息，包括前处理、分析方法、样品稀释或浓缩倍数、量器和仪器、校准、分析等相关过程的信息。

6.4.2 仪器谱图属于原始记录的一部分，应及时备份或打印留存。包含的信息主要有采集时间、存盘路径、打印时间、实验方法名称、操作者名称、进样体积等。

6.5 结果报出

6.5.1 按照各监测指标对应的分析方法作业指导书规定的结果计算方法和数据有效位数要求报出分析结果。

6.5.2 分析人员应对数据结果保持敏感性，即对于有别于寻常的极大极小值应进行核实，核实方法有以下几种：

1）是否存在干扰，如存在干扰须按照各监测指标对应的分析方法作业指导书中规定的方法去除；

2）综合分析与本分析项目有相关性的其他项目测定结果，判断其合理性；

3）核实稀释倍数是否正确；

4）根据自控评价结果判断数据的有效性和数据异常的原因，并采取有效措施予以纠正；

5）从该点位其他项目的样品（要求样品保存剂的添加等与该项目一致）中重新取样测定，判定结果的合理性。

7 质控结果评价

7.1 自控评价要求

分析人员按照各监测指标对应的分析方法作业指导书规定的自控措施的结果判定要求进行评价。

7.2 实验室他控评价要求

7.2.1 测定结果由专职质控人员解码后评价。

7.2.2 实验室他控有证标准物质/质控样在证书给定的保证值范围内为合格。

7.2.3 实验室他控加标回收率和平行样相对标准偏差与实验室自控要求一致，具体要求见各监测指标对应的分析方法作业指导书。

7.3 评价结果

分析人员和专职质控人员应在每个项目的分析原始记录中记录质控结果评价情况，包括质控措施、有证标准物质或质控样证书编号、控制措施的合格范围、评价结果等信息。自控结果和他控结果均合格，数据进入下一级审核。

7.4 评价结果不合格的处置

7.4.1 自控结果不合格

7.4.1.1 自控结果不合格应查找原因，包括但不限于以下几个方面：样品的均匀性、稳定性和基体影响，实验用水、试剂、器皿、仪器、环境条件、分析人员的操作水平和经验等。

7.4.1.2 当同批分析的样品数量≤100 个时，如自控平行样、自控标样/质控样/加标回收样不合格总数超过 2 个，则应重新分析该批次样品。如有 1 组自控平行样不合格，则按样品数的 10%加测自控平行样（不少于 2 个），如有 1 个自控标样/质控样/加标回收样不合格，则按样品数的 5%加测自控标样/质控样/加标回收样。同时，不合格样品的前后 3 个样品均应重测。如加测的自控样品合格且样品重测结果与原测定结果满足平行样相对偏差要求，则该批次样品原测定结果有效。

7.4.1.3 如加测的自控样品仍不合格，则该批样品的分析结果不得接受，应继续查找原因，并重新分析该批次全部样品，如样品超出有效期，则应重新采样。

7.4.2 他控结果不合格

7.4.2.1 他控措施的结果不合格，专职质控人员应协助分析人员共同查找原因。

7.4.2.2 实验室他控平行样结果不符合相对偏差要求时，专职质控人员应重新将该样品分为双份平行样，其中一个密码编号。同时随机再抽取 2 个样品分别分成双份平行样，并对平行样进行密码编号，交由分析人员分析。如原他控平行样重测结果符合要求，且加测的平行样也符合要求，则该航次数据有效。如仍有 1 组以上平行样不符合要求，则该航次全部样品重测，如样品已超出有效期，应重采重测。

7.4.2.3 实验室他控标样/质控样不符合要求时，质控人员应至少再增加 2 个不同浓度的标样/质控样，如加测结果符合要求，则数据有效，如加测结果中仍有不合格的，该航次全部样品重测，如样品已超出有效期，应重采重测。

7.4.2.4 现场他控平行样不符合要求时，质控部门应组织采样部门和分析部门进行会商，并查找原因。现场他控平行样不符合数量超过 2 个时，对应采样日的样品应重采重测。

7.4.2.5 上述三类他控方式中，出现 2 类以上结果不符合的，该航次全部样品重测，必要时重新采样。

7.4.2.6 对于出现他控结果不合格的监测指标，在下一航次的样品分析中增加 1 倍的他控样品。

编写人员：

赵仕兰（国家海洋环境监测中心）

王琳（天津市生态环境监测中心）

徐莹（浙江省海洋生态环境监测中心）

舒俊林（广西壮族自治区海洋环境监测中心站）

海水 悬浮物的测定 重量法

本方法依据《海洋监测规范 第4部分：海水分析》（GB 17378.4—2007）27悬浮物——重量法编写，作为全国海水水质国控网监测统一方法使用。本方法在 GB 17378.4—2007 基础上，完善了操作细节、质控要求和注意事项等相关规定。

1 适用范围

本方法适用于海水、河口水以及入海排污口污水中悬浮物的测定。取样体积 1 000 mL 时，方法检出限为 2 mg/L，检测下限为 8 mg/L。

2 方法原理

一定体积（通常取样体积为 1 000 mL）的水样通过 0.45 μm 的滤膜，称量截留在滤膜上并于 40～50℃烘干至恒重的悬浮物质的重量，计算水中悬浮物质的浓度。

3 仪器与设备

3.1 取样器：视所需水样体积和分析要求选择合适的量筒。

3.2 过滤器：玻璃砂芯过滤器（直径 47 mm 或者 60 mm）。

3.3 真空泵：抽气量 30 L/min。

3.4 滤膜：孔径 0.45 μm，直径 47 mm 或者 60 mm。

3.5 滤膜盒：直径 50 mm 或者 63 mm。

3.6 分析天平：感量 0.1 mg、0.01 mg。

3.7 无齿不锈钢镊子。

3.8 一般实验室常备仪器和设备。

4 样品制备

4.1 滤膜准备：滤膜盒洗净、烘干、编号；将滤膜、滤膜盒分别放入电热恒温干燥箱中，于 40～50℃烘干，恒温 6～8 h 后，放入硅胶干燥器冷却 6～8 h；分别称量并记录滤膜、滤膜盒的质量，并把称好的滤膜放入带有编号的滤膜盒内备用。

4.2 现场作业：

（1）组装抽滤系统：将过滤器安装在抽滤瓶上，在真空泵与过滤器之间装一个安全瓶，积聚倒吸的海水。抽滤的适宜压力为 $5×10^4$～$6×10^4$ Pa，负压过大，悬浮物颗粒嵌入滤膜微孔，妨碍过滤。为此，真空系统中须装有压力表（图 1）。

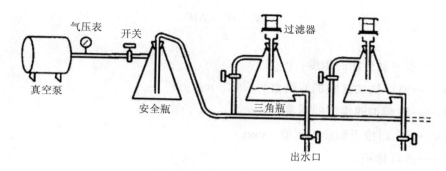

图 1　过滤设备组装示意图

（2）用不锈钢镊子把预先称重的滤膜放入过滤器中，组装好，记录水样的样品编号和对应的滤膜盒编号。进行空白校正操作时，须在水样滤膜下面再放置一张预先称重的滤膜，并在该水样样品编号下一列记录空白校正滤膜盒的编号。

（3）样品采集后现场过滤处理：将试样充分混合均匀，倒入事先用蒸馏水清洗干净的量筒，量取 1 000 mL 抽吸过滤（具体取样量视样品浑浊程度而定），使样品全部通过滤膜，再以每次 50 mL 蒸馏水连续洗涤 3 次，继续吸滤以除去痕量水分。停止吸滤后，用不锈钢镊子取出载有悬浮物的滤膜放回原滤膜盒内，盖好滤膜盒盖，按顺序保存，带回实验室分析。

（4）滤膜空白校正：过滤时，醋酸纤维酯膜会因溶解而失重，直径 47 mm 膜失重 0.2～0.5 mg，直径 60 mm 膜失重 1.0～2.0 mg，为保证结果的准确性，必须进行滤膜的空白校正试验。空白校正滤膜应放置于样品滤膜下面，使水样同时通过两张滤膜过滤。每批样品至少应做 2 份空白滤膜校正，须确保每个监测点位至少有一张空白校正滤膜。

5　测定

5.1　烘干：将装有滤膜的滤膜盒放入电热恒温干燥箱内于 40～50℃下恒温脱水 6～8 h，取出放入硅胶干燥器，冷却 6～8 h 后再称量。

5.2　称量：滤膜和悬浮物质量小于 50 mg 时，用十万分之一天平称量；大于 50 mg 时，则用万分之一天平称量。称量操作要迅速，过滤前、后两次称量，称量过程中天平室的温度、湿度要基本保持一致。

5.3　空白滤膜校正：称量样品的同时，对滤膜空白校正样品也进行称量，用于结果计算。

6　结果计算和表示

悬浮物含量 ρ（mg/L）按下式计算：

$$\rho = \frac{W_1 - W_2 - \Delta W}{V} \qquad\qquad (1)$$

式中：ρ——水中悬浮物的浓度，mg/L；

   W_1——悬浮物加滤膜加滤膜盒的质量，mg；

   W_2——滤膜加滤膜盒的质量，mg；

   ΔW——空白校正滤膜校正值，mg；

   V——水样体积，L。

$$\Delta W = \frac{1}{n}\sum_{1}^{n}(W_n - W_b) \qquad\qquad (2)$$

式中：W_n——过滤后空白校正滤膜加滤膜盒的质量，mg；

   W_b——过滤前空白校正滤膜加滤膜盒的质量，mg；

   n——空白校正滤膜数量；

   ΔW——负值。

7 质量保证与质量控制

  采用实验室分析平行样进行精密度控制。每批次样品应至少分析 10%的平行样，样品数量少于 10 个时，至少分析 1 个平行样，平行样测定结果的相对偏差应符合表 1 的要求。当平行样测定结果为 1 个未检出、1 个检出时，不进行精密度评价。当平行样测定结果处于检出限和测定下限之间时，可多取一位有效数字计算相对偏差。

表 1 实验室质量控制参考标准

分析结果所在数量级	10^{-4}	10^{-5}	10^{-6}	10^{-7}	10^{-8}	10^{-9}	10^{-10}
相对偏差容许限/%	1.0	2.5	5	10	20	30	50

8 注意事项

8.1 漂浮或浸没的不均匀固体物质不属于悬浮物质，应从水样中除去。

8.2 水样要现场过滤、烘干、按顺序保存好。如果现场不能立即过滤，水样须放在阴凉处，24 h 内应过滤完毕，不能加入任何保护剂，以防止破坏物质在固液两相间的分配平衡。

8.3 各种器具必须保持干净，过滤前必须用清水洗涤干净。

8.4 装滤膜的滤膜盒，盒盖和盒身都要写好编号，按点位顺序排列，以免混淆。

8.5 使用不锈钢镊子夹取滤膜，以免沾污。

8.6 烘干样品时，必须保持周围环境清洁。样品置于红外灯下烘干时，温度不超过 50℃，红外灯泡与样品的距离不应小于 30 cm，避免滤膜卷曲或燃烧。

8.7　滤膜上截留过多的悬浮物可能夹带较多的水分，除延长干燥时间外，还可能造成过滤困难，遇此情况，可酌情少取试样。滤膜上悬浮物过少，则会增大称量误差，影响测定精度，必要时可以增大试样体积。建议入海河口或浅海区域高浓度水体取样体积 10～100 mL，深海区域低浓度水体取样体积 1 000～5 000 mL。

8.8　过滤时，应首先充分混匀样品，然后迅速倒入量筒中，防止样品中悬浮物沉降影响样品均匀性。特别是分析平行实验时，每次倒入量筒前均应先充分混匀样品。

8.9　若水样盐度较高或者含有胶体物质较多，可以通过增加蒸馏水冲洗次数来减小测定误差。

8.10　过滤时，为防止海水倒灌，损坏真空泵，应及时放掉废水。

编写人员：
王艳洁（国家海洋环境监测中心）
徐洪伟（山东省烟台生态环境监测中心）

海水　化学需氧量的测定　碱性高锰酸钾法

本方法依据《海洋监测规范　第 4 部分：海水分析》（GB 17378.4—2007）32 化学需氧量——碱性高锰酸钾法，作为全国海水水质国控网监测统一方法使用。本方法在 GB 17378.4—2007 基础上，完善了操作细节、质控要求和注意事项等相关规定。

警示：实验中使用的浓硫酸、高锰酸钾等具有强烈的腐蚀性和刺激性，前处理过程应在通风橱内进行；操作时应按要求佩戴防护器具，避免吸入呼吸道或接触皮肤和衣物。

1　适用范围

本方法规定了测定近岸海水和河口水中化学需氧量的碱性高锰酸钾法。

本方法适用于近岸海水和河口水中化学需氧量的测定。

当取样体积为 100 mL 时，本方法检出限为 0.2 mg/L，测定下限为 0.8 mg/L。

2　方法原理

在碱性加热条件下，用已知量并且是过量的高锰酸钾氧化海水中的需氧物质。然后在酸性条件下，用碘化钾还原过量的高锰酸钾和二氧化锰，所生成的游离碘用硫代硫酸钠标准溶液滴定。

3　试剂和材料

除非另有说明，分析时均使用符合国家标准的分析纯试剂，实验用水为新制备的蒸馏水或等效纯水。

3.1　碘酸钾（KIO_3）：基准试剂。预先在 120℃烘 2 h，置于干燥器中冷却。

3.2　碘化钾（KI）。

3.3　氢氧化钠（NaOH）。

3.4　高锰酸钾（$KMnO_4$）。

3.5　硫代硫酸钠（$Na_2S_2O_3 \cdot 5H_2O$）。

3.6　碳酸钠（Na_2CO_3）。

3.7　硫酸（H_2SO_4）：ρ=1.84 g/mL，优级纯。

3.8　氢氧化钠溶液：ρ（NaOH）=250 g/L。

称取 250 g 氢氧化钠（3.3），溶于 1 000 mL 水中，盛于聚乙烯瓶中。

3.9　高锰酸钾标准贮备液：c（$1/5KMnO_4$）=0.1 mol/L。

称取 3.2 g 高锰酸钾（3.4），溶于 200 mL 水中，加热煮沸 10 min，冷却，移入棕色试剂瓶中，稀释至 1 L，混匀。放置 7 d，用玻璃砂芯漏斗过滤后贮存于棕色试剂瓶中，暗处保存。也可购买市售产品。

3.10 高锰酸钾标准溶液：c（$1/5KMnO_4$）=0.01 mol/L。

吸取 100 mL 高锰酸钾标准贮备液（3.9）于 1 000 mL 容量瓶中，用水稀释至标线，混匀。此溶液在暗处保存，有效期为 6 m。也可购买市售产品。

3.11 硫酸溶液：1+3（V/V）。

在不断搅拌下，将 250 mL 硫酸（3.7）慢慢加入 750 mL 水中后，趁热滴加高锰酸钾标准溶液（3.10），至溶液略呈微红色，保持 30 s 不褪色，贮存于试剂瓶中，有效期为 30 d。

注：此过程剧烈放热，溶解时最好将试剂瓶放置于冰水中。

警示：务必将浓硫酸缓慢加入水中，如加反，易引发浓硫酸迸溅的安全事故！

3.12 碘酸钾标准溶液 I：c（$1/6KIO_3$）=0.100 mol/L。

称取 3.567 g 碘酸钾（3.1）溶于水中，全量移入 1 L 棕色容量瓶中，稀释定容至标线，混匀。置于暗处，有效期为 30 d。也可购买市售有证标准物质。

3.13 碘酸钾标准溶液 II：c（$1/6KIO_3$）=0.010 0 mol/L。

移取碘酸钾标准溶液 I（3.12）10.0 mL，置于 100 mL 容量瓶中，稀释定容至标线，混匀。临用现配。

3.14 硫代硫酸钠标准溶液 I：c（$Na_2S_2O_3 \cdot 5H_2O$）=0.10 mol/L。

称取 25 g 硫代硫酸钠（3.5），用刚煮沸冷却的水溶解，加入约 2 g 碳酸钠（3.6），移入棕色试剂瓶中，稀释至 1 L，混匀。冷藏保存，有效期为 30 d。也可购买市售产品。

3.15 硫代硫酸钠标准溶液 II：c（$Na_2S_2O_3 \cdot 5H_2O$）=0.01 mol/L。

量取 100 mL 硫代硫酸钠标准溶液 I（3.14）稀释至 1 L，置于阴凉处。每次使用前需进行标定。

硫代硫酸钠标准溶液的标定：

移取 10.00 mL 碘酸钾标准溶液 II（3.13），沿壁流入碘量瓶中，用少量水冲洗瓶壁，加入 0.5 g 碘化钾（3.2），沿壁注入 1.0 mL 硫酸溶液（3.11），塞好瓶塞，轻荡混匀，加少许水封口，在暗处放置 2 min。轻轻旋开瓶塞，沿壁加入 50 mL 水，在不断振摇下，用硫代硫酸钠标准溶液 II（3.15）滴定至溶液呈淡黄色，加入 1 mL 淀粉溶液（3.16），继续滴定至溶液蓝色刚褪去为止。重复标定，至两次滴定读数差小于 0.05 mL 为止。按式（1）计算其浓度：

$$c = \frac{10.00 \times 0.010\,0}{V} \tag{1}$$

式中：c ——硫代硫酸钠标准溶液浓度，mol/L；

V ——硫代硫酸钠标准溶液体积，mL。

3.16　淀粉溶液：ρ=5 g/L。

称取 1 g 可溶性淀粉，用少量水搅成糊状，加入 100 mL 煮沸的水，混匀后继续煮至透明。冷却后加入 1 mL 乙酸，稀释至 200 mL，贮存于试剂瓶中。避光保存，若溶液不澄清，需弃去重配。

3.17　防爆沸玻璃珠。

4　仪器与设备

4.1　加热装置：电热板或等效加热装置，功率≥1 000 W。

4.2　酸式滴定管（25 mL，最小分量：0.05 mL）或数字瓶口滴定器（最小分量：0.01 mL）。

4.3　定量加液器：5 mL、10 mL。

4.4　电磁搅拌器：转速可调至 140～150 r/min。

4.5　玻璃磁转子：直径 3～5 mm，长 25 mm。

4.6　电子天平：精度为 0.000 1 g、0.1 g。

4.7　碘量瓶（具塞）：250 mL。

4.8　玻璃砂芯漏斗：G4。

4.9　定时器。

4.10　量筒：100 mL、500 mL、1 000 mL。

4.11　一般实验室常用仪器和设备。

5　分析步骤

5.1　将冷冻保存的样品平衡至室温，完全解冻。

5.2　充分摇动、混合均匀水样，立即取 100 mL 样品于 250 mL 碘量瓶中（若有机物含量高，可少取水样，加水稀释至 100 mL），加入 1 mL 氢氧化钠溶液（3.8）混匀，准确加入 10.00 mL 高锰酸钾标准溶液（3.10），混匀。

注：加热时，若溶液红色褪去，说明高锰酸钾溶液量不够，需重新取样，稀释后测定。

5.3　加入 3～5 粒防爆沸玻璃珠，于电热板（或等效加热装置）上加热至沸，准确煮沸 10 min，然后采用冷水浴迅速冷却至室温。

注：从冒出第一个气泡或防爆沸玻璃珠开始跳动时开始计时，若样品初沸时间不同，应分别计时。

5.4　向碘量瓶中定量加入 5 mL 硫酸溶液（3.11），加 0.5 g 碘化钾（3.2），加塞后用水封口，混匀，在暗处放置 5 min。在不断振摇或电磁搅拌下，用硫代硫酸钠标准溶液Ⅱ（3.15）滴定至溶液呈淡黄色，加入 1 mL 淀粉溶液（3.16），继续滴定至溶液蓝色刚褪去为止，记下读数 V_1。

5.5　以实验用水代替样品，按照步骤 5.2～5.4 进行空白样品的测定，记录消耗的硫代硫酸钠标准溶液Ⅱ（3.15）体积，记录空白滴定值 V_0。

5.6　以实验用水代替样品，按照步骤 5.2～5.4 进行实验室分析空白样品的测定。

6　结果计算与表示

6.1　结果计算

将滴定管读数（V_1、V_0）记入数据记录表中，按式（2）计算化学需氧量：

$$COD = \frac{c(V_0 - V_1) \times 8}{V} \times 1\,000 \times f \qquad (2)$$

式中：COD——水样的化学需氧量，mg/L；

c——已标定的硫代硫酸钠溶液的浓度，mol/L；

V_0——分析空白滴定消耗硫代硫酸钠溶液的体积，mL；

V_1——滴定样品时消耗硫代硫酸钠溶液的体积，mL；

V——取样体积，mL。

f——稀释倍数。

6.2　结果表示

测定结果小数点后位数的保留与方法检出限一致，最多保留 3 位有效数字。

7　质量保证和质量控制

7.1　空白

每批样品应至少分析 2 个实验室分析空白，测定结果应低于方法检出限。

7.2　精密度控制

按样品量的 20%测定平行样，样品数量少于 10 个时，应至少测定 2 个平行样。平行样滴定读数差应≤0.10 mL。

8　注意事项

8.1　水样加热完毕，应冷却至室温，再加入硫酸和碘化钾，否则游离碘挥发而造成误差。

8.2　化学需氧量的测定是在一定反应条件下试验的结果，是一个相对值，所以测定时应严格控制条件，如试剂的用量、加入试剂的次序、加热时间、加热温度及加热前溶液的总体积等都必须保持一致。

8.3　用于制备碘酸钾标准溶液的纯水和玻璃器须经煮沸处理，否则碘酸钾溶液易分解。

编写人员：

王艳洁（国家海洋环境监测中心）

於香湘（江苏省南通环境监测中心）

汤春艳（江苏省南通环境监测中心）

海水　生化需氧量的测定　五日培养法

本方法依据《海洋监测规范　第 4 部分：海水分析》（GB 17378.4—2007）33.1 生化需氧量-五日培养法编写，作为全国海水水质国控网监测统一方法使用。本方法在 GB 17378.4—2007 基础上，完善了操作细节、质控要求和注意事项等相关规定。

1　适用范围

本方法适用于海水生化需氧量的测定。方法检出限为 0.5 mg/L，测定下限为 2.0 mg/L。

2　方法原理

水体中有机物在微生物降解的生物化学过程中，消耗水中溶解氧。通常情况下是指水样充满完全密闭的溶解氧瓶，在（20±1）℃条件下，暗处培养 5 d±4 h 后，用碘量法测定培养前和培养后两者的溶解氧含量之差，即五日生化需氧量，以氧的含量（mg/L）计。水中有机质越多，生物降解需氧量也越多，一般水中溶解氧有限，因此，须用氧饱和的蒸馏水稀释。为提高测定的准确度，培养后减少的溶解氧占培养前溶解氧的 40%～70%最为适宜。若样品中的有机物含量较多，BOD_5 的质量浓度大于 6 mg/L，样品需适当稀释后测定。冷冻保存的海水，在测定 BOD_5 时应进行接种，以引进能分解海水中有机物的微生物。

3　试剂与材料

除非另有说明，分析时均使用符合国家标准的分析纯试剂和蒸馏水。

3.1　氯化钙溶液（27.5 g/L）。

溶解 27.5 g 氯化钙（$CaCl_2$）于水中，稀释至 1 L，盛于试剂瓶中。

3.2　三氯化铁溶液（0.25 g/L）。

溶解 0.25 g 三氯化铁（$FeCl_3 \cdot 6H_2O$）于水中，稀释至 1 L，盛于试剂瓶中。

3.3　硫酸镁溶液（22.5 g/L）。

溶解 22.5 g 硫酸镁（$MgSO_4 \cdot 7H_2O$）于水中，稀释至 1 L，盛于试剂瓶中。

3.4　磷酸盐缓冲溶液（pH≈7.2）。

溶解 8.5 g 磷酸二氢钾（KH_2PO_4）、21.75 g 磷酸氢二钾（K_2HPO_4）、33.4 g 磷酸氢二钠（$Na_2HPO_4 \cdot 7H_2O$）和 1.7 g 氯化铵（NH_4Cl）于约 500 mL 水中，稀释至 1 L，此缓冲溶液 pH 为 7.2，无须再调节。

3.5　氯化锰溶液。

称取 210 g 氯化锰（$MnCl_2 \cdot 4H_2O$），溶于水中，并稀释至 500 mL。

3.6　碱性碘化钾溶液。

称取 250 g 氢氧化钠（NaOH），在搅拌下溶于 250 mL 水中，冷却后，加入 75 g 碘化钾（3.11），稀释至 500 mL，盛于具橡皮塞的棕色试剂瓶中。

3.7　硫酸溶液（1+1）。

在搅拌下，将同体积浓硫酸（H_2SO_4，ρ=1.84 g/mL）小心地加入同体积的水中，混匀，盛于试剂瓶中。

3.8　硫代硫酸钠标准溶液。

3.8.1　硫代硫酸钠标准溶液〔c（$Na_2S_2O_3 \cdot 5H_2O$）0.10 mol/L〕。

称取 25 g 硫代硫酸钠（$Na_2S_2O_3 \cdot 5H_2O$），用刚煮沸冷却的水溶解，加入约 2 g 碳酸钠，移入 1 000 mL 棕色容量瓶中，稀释至标线后混匀，置于阴凉处。

3.8.2　硫代硫酸钠标准溶液〔c（$Na_2S_2O_3 \cdot 5H_2O$）0.01 mol/L〕。

移取 100 mL 0.10 mol/L 的硫代硫酸钠标准溶液（3.8.1）定容至 1 000 mL，然后进行标定。每次使用前需进行现场标定。

3.8.3　硫代硫酸钠标准溶液的标定。

移取 10.00 mL 碘酸钾标准溶液（3.9），沿壁流入碘量瓶中，用少量水冲洗瓶壁，加入 0.5 g 碘化钾（3.11），沿壁注入 1.0 mL 硫酸溶液（3.7），塞好瓶塞，轻荡混匀，加少许水封口，在暗处放置 2 min。轻轻旋开瓶塞，沿壁加入 50 mL 水，在不断振摇下，用硫代硫酸钠标准溶液（3.8.2）滴定至溶液呈淡黄色，加入 1 mL 淀粉溶液（3.10），继续滴定至溶液蓝色刚褪去为止。重复标定，至两次滴定读数误差小于 0.05 mL 为止。按式（1）计算其浓度：

$$c = \frac{10.00 \times 0.010\,0}{V} \tag{1}$$

式中：c——硫代硫酸钠标准溶液浓度，mol/L；

　　　V——硫代硫酸钠标准溶液体积，mL。

可购买市售有证硫代硫酸钠标准溶液。

3.9　碘酸钾标准溶液〔c（1/6KIO_3）=0.010 0 mol/L〕。

称取 3.567 g 碘酸钾（KIO_3，优级纯，预先在 120℃烘 2 h，置于干燥器中冷却），溶于水中，全量移入 1 000 mL 棕色容量瓶中，稀释至标线后混匀。置于冷暗处，有效期为 1 个月，此溶液为 0.100 mol/L。使用时量取 10.00 mL 加水稀释至 100 mL。

可购买市售有证碘酸钾标准溶液。

3.10　淀粉溶液（5 g/L）。

称取 1 g 可溶性淀粉，用少量水搅成糊状，加入 100 mL 煮沸的水，混匀，继续煮至透明。冷却后加入 1 mL 乙酸，稀释至 200 mL，盛于试剂瓶中。

3.11 碘化钾（KI）。

3.12 稀释水的制备。

在 5～20 L 的玻璃瓶中加入一定量的水，控制水温在（20±1）℃，用曝气装置（4.12）至少曝气 1 h，使稀释水中的溶解氧达到 8 mg/L 以上。使用前每升水中加入上述 4 种盐溶液（3.1～3.4）各 1.0 mL，混匀，20℃保存。在曝气的过程中防止污染，特别是防止带入有机物、金属、氧化物或还原物。

稀释水中氧的质量浓度不能过饱和，使用前需开口放置 1 h，且应在 24 h 内使用。剩余的稀释水应弃去。

3.13 接种液。

可购买接种微生物用的接种物质，接种液的配制和使用按说明书的要求操作，也可按以下方法获得接种液。

3.13.1 未受工业废水污染的生活污水：化学需氧量不大于 300 mg/L，总有机碳不大于 100 mg/L。

3.13.2 含有城镇污水的河水或湖水。

3.13.3 污水处理厂的出水。

3.14 接种稀释水。

根据接种液的来源不同，每升稀释水（3.12）中加入适量接种液（3.13）：城市生活污水和污水处理厂出水加 1～10 mL，河水或湖水加 10～100 mL，将接种稀释水存放在（20±1）℃的环境中，当天配制当天使用。接种的稀释水 pH 为 7.2，BOD_5 应小于 1.5 mg/L。

3.15 葡萄糖-谷氨酸标准溶液。

分别将葡萄糖（$C_6H_{12}O_6$，优级纯）和谷氨酸（HOOC-CH2-CH2-CHNH2-COOH，优级纯）在 103℃烘箱中干燥 1 h，精确称取葡萄糖 150 mg 加谷氨酸 150 mg 溶解在 1 000 mL 蒸馏水中，20℃时 BOD_5 为（200±37）mg/L，现用现配。该溶液也可少量冷冻保存，融化后立刻使用。

4 仪器与设备

4.1 生化培养箱：自动调温（20±1）℃培养箱，不透光，以防止光合作用产生溶解氧。

4.2 冰箱：具有冷冻和冷藏功能。

4.3 培养瓶（市售溶解氧瓶）：带水封装置，容积 250～300 mL。

4.4 溶解氧滴定管：容量 25 mL，分刻度 0.05 mL。

4.5 定量加液器：2 mL。

4.6 移液管：10 mL、100 mL。

4.7 碘量瓶：250 mL。

4.8　试剂瓶：200 mL、500 mL、1 000 mL；棕色瓶 500 mL、1 000 mL。

4.9　玻璃瓶：容量 20 L。

4.10　量筒：100 mL、500 mL、1 000 mL、2 000 mL。

4.11　乳胶管：直径 5～6 mm，长 20～30 cm。

4.12　曝气装置：多通道空气泵或其他曝气装置；曝气可能带来有机物、氧化剂和金属，导致空气污染，如有污染，空气应过滤清洗。

4.13　滤膜：孔径为 1.6 μm。

4.14　一般实验室常备仪器和设备。

5　分析步骤

5.1　稀释水的制备

在 20 L 玻璃瓶中加入一定体积的水，经过 8～12 h 曝气后，使溶解氧接近饱和，盖严静置，备用。使用前于每升水中各加 1 mL 磷酸盐缓冲溶液（3.4）、1 mL 硫酸镁溶液（3.3）、1 mL 氯化钙溶液（3.1）和 1 mL 三氯化铁溶液（3.2），混匀。

5.2　水样的采集和培养

水样的采集和培养按以下步骤进行：

5.2.1　水样采集后应在 6 h 内开始分析（最好采样完成立即培养），若不能分析，则在 4℃或 4℃ 以下保存，且不得超过 24 h。24 h 内不能分析，可冷冻保存（冷冻保存时避免样品瓶破裂），冷冻样品分析前需解冻、均质化和接种，并将贮存时间和温度与分析结果一起报告。

5.2.2　对未受污染海区的水样可直接取样。分装样品时，虹吸管的一头要插入培养瓶的底部，慢慢放水，以免带入气泡。直接测定当天水样和经过 5 天培养后水样中溶解氧的差值，即为五日生化需氧量。

5.2.3　对于已受污染海区的水样，必须经过稀释水稀释后再进行培养和测定。水样稀释的倍数是测定的关键。稀释倍数的选择可根据培养后溶解氧的减少量而定，剩余的溶解氧至少有 1 mg/L。一般采用 20%～75% 的稀释量。在初次操作时，可对每个水样同时作 2～3 个不同的稀释倍数。

5.3　样品前处理

5.3.1　样品均质化

含有大量颗粒物、需要较大稀释倍数的样品或经冷冻保存的样品，测定前均需将样品搅拌均匀。

5.3.2　样品中有藻类

若样品中有大量藻类存在，BOD_5 的测定结果会偏高。当分析结果精度要求较高时，测定前应用滤孔为 1.6 μm 的滤膜（4.13）过滤，检测报告中应注明滤膜滤孔的大小。

5.4 稀释方法

5.4.1 量取一定体积的水样于 2 000 mL 量筒中，用虹吸管引入稀释水至 2 000 mL 刻度，用一插棒式混合棒（在玻璃棒的一端插入一块略小于所用量筒直径约 2 mm 厚的橡皮板），小心上下搅动，不可露出水面，以免带入空气。

5.4.2 用虹吸管将稀释后的水样装入 4 个培养瓶中，至完全充满后轻敲瓶壁，使瓶中小气泡逸出，塞紧瓶盖，用水封口。

5.4.3 另取 4 个编号的培养瓶，全部装入稀释水，盖紧后用水封口，作为空白。

5.4.4 将各瓶的编号按操作顺序记入表格中，每种样品各取两瓶立即测定溶解氧，其余放入（20±1）℃的培养箱中。培养期间每天需检查水封和生化培养箱温度波动。

5.4.5 从开始培养的时间算起，经 5 昼夜后，取出样品，测得其溶解氧的剩余量。

5.5 样品分析

5.5.1 水样的固定：打开水样瓶塞，用定量加液器（管尖插入液面）依次各加入 2.0 mL 氯化锰溶液（3.5）和碱性碘化钾溶液（3.6），塞紧瓶塞（瓶内不准有气泡），按住瓶盖将瓶上下颠倒不少于 20 次。

5.5.2 水样固定后约 1 h 或沉淀完全后，便可进行滴定。

5.5.3 打开培养瓶，立即加入 2.0 mL 硫酸溶液（3.7），塞紧瓶塞，振荡培养瓶至沉淀完全溶解。

5.5.4 用量筒量取 100 mL 培养瓶内溶液，在不断振摇下，用硫代硫酸钠标准溶液（3.8.2）滴定。待溶液呈淡黄色时，加入 1 mL 淀粉溶液（3.10），继续滴定至溶液蓝色刚褪去为止。待 20 s 后，如溶液不呈淡蓝色，即为终点。记录硫代硫酸钠标准溶液的消耗体积。

5.5.5 空白试验：取 100 mL 水于锥形瓶中，各加入 1.0 mL 氯化锰溶液（3.5）、碱性碘化钾溶液（3.6）和硫酸溶液（3.7），混匀后放置 10 min，加入 1 mL 淀粉溶液（3.10）混匀。此时，若溶液呈淡蓝色，则用硫代硫酸钠标准溶液（3.8.2）滴定，若硫代硫酸钠用量超过 0.1 mL，则应检查碘化钾和氯化锰试剂的可靠性并重新配制，若硫代硫酸钠用量小于等于 0.1 mL，或加入淀粉溶液后溶液不呈现淡蓝色，且加入 1 滴碘酸钾标准溶液（3.9）后，溶液立即呈蓝色，则试剂空白可以忽略不计。

每批新配制试剂应进行 1 次空白试验。

6 结果与记录

6.1 计算公式

6.1.1 将硫代硫酸钠消耗体积记入数据记录表中，按式（2）计算溶解氧浓度：

$$DO = \frac{c \times V \times 8}{V_0} \times 1\,000 \qquad (2)$$

式中：DO——水样中溶解氧的浓度，mg/L；

　　　c——硫代硫酸钠标准溶液的浓度，mol/L；

　　　V_0——取水样体积，mL；

　　　V——滴定样品时消耗硫代硫酸钠标准溶液的体积，mL。

6.1.2　将每种水样的测定结果及时记录在数据表中，按式（3）计算五日生化需氧量：

$$BOD_5 = \frac{(D_1 - D_2) - (D_3 - D_4) \times f_1}{f_2} \qquad (3)$$

式中：BOD_5——五日生化需氧量，mg/L；

　　　D_1——样品在培养前的溶解氧，mg/L；

　　　D_2——样品在培养后的溶解氧，mg/L；

　　　D_3——稀释水在培养前的溶解氧，mg/L；

　　　D_4——稀释水在培养后的溶解氧，mg/L；

　　　f_1——稀释水（V_3）在水样（V_4）中所占的比例；

　　　f_2——水样（V_4）在稀释水（V_3）中所占的比例。

　　其中：

$$f_1 = \frac{V_3}{V_3 + V_4}; \quad f_2 = \frac{V_4}{V_3 + V_4}$$

6.2　有效数字

　　BOD_5测定结果以氧的质量浓度（mg/L）报出。测量结果的保留与方法检出限一致，最多保留3位有效数字。对稀释与接种法，如果有几个稀释倍数的结果满足要求，结果取这些稀释倍数结果的平均值。结果报告中应注明：样品是否经过过滤、冷冻或均质化处理。

7　质量控制

　　每批样品做两个分析空白试样，稀释法空白试样的测定结果不能超过0.5 mg/L，非稀释接种法和稀释接种法空白试样的测定结果不能超过1.5 mg/L，否则应查找污染来源。

8　注意事项

8.1　稀释法测定，空白试样为稀释水（3.12）；稀释接种法测定，空白试样为接种稀释水（3.14）。

8.2　用于制备碘酸钾标准溶液的纯水和玻璃器皿须经煮沸处理，否则碘酸钾溶液易分解。

8.3　滴定临近终点时，速度不宜太慢，否则终点变色不明显。如终点前溶液呈紫红色，表示淀粉溶液变质，应重新配制。

8.4 水样中含有氧化物性质可以析出碘产生正干扰，含有还原性物质会消耗碘产生负干扰。

8.5 配制试剂和稀释水所用的蒸馏水应不含有机质、苛性碱和酸。

8.6 稀释水也可采用新鲜天然海水，稀释水应保持在 20℃左右，并在培养 5 天后，溶解氧的减少量应在 0.5 mg/L 以下。

8.7 在培养期间，培养瓶封口处应始终保持有水，可用锡纸或塑料帽盖在瓶口上以减少培养期间封口水的蒸发。经常检查培养箱的温度是否保持在（20±1）℃。样品在培养期间不应见光，以防止光合作用产生溶解氧。

8.8 为使测定正确，尤其对初次操作者来说，可使用葡萄糖-谷氨酸标准溶液（3.15）或市售的有证标准样品进行校验。

编写人员：

姚文君（国家海洋环境监测中心）

田晶（河北省秦皇岛生态环境监测中心）

陈艳梅（河北省秦皇岛生态环境监测中心）

海水　亚硝酸盐氮的测定　流动分析法

本方法依据《海洋监测技术规程　第 1 部分：海水》（HY/T 147.1—2013）7.1 亚硝酸盐的测定——流动分析法编写，作为海水水质国控网监测统一方法使用。本方法在 HY/T 147.1—2013 的基础上，完善了操作细节、质控要求和注意事项等相关规定。

监测单位可根据实际情况选用其他规格检测池光程进行分析测试工作，但需对使用该规格光程的方法进行方法验证，明确方法的检出限、精密度和正确度。

1　适用范围

本方法规定了测定大洋、近岸海水及河口水体中亚硝酸盐氮的流动分析法。

本方法适用于大洋、近岸海水及河口水体中亚硝酸盐氮的测定。

当检测光程为 10 mm 时，方法检出限为 0.001 mg/L，测定下限为 0.004 mg/L。

2　方法原理

在酸性介质中，亚硝酸盐与磺胺发生重氮化反应，其产物再与盐酸萘乙二胺偶合生成红色偶氮染料，于 550 nm 波长处测定。

注：可根据仪器实际情况微调海水亚硝酸盐氮测定波长，波长为 540 nm 或 550 nm。

3　试剂和材料

除非另有说明，分析时均使用符合国家标准的分析纯试剂，实验用水为超纯水或等效纯水。也可按照仪器设备要求配制相关试剂。

3.1　系统清洁液。

50 mL 聚乙二醇辛基苯基醚（Triton X-100，$C_{34}H_{62}O_{11}$）和 50 mL 异丙醇（C_3H_8O）混合均匀。

3.2　显色剂。

将 100 mL 盐酸（HCl，ρ=1.19 g/mL）加入 700 mL 水中，加入 10.0 g 磺胺（$C_6H_8N_2O_2S$），完全溶解后，再加入 0.5 g 盐酸萘乙二胺（$C_{12}H_{16}N_2Cl_2$），用水稀释至 1 L，混匀。再加入 2 mL 系统清洁液（3.1），混匀，贮存于棕色试剂瓶中。此溶液在 4℃冷藏条件下可保存 1 个月。配制的溶液应是无色的，否则应重配。

注：显色剂的配制可根据具体仪器要求选择是否将磺胺和盐酸萘乙二胺混合。

3.3　亚硝酸盐氮标准贮备液：ρ（NO_2-N）=100.0 mg/L。

直接购买市售有证标准溶液，溶液浓度可根据购置情况进行调整。

3.4 亚硝酸盐氮标准使用液：ρ（NO$_2$-N）=1.00 mg/L。

移取 1.00 mL 亚硝酸盐氮标准贮备液（3.3）至 100.0 mL 容量瓶中，加水至标线，混匀。临用前配制。

注 1：可根据实际使用需要确定标准使用溶液浓度，稀释操作过程中，稀释倍数不应大于 100 倍。

注 2：亚硝酸盐氮标准贮备液从冰箱取出后，需放置到室温后使用，以降低温度不同引入的移取体积误差。

4 仪器和设备

4.1 流动分析仪

由下列各部分组成：

——自动进样器；

——蠕动泵；

——亚硝酸盐氮反应模块；

——检测器；

——计算机数据处理系统。

4.2 一般实验室常用设备

5 分析步骤

5.1 测量条件

按以下步骤进行系统调试：

a）打开流动分析仪器和数据处理系统，设定工作参数、操作仪器；

b）带有硝酸盐模块的仪器，应选择亚硝酸盐氮分析通道，使镉柱开关处于关闭状态；

c）先用水代替试剂，检查整个分析流路的密闭性及液体流动的顺畅性；

d）将泵管插入相应的试剂瓶中，运行系统使试剂基线稳定，调节基线和增益，再次等待基线稳定；

e）根据标准曲线最高浓度设定合适量程，进样分析；

f）分析结束后，泵入纯水清洗所有试剂管路，然后将所有管路置于空气中，排空所有管路。

5.2 校准曲线的建立

5.2.1 校准系列溶液的制备

标准曲线应在每次分析样品的当天绘制。

取 6 个 50 mL 容量瓶，分别加入 0 mL、0.10 mL、0.20 mL、0.30 mL、0.40 mL、0.50 mL 亚硝酸盐氮标准使用液（3.4），加水至标线，混匀。标准系列溶液的浓度分别为 0 mg/L、

0.010 mg/L、0.020 mg/L、0.030 mg/L、0.040 mg/L、0.050 mg/L。

注：根据实际样品的浓度范围，曲线浓度范围可适当调整，至少 6 个点（包含 0 点）。曲线浓度范围不超过两个数量级。

5.2.2　校准曲线的绘制

量取适量标准系列溶液（5.2.1），置于样品杯中，由进样器按程序依次取样、测定。以测定信号值（峰高或峰面积）为纵坐标，对应的亚硝酸盐氮质量浓度（以 N 计）为横坐标，绘制校准曲线。

5.3　试样测定

按照与校准曲线的建立（5.2）相同的仪器条件进行试样的测定。

注 1：冷冻样品应先在室温下解冻并充分混匀，冷藏样品放置到室温并混匀后使用。

注 2：如样品浓度超出标准曲线的浓度范围，则应进行稀释，重新测定。

注 3：同批分析的样品浓度波动大时，可在样品与样品之间插入空白，以减小高浓度样品对低浓度样品的影响。

5.4　空白试验

用实验用水代替试样，按照 5.3 步骤进行空白试验。

6　结果计算与表示

6.1　结果记录与计算

仪器测定值乘以稀释倍数即为样品中亚硝酸盐氮浓度（以 N 计），单位为 mg/L。

6.2　结果表示

测定结果小数点后位数的保留与方法检出限一致，最多保留 3 位有效数字。

7　质量保证和质量控制

7.1　空白试验

每个分析批次至少测定 2 个实验室空白，测定结果应低于方法检出限。

7.2　校准

每批样品分析均需绘制校准曲线，校准曲线的相关系数 $r \geqslant 0.999$。

7.3　精密度控制

采用实验室分析平行样进行精密度控制。每批次样品应至少分析 10% 的平行样，样品数量少于 10 个时，至少分析 1 个平行样，平行样测定结果的相对偏差应符合表 1 的要求。当平行样测定结果为 1 个未检出、1 个检出时，不进行精密度评价。当平行样测定结果处于检出限和测定下限之间时，可多取 1 位有效数字计算相对偏差。

表 1 实验室质量控制参考标准

分析结果所在数量级	平行样	加标样	
	相对偏差	加标回收率	
	上限/%	下限/%	上限/%
10^{-4}	1.0	95	105
10^{-5}	2.5	95	110
10^{-6}	5	95	110
10^{-7}	10	90	110
10^{-8}	20	85	115
10^{-9}	30	80	120

7.4 准确度控制

采用有证标准样品或加标回收率测定进行准确度控制,应优先使用与样品基体相同的有证标准样品开展准确度控制。每批样品应至少测定 5%的有证标准样品或加标回收样,样品数量少于 20 个/批时,应至少测定 2 个有证标准样品或加标回收样。

有证标准样品的测定值应在其保证值范围内。样品加标回收率的加标量应控制在实际样品浓度水平的 0.5~3 倍,加标后样品浓度应控制在校准曲线有效范围内,回收率应符合表 1 给出的范围。当样品测定结果低于方法测定下限时,可不进行加标回收率评价,但应同步使用有证标准样品进行准确度控制。

8 注意事项

8.1 所有实验室器皿的亚硝酸盐氮残留必须很低,以免沾污样品和试剂。用稀盐酸溶液(1~2 mol/L)浸泡器皿 24 h 以上,用纯水彻底冲洗干净。

8.2 不同仪器测定波长要求不同,可根据具体仪器技术要求设置波长。

8.3 试剂配制时可按照仪器的最优试剂配比进行配制。

编写人员:
张爽(国家海洋环境监测中心)
孙萍(广东省深圳生态环境监测中心站)
王秀(广东省深圳生态环境监测中心站)
温海洋(广东省深圳生态环境监测中心站)

海水　亚硝酸盐氮的测定　萘乙二胺分光光度法

本方法依据《海洋监测规范　第 4 部分：海水分析》（GB 17378.4—2007）37 亚硝酸盐——萘乙二胺分光光度法编写，作为海水水质国控网监测统一方法使用。本方法在 GB 17378.4—2007 的基础上，完善了操作细节、质控要求和注意事项等相关规定。

监测单位可根据实际情况选用其他规格比色皿进行分析测试工作，但需对使用该规格比色皿的方法进行方法验证，明确方法的检出限、精密度和正确度。

1　适用范围

本方法规定了测定大洋、近岸海水及河口水中亚硝酸盐氮的萘乙二胺分光光度法。

本方法适用于大洋、近岸海水及河口水中亚硝酸盐氮的测定。

当取样体积为 50 mL，使用 50 mm 比色皿测定时，方法检出限为 0.001 mg/L，测定下限为 0.004 mg/L。

2　方法原理

在酸性介质中，亚硝酸盐与磺胺进行重氮化反应，再与盐酸萘乙二胺偶合生成红色染料，于 543 nm 波长测定吸光值。

3　试剂与材料

除非另有说明，分析时均使用符合国家标准的分析纯试剂，实验用水均为超纯水或等效纯水。

3.1　磺胺溶液：ρ（$NH_2SO_2C_6H_4NH_2$）=10 g/L。

称取 5.0 g 磺胺（$NH_2C_6H_4SO_2NH_2$），溶于 350 mL 盐酸溶液（1+6）中，用水稀释至 500 mL，盛于棕色试剂瓶中，有效期为 2 个月。

3.2　盐酸萘乙二胺溶液：ρ（$C_{10}H_7NHCH_2NH_2 \cdot 2HCl$）=1 g/L。

称取 0.5 g 盐酸萘乙二胺（$C_{10}H_7NHC_2H_4NH_2 \cdot 2HCl$），溶于 500 mL 水中，盛于棕色试剂瓶中于冰箱内保存，有效期为 1 个月。

3.3　亚硝酸盐氮标准贮备溶液：ρ（NO_2-N）=100.0 mg/L。

直接购买市售有证标准溶液，溶液浓度可根据购置情况进行调整。

注：配制的标准贮备溶液需要进行标定，标定方法参考《水质　亚硝酸盐氮的测定　分光光度法》（GB/T 7493—1987）。

3.4 亚硝酸盐氮标准使用溶液：ρ（NO$_2$-N）=1.00 mg/L。

量取 5.00 mL 亚硝酸盐氮标准贮备溶液（3.3）于 500.0 mL 容量瓶中，用水稀释至标线，混匀。临用前配制。

注 1：可根据实际使用需要确定标准使用溶液浓度，稀释操作过程中，稀释倍数不应大于 100 倍。

注 2：亚硝酸盐氮标准贮备溶液从冰箱取出后，需放置到室温后使用，以降低温度不同引入的移取体积误差。

4 仪器与设备

4.1 可见分光光度计：配 5 cm 比色池，具 5 cm 比色皿。

4.2 玻璃仪器。

——量筒：100 mL、500 mL；

——容量瓶：500 mL、1 000 mL；

——带刻度具塞比色管：50 mL；

——刻度移液管：1 mL、5 mL。

4.3 一般实验室常用仪器和设备。

5 分析步骤

5.1 校准曲线绘制

5.1.1 取 6 个 50 mL 具塞比色管，分别移入 0 mL、0.50 mL、1.00 mL、1.50 mL、2.00 mL、2.50 mL 亚硝酸盐氮标准使用溶液（3.4），加水至标线，混匀，对应的亚硝酸盐氮浓度（以 N 计）分别为 0 mg/L、0.010 mg/L、0.020 mg/L、0.030 mg/L、0.040 mg/L、0.050 mg/L。

5.1.2 加入 1.0 mL 磺胺溶液（3.1），混匀，放置 5 min。

5.1.3 加入 1.0 mL 盐酸萘乙二胺溶液（3.2），混匀，放置 15 min。

5.1.4 在 543 nm 波长下，使用 5 cm 比色皿，以水作参比，测得各点吸光值 A_i，零浓度点为标准空白吸光值 A_0。以吸光值（A_i-A_0）为纵坐标、浓度（mg/L）为横坐标绘制校准曲线。

注 1：校准曲线每隔 1 周应重制一次，但每天均应对标准曲线进行核查。

注 2：根据实际样品的浓度范围，曲线浓度范围可适当调整，至少 6 个点（包含 0 点）。曲线浓度范围不超过两个数量级。

5.2 试样测定

取 50.0 mL 水样于具塞比色管中，按照步骤 5.1.1～5.1.4 测量水样的吸光值 A_w。若水样中亚硝酸盐氮浓度超过曲线最高点时，应将样品进行稀释后再测定。

注 1：冷冻样品应先在室温下解冻并充分混匀，冷藏样品放置到室温并混匀后使用。

注 2：如样品浓度超出标准曲线的浓度范围，则应进行稀释，重新测定。

5.3 空白试样

取 50.0 mL 实验用水替代水样，按照步骤 5.1.1～5.1.4 测量水样的吸光值 A_b。

6 结果与记录

6.1 结果计算

样品中亚硝酸盐氮的浓度按式（1）计算：

$$\rho(NO_2\text{-}N) = \frac{A_w - A_b - a}{b} \times f \quad (1)$$

式中：$\rho(NO_2\text{-}N)$——试样中亚硝酸盐氮的浓度（以 N 计），mg/L；

$\quad\quad A_w$——试样的吸光度；

$\quad\quad A_b$——空白实验的吸光度；

$\quad\quad a$——校准曲线的截距；

$\quad\quad b$——校准曲线的斜率；

$\quad\quad f$——水样的稀释倍数。

6.2 结果表示

测定结果以 mg/L 表示，小数点后位数与方法检出限一致，最多保留 3 位有效数字。

7 质量保证和质量控制

7.1 空白试验

每 20 个样品或每批次（样品少于 20 个/批）至少分析 2 个实验室空白，测定结果应低于方法检出限。空白试样吸光度通常不大于 0.010。

7.2 校准

7.2.1 校准曲线的相关系数 $r \geqslant 0.999$。

7.2.2 如果不是当天配制校准曲线，均需对校准曲线进行核查，核查方法应采用有证标准物质，测定结果应在合格范围内，否则，应重新绘制校准曲线。

7.2.3 当测定样品的实验条件与制定校准曲线的条件相差较大时（如更换光源或光电管、温度变化较大、更换试剂等），应及时重新绘制校准工作曲线。

7.3 精密度控制

采用实验室分析平行样进行精密度控制。每批次样品应至少分析 10%的平行样，样品数量少于 10 个时，至少分析 1 个平行样，平行样测定结果的相对偏差应符合表 1 的要求。当平行样测定结果为 1 个未检出、1 个检出时，不进行精密度评价。当平行样测定结果处于检出限和测定下限之间时，可多取 1 位有效数字计算相对偏差。

7.4 准确度控制

采用有证标准样品或加标回收率测定进行准确度控制，应优先使用与样品基体相同的有证标准样品开展准确度控制。每批样品应至少测定 5% 的有证标准样品或加标回收样，样品数量少于 20 个/批时，应至少测定 2 个有证标准样品或加标回收样。

有证标准样品的测定值应在其保证值范围内。样品加标回收率的加标量应控制在实际样品浓度水平的 0.5～3 倍，加标后样品浓度应控制在校准曲线有效范围内，回收率应符合表 1 给出的范围。当样品测定结果低于方法测定下限时，可不进行加标回收率评价，但应同步使用有证标准样品进行准确度控制。

表 1　实验室质量控制参考标准

分析结果所在数量级	平行样	加标样	
	相对偏差	加标回收率	
	上限/%	下限/%	上限/%
10^{-4}	1.0	95	105
10^{-5}	2.5	95	110
10^{-6}	5	95	110
10^{-7}	10	90	110
10^{-8}	20	85	115
10^{-9}	30	80	120

8 注意事项

8.1　所有玻璃器皿都应使用稀盐酸溶液（1～2 mol/L）浸泡 24 h 以上，然后用水彻底冲洗。

8.2　可根据比色皿规格调整分析测试步骤中的校准曲线和样品体积，对应的试剂体积等比例进行调整。

8.3　校准曲线和样品加盐酸萘乙二胺溶液后，应在 2 h 内测量完毕，并避免阳光照射。

8.4　大量硫化物干扰测定，可在加入磺胺后通氮气驱除。

编写人员：

王燕（国家海洋环境监测中心）

周煜（山东省日照生态环境监测中心）

张爽（国家海洋环境监测中心）

海水　硝酸盐氮的测定　流动分析法

本方法依据《海洋监测技术规程　第 1 部分：海水》（HY/T 147.1—2013）8.1 硝酸盐的测定——流动分析法编写，作为海水水质国控网监测统一方法使用。本方法在 HY/T 147.1—2013 的基础上，完善了操作细节、质控要求和注意事项等相关规定。

监测单位可根据实际情况选用其他规格检测池光程进行分析测试工作，但需对使用该规格检测池光程的方法进行方法验证，明确方法的检出限、精密度和正确度。

1　适用范围

本方法规定了测定大洋、近岸海水及河口水体中硝酸盐氮的流动分析法。

本方法适用于大洋、近岸海水及河口水体中硝酸盐氮的测定。

当检测光程为 10 mm 时，方法检出限为 0.004 mg/L，测定下限为 0.016 mg/L。

2　方法原理

水样通过铜-镉还原柱，将硝酸盐定量地还原为亚硝酸盐，与磺胺在酸性介质条件下进行重氮化反应，再与盐酸萘乙二胺偶合生成红色偶氮染料，于 550 nm 波长处检测。测定出的亚硝酸盐氮总量，扣除水样中原有的亚硝酸盐氮含量，即可得到硝酸盐氮的含量。

注：可根据仪器实际情况微调海水硝酸盐氮测定波长，波长为 540 nm 或 550 nm。

3　干扰和消除

3.1　浓度高于 0.1 mg/L（以 S 计）的硫化氢会在铜-镉还原柱形成沉淀，影响镉柱还原率。硫化氢应先与镉或者铜盐形成沉淀而被除去。

3.2　溶液中的铁、铜或者其他重金属浓度高于 1 mg/L 时，会降低铜-镉还原柱的还原率。加入 EDTA 可以络合这些金属离子。

3.3　磷酸盐浓度高于 0.1 mg/L 会降低镉柱还原率，在分析之前应稀释溶液或者用氢氧化铁除去磷酸盐。

4　试剂与材料

除非另有说明，本方法均使用分析纯试剂，水为超纯水或相当纯度的水。也可按照仪器设备要求配制相关试剂。

4.1　系统清洁液。

50 mL 聚乙二醇辛基苯基醚（Triton X-100，$C_{34}H_{62}O_{11}$）和 50 mL 异丙醇（C_3H_8O）混

合均匀，或按仪器要求配制系统清洁液。

4.2 盐酸溶液（1+1）。

将 500 mL 盐酸（HCl，ρ=1.19 g/mL）与同体积的水混匀。

4.3 硫酸铜溶液：ρ（CuSO₄）=20 g/L。

称取 32 g 硫酸铜（CuSO₄·5H₂O）溶于水并稀释至 1 L，混匀。贮存于试剂瓶中。

4.4 咪唑缓冲溶液。

称取 30.0 g 咪唑（C₃H₄N₂，优级纯）溶于 900 mL 水中，混匀，加入硫酸（H₂SO₄，ρ=1.84 g/mL）1 mL、硫酸铜溶液（4.3）5 mL、系统清洁液（4.1）2 mL，定容 1 L。调节 pH 至 7.5±0.05。此溶液在常温条件下可保存 7 d。

4.5 显色剂。

将 100 mL 盐酸（HCl，ρ=1.19 g/mL）加入约 700 mL 水中，加入 10.0 g 磺胺（C₆H₈N₂O₂S），完全溶解后，再加入 0.5 g 盐酸萘乙二胺（C₁₂H₁₆N₂Cl₂），用水稀释至 1 L，混匀，贮存于棕色试剂瓶中。此溶液在 4℃冷藏条件下可保存 1 个月。配制的溶液应是无色的，否则应重配。或按仪器要求配制显色剂。

4.6 硝酸盐氮标准贮备溶液：ρ（NO₃-N）=100.0 mg/L。

直接购买市售有证标准溶液，溶液浓度可根据购置情况进行调整。

4.7 硝酸盐氮标准使用溶液：ρ（NO₃-N）=10.00 mg/L，以 N 计。

称取 10.00 mL 硝酸盐氮标准贮备溶液（4.6）于 100.0 mL 容量瓶中，加水稀释至标线，混匀。临用前配制。

注 1：可根据实际使用需要确定标准使用溶液浓度，稀释操作过程中，稀释倍数不应大于 100 倍。

注 2：硝酸盐氮标准贮备溶液从冰箱取出后，需放置到室温后使用，以降低温度不同引入的移取体积误差。

4.8 亚硝酸盐氮标准贮备溶液：ρ（NO₂-N）=100.0 mg/L。

直接购买市售有证标准溶液，溶液浓度可根据购置情况进行调整。

4.9 铜-镉还原柱

4.9.1 制备方式

可通过以下 3 种方式制备镉柱：

a）购买市售镉柱，按照 4.9.5 进行测试，还原率满足要求后使用；

b）购买市售镀铜镉粒，按照 4.9.3～4.9.5 进行装柱和还原率测试后使用；

c）购买市售镉粒，按照 4.9.2～4.9.5 进行镀铜、装柱和还原率测试后使用。

4.9.2 镉粒镀铜

称取 10 g 镉粒（粒径大小 0.3～0.8 mm）于 100 mL 烧杯中，用盐酸溶液（4.2）洗涤，除去表面氧化层，弃去酸液，用水洗至中性；加入 25 mL 丙酮（C₃H₆O，优级纯）去除镉粒上的有机物质，重复洗涤 3 次；再加入 25 mL 硫酸铜溶液（4.3），清洗镉粒直至溶液不再呈蓝色，弃去废液，用水冲洗至不含胶体铜为止。

注：镉屑镀铜后水洗时，振摇要轻，以免将镀好的铜洗掉，影响硝酸盐氮还原效率。

4.9.3 装柱

将少许玻璃纤维塞入柱子的一端，并封住。将咪唑缓冲溶液（4.4）注满柱子，用注射器取已准备好的镉粒加至柱中。注意不要有气泡。填好后再用少许玻璃纤维塞入柱子的另一端，并封住。

4.9.4 还原柱活化

将镉还原柱安装到流动分析仪上，打开镉柱开关阀门，使咪唑缓冲液通过镉柱。通过咪唑缓冲液管路，先泵入 100 mg/L 硝酸盐氮标准贮备溶液（4.6）5 min，然后泵入 100 mg/L 的亚硝酸盐氮标准贮备溶液（4.8）10 min。冲洗干净后，泵入硝酸盐氮标准系列溶液中最高浓度标准溶液 5 min，直至检测信号值稳定。

注：镉还原柱开关阀门打开时，泵管已经插入相应的试剂中，并运行 10 min 以上。

4.9.5 镉还原柱还原率测定

分别配制浓度为 0.200 mg/L 的硝酸盐氮溶液和 0.200 mg/L 的亚硝酸盐氮溶液，在相同实验条件下测定，分别吸入每个标准溶液 10 min，观察结果，分别记录仪器对应的信号值（峰高或峰面积），计算镉还原柱的还原率 R。当 $R < 95\%$ 时，应重装镉还原柱。如果重装后还是达不到要求，检查并校准咪唑缓冲溶液（4.4）的 pH。

$$R = \frac{信号值（NO_3^-）}{信号值（NO_2^-）} \times 100\% \tag{1}$$

5 仪器与设备

5.1 流动分析仪

由下列各部分组成：

——铜-镉还原柱或者选用仪器自带还原装置，硝酸盐氮还原率达 95% 以上；

——自动进样器；

——蠕动泵；

——硝酸盐氮反应模块；

——检测器；

——计算机数据处理系统。

5.2 一般实验室常用仪器和设备

6 分析步骤

6.1 测量条件

按以下步骤进行系统调试：

a）打开流动分析仪器和数据处理系统，设定工作参数、操作仪器；

b）先用纯水代替试剂，检查整个分析流路的密闭性及液体流动的顺畅性；

c）待基线稳定后，将试剂管插入相应的试剂瓶中，泵入试剂，10 min 后打开镉还原柱，按照方法要求进行激活；

d）测试镉还原柱的还原率，如还原率未达到要求，需重新清洁和激活镉还原柱。

e）待基线再次稳定后，根据标准曲线最高浓度设定合适量程，进样分析；

f）分析结束后，首先关闭镉还原柱，随后泵入纯水清洗所有试剂管路，然后将所有管路置于空气中，排空所有管路。

6.2 校准曲线的建立

6.2.1 校准系列溶液的配制

标准曲线应在每次分析样品的当天绘制。

取 6 个 100 mL 容量瓶，分别加入 0 mL、0.25 mL、0.50 mL、1.00 mL、1.50 mL、2.00 mL 硝酸盐氮标准使用溶液（4.7），加纯水至标线，混匀。标准系列溶液的浓度分别为 0 mg/L、0.025 mg/L、0.050 mg/L、0.100 mg/L、0.150 mg/L、0.200 mg/L。

注 1：根据实际样品的浓度范围，曲线浓度范围可适当调整，至少 6 个点（包含 0 点），曲线浓度范围不超过两个数量级。

注 2：反应溶液 pH 显著影响仪器信号值，如果仪器信号值显著偏低，应检查流出镉还原柱的缓冲液 pH 是否为弱碱性、流出检测器的废液 pH 是否为酸性。

6.2.2 校准曲线的绘制

量取适量标准系列溶液（6.2.1），置于样品杯中，由进样器按程序依次取样、测定。以测定信号值（峰高或峰面积）为纵坐标、对应的硝酸盐氮质量浓度（以 N 计）为横坐标，绘制校准曲线。

6.3 试样测定

按照与校准曲线的绘制（6.2）相同的仪器条件进行试样的测定。

注 1：冷冻样品应先在室温下解冻并充分混匀，冷藏样品放置到室温并混匀后使用。

注 2：如样品浓度超出标准曲线的浓度范围，则应进行稀释，重新测定。

注 3：同批分析的样品浓度波动大时，可在样品与样品之间插入空白，以减小高浓度样品对低浓度样品的影响。

6.4　空白实验

用实验用水代替试样，按照 6.3 进行空白试验。

7　结果计算与表示

7.1　结果计算

样品中硝酸盐的浓度（以 N 计，mg/L）按式（2）进行计算：

$$\rho(\text{NO}_3\text{-N}) = \rho_{(总)} \times f - \rho(\text{NO}_2\text{-N}) \tag{2}$$

式中：　$\rho(\text{NO}_3\text{-N})$——水样中硝酸盐氮的浓度，mg/L；

　　　　$\rho(\text{NO}_2\text{-N})$——水样中原有亚硝酸盐氮的浓度，mg/L；

　　　　$\rho_{(总)}$——仪器测量值，实为样品中硝酸盐氮和亚硝酸盐氮之和的浓度，mg/L；

　　　　f——样品的稀释倍数。

7.2　结果表示

测定结果小数点后位数的保留与方法检出限一致，最多保留 3 位有效数字。

8　质量控制

8.1　空白实验

每批次至少分析 2 个实验室空白，测定结果应低于方法检出限。

8.2　校准

每批样品分析均需绘制校准曲线，校准曲线的相关系数 $r \geq 0.999$。

8.3　精密度控制

采用实验室分析平行样进行精密度控制。每批次样品应至少分析 10%的平行样，样品数量少于 10 个时，至少分析 1 个平行样，平行样测定结果的相对偏差应符合表 1 的要求。当平行样测定结果为 1 个未检出、1 个检出时，不进行精密度评价。当平行样测定结果处于检出限和测定下限之间时，可多取 1 位有效数字计算相对偏差。

表 1　实验室质量控制参考标准

分析结果所在数量级	平行样	加标样	
	相对偏差	加标回收率	
	上限/%	下限/%	上限/%
10^{-4}	1.0	95	105
10^{-5}	2.5	95	110
10^{-6}	5	95	110
10^{-7}	10	90	110
10^{-8}	20	85	115
10^{-9}	30	80	120

8.4 准确度控制

采用有证标准样品或加标回收率测定进行准确度控制，应优先使用与样品基体相同的有证标准样品开展准确度控制。每批样品应至少测定 5% 的有证标准样品或加标回收样，样品数量少于 20 个/批时，应至少测定 2 个有证标准样品或加标回收样。

有证标准样品的测定值应在其保证值范围内。样品加标回收率的加标量应控制在实际样品浓度水平的 0.5~3 倍，加标后样品浓度应控制在校准曲线有效范围内，回收率应符合表 1 给出的范围。当样品测定结果低于方法测定下限时，可不进行加标回收率评价，但应同步使用有证标准样品进行准确度控制。

8.5 还原率测试

每次样品测定前，应开展还原率检查，相同浓度硝酸盐氮溶液和亚硝酸盐氮浓度的信号值（峰高或峰面积）比值应不低于 95%，否则应重新清洁或激活还原柱。

9 注意事项

9.1 所有实验室器皿的硝酸盐氮残留必须很低，以免沾污样品和试剂。用稀盐酸溶液（1~2 mol/L）浸泡器皿 24 h 以上，用纯水彻底冲洗干净。

9.2 铜-镉还原柱按仪器技术要求进行清洁和激活。

9.3 试剂配制时可按照仪器的最优试剂配比进行配制。

编写人员：
张爽（国家海洋环境监测中心）
孙萍（广东省深圳生态环境监测中心站）
王秀（广东省深圳生态环境监测中心站）
温海洋（广东省深圳生态环境监测中心站）

海水　硝酸盐氮的测定　镉柱还原法

本方法依据《海洋监测规范　第 4 部分：海水分析》（GB 17378.4—2007）38.1 硝酸盐——镉柱还原法编写，作为海水水质国控网监测统一方法使用。本方法在 GB 17378.4—2007 的基础上，完善了操作细节、质控要求和注意事项等相关规定。

监测单位可根据实际情况选用其他规格比色皿进行分析测试工作，但需对使用该规格比色皿的方法进行方法验证，明确方法的检出限、精密度和正确度。

1　适用范围

本方法规定了测定大洋、近岸海水及河口水中硝酸盐氮的镉柱还原法。

本方法适用于大洋、近岸海水及河口水体中硝酸盐氮的测定。

取样体积为 50 mL，使用 5 cm 比色皿测定时，方法检出限为 0.004 mg/L，测定下限为 0.016 mg/L。

2　方法原理

水样通过镉还原柱，将硝酸盐定量地还原为亚硝酸盐，然后按重氮-偶氮光度法测定亚硝酸盐氮的总量，扣除原有亚硝酸盐氮的量，得到硝酸盐氮的含量。

3　干扰和消除

3.1　溶液中铁、铜或其他金属浓度过高时会降低还原率，向水样中加入 EDTA 即可消除此干扰。

3.2　油和脂会覆盖镉屑的表面，用有机溶剂预先萃取水样可排除此干扰。

3.3　浓度高于 0.1 mg/L 的硫化氢会在镉柱形成沉淀影响镉柱还原率。硫化氢应先与镉或铜盐形成沉淀而被除去。

4　试剂与材料

除非另有说明，分析时均使用符合国家标准的分析纯化学试剂，实验用水为超纯水或等效纯水。

4.1　镉屑。

直径为 1 mm 的镉屑、镉粒或海绵镉。

4.2　盐酸溶液：ρ（HCl）=2 mol/L。

量取 83.5 mL 盐酸（HCl，ρ=1.19 g/mL），加水稀释至 500 mL。

4.3　硫酸铜溶液：ρ（CuSO$_4$）=10 g/L。

　　称取 10 g 硫酸铜（CuSO$_4$·5H$_2$O），溶于水中并稀释至 1 000 mL，混匀，盛放于试剂瓶中。

4.4　氯化铵缓冲溶液：ρ（NH$_4$Cl）=10 g/L。

　　称取 10 g 氯化铵（NH$_4$Cl，优级纯），溶于 1 000 mL 水中，用约 1.5 mL 氨水（NH$_3$·H$_2$O，ρ=0.90 g/mL）调节 pH 至 8.5（用精密 pH 试纸检验）。此溶液用量较大，可一次配制 5 L。

　　注：氯化铵纯度是影响硝酸盐氮空白吸光度的重要因素，应选择优级纯或更高纯度试剂进行空白验证，选择空白较低的氯化铵进行试验。

4.5　磺胺溶液：ρ（NH$_2$SO$_2$C$_6$H$_4$NH$_2$）=10 g/L。

　　称取 5.0 g 磺胺（NH$_2$SO$_2$C$_6$H$_4$NH$_2$），溶于 350 mL 盐酸溶液（1+6）中，用水稀释至 500 mL，混匀。盛于棕色试剂瓶中，有效期为 2 个月。

4.6　盐酸萘乙二胺溶液：ρ（C$_{10}$H$_7$NHCH$_2$NH$_2$·2HCl）=1 g/L。

　　称取 0.50 g 盐酸萘乙二胺（C$_{10}$H$_7$NHCH$_2$NH$_2$·2HCl），溶于 500 mL 水中，混匀。盛于棕色试剂瓶中，于冰箱内保存，有效期为 1 个月。

4.7　活化溶液。

　　量取 14 mL 硝酸盐氮标准贮备溶液（4.8）于 1 000 mL 量瓶中，加氯化铵缓冲溶液（4.4）至标线，混匀，贮于试剂瓶中。

4.8　硝酸盐氮标准贮备溶液：ρ（NO$_3$-N）=100.0 mg/L。

　　直接购买市售有证标准溶液，溶液浓度可根据购置情况进行调整。

4.9　硝酸盐氮标准使用溶液：ρ（NO$_3$-N）=5.00 mg/L。

　　量取 5.00 mL 硝酸盐氮标准贮备溶液（4.8），置于 100.0 mL 容量瓶中，加水稀释至标线，混匀。临用前配制。

　　注 1：可根据实际使用需要确定标准使用溶液浓度，稀释操作过程中，稀释倍数不应大于 100 倍。

　　注 2：硝酸盐氮标准贮备溶液从冰箱取出后，需放置到室温再使用，以降低温度不同引入的移取体积误差。

4.10　亚硝酸盐氮标准贮备溶液：ρ（NO$_2$-N）=100.0 mg/L。

　　直接使用市售亚硝酸盐氮标准溶液。

4.11　镉柱的制备

4.11.1　制备方式

可通过以下 3 种方式制备镉柱：

　　a）购买市售镉柱，按照 4.11.6 进行测试，还原率满足要求后使用；

　　b）购买市售镀铜镉粒，按照 4.11.3～4.11.6 进行装柱和还原率测试后使用；

　　c）购买市售镉粒，按照 4.11.2～4.11.6 进行镀铜、装柱和还原率测试后使用。

4.11.2 镉屑镀铜

称取 40 g 镉屑（或镉粒）于 150 mL 锥形分液漏斗中，用盐酸溶液（4.2）洗涤，除去表面氧化层，弃去酸液，用水洗至中性，加入 100 mL 硫酸铜溶液（4.3），振摇约 3 min，弃去废液，用水洗至不含胶体铜为止。

注：镉屑镀铜后水洗时，振摇要轻，以免将镀好的铜洗掉，影响硝酸盐氮还原率。

4.11.3 装柱

将少许玻璃纤维塞入还原柱底部并注满水，然后将镀铜的镉屑（4.11.2）装入还原柱中，在还原柱的上部塞入少许玻璃纤维，已镀铜的镉屑要保持在水面之下以防接触空气，为此，柱中溶液即液面，在任何操作步骤中不得低于镉屑。

注：还原柱制备过程需综合考虑镉屑尺寸和柱内径的大小，如还原柱装的太过密实液体不易通过，如还原柱装的存在大量的空隙，还原率达不到要求。

4.11.4 还原柱的活化

用 250 mL 活化溶液（4.7），以 7～10 mL/min 的流速通过还原柱使之活化，然后再用氯化铵缓冲溶液（4.4）过柱洗涤 3 次，还原柱即可使用。

注：如氯化铵缓冲溶液过柱洗涤 3 次后，接取的流出液空白吸光度仍大于 0.100，应考虑镉屑尺寸和柱内径尺寸是否匹配。

4.11.5 还原柱的保存

还原柱每次用完后，需用氯化铵缓冲溶液（4.4）洗涤 2 次，后注入氯化铵缓冲溶液（4.4）保存。如长期不用，可注满氯化铵缓冲溶液（4.4）后密封保存。

4.11.6 镉柱还原率的测定

分别配制浓度为 100 μg/L 的亚硝酸盐氮和硝酸盐氮溶液。按照步骤 6.1.1～6.1.6 测量硝酸盐氮吸光值，其双份平均吸光值记为 A（NO_3^-）。同时测量分析空白，其双份平均吸光值记为 A_b（NO_3^-）。亚硝酸盐氮的测定除不通过还原柱外，其余各步骤均按硝酸盐氮的测定步骤进行，其双份平均吸光值记为 A（NO_2^-）。同时测定空白吸光值，其双份平均吸光值记为 A_b（NO_2^-）。按式（1）计算硝酸盐氮还原率 R：

$$R = \frac{A(NO_3^-) - A_b(NO_3^-)}{A(NO_2^-) - A_b(NO_2^-)} \times 100\% \tag{1}$$

当 $R < 95\%$ 时，还原柱须按上述步骤 4.11.3～4.11.4 重新进行活化或重新装柱。

5 仪器与设备

5.1 分光光度计：具 5 cm 比色皿。

5.2 镉柱还原装置（图 1）。

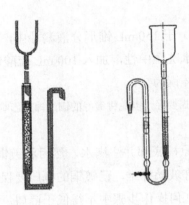

图 1　镉柱还原装置

5.3　具塞容量瓶：100 mL。

5.4　锥形分液漏斗：150 mL。

5.5　具塞比色管：50 mL、100 mL。

5.6　一般实验室常备仪器和设备。

6　分析步骤

6.1　校准曲线绘制

6.1.1　取 6 个 100 mL 具塞比色管，分别加入 0 mL、0.25 mL、0.50 mL、1.00 mL、1.50 mL、2.00 mL 硝酸盐氮标准使用溶液（4.9），加水至 50 mL 标线，混匀，对应的硝酸盐氮浓度（以 N 计）分别为 0 mg/L、0.025 mg/L、0.050 mg/L、0.100 mg/L、0.150 mg/L、0.200 mg/L。

注 1：每周至少绘制一条校准曲线，但每天均应对标准曲线进行核查。

注 2：根据实际样品的浓度范围，曲线浓度范围可适当调整，至少 6 个点（包含 0 点）。曲线浓度范围不超过两个数量级。

6.1.2　分别向上述各浓度溶液（6.1.1）中加入 50.0 mL 氯化铵缓冲溶液（4.4），混匀。

6.1.3　将混合后的溶液（6.1.2）按浓度从低到高逐个倒入还原柱中约 30 mL，以 6~8 mL/min 的流速通过还原柱直至溶液液面接近镉屑上部，弃去流出液。重复上述操作 1 次后接取 25.0 mL 流出液于 50 mL 带刻度的具塞比色管中，用水稀释至 50.0 mL，混匀。

注 1：需要重复 2 遍使用 30 mL 溶液清洗还原柱的操作，即前 60 mL 溶液通过还原柱后弃去，接取第 3 遍通过还原柱后的流出液。

注 2：水样通过还原柱时，液面不能低于镉屑，否则会引进气泡，影响水样流速，如流速达不到要求，可在还原柱的流出处用乳胶管连接一段细玻璃管，或在还原柱末端增加定量蠕动泵辅助实验。

6.1.4　加入 1.0 mL 磺胺溶液（4.5），混匀，放置 2 min。

6.1.5 加入 1.0 mL 盐酸萘乙二胺溶液（4.6），混匀，放置 20 min。

6.1.6 在 543 nm 波长下，用 5 cm 比色皿，以水作参比，测其吸光值 A_i 和 A_0（标准空白）。以吸光值（A_i-A_0）为纵坐标、浓度（mg/L）为横坐标，绘制校准曲线。

6.2 试样测定

量取 50.0 mL（若样品浓度较高，则适量量取）已过滤的水样，于 100 mL 具塞比色管中，加入 50.0 mL 氯化铵缓冲溶液（4.4），混匀；照上述步骤 6.1.3～6.1.6 测量水样的吸光值 A_w。

注：冷冻样品应先在室温下解冻并充分混匀，冷藏样品放置到室温并混匀后使用。

6.3 空白实验

量取 50.0 mL 试验用水于 100 mL 具塞比色管中，加入 50.0 mL 氯化铵缓冲溶液（4.4），混匀。按照上述步骤 6.1.3～6.1.6 测量空白吸光值 A_b。由 A_w-A_b，查校准曲线或用线性回归方程计算得到硝酸盐氮和亚硝酸盐氮浓度。

7 结果与记录

7.1 结果计算

按式（2）计算试样中硝酸盐氮浓度：

$$\rho(NO_3\text{-}N) = \frac{A_w - A_b - a}{b} \times f - \rho(NO_2\text{-}N) \tag{2}$$

式中：$\rho(NO_3\text{-}N)$——试样中硝酸盐氮的质量浓度，mg/L；

　　　A_w——试样的吸光度；

　　　A_b——空白实验的吸光度；

　　　a——校准曲线的截距；

　　　b——校准曲线的斜率；

　　　f——样品稀释倍数；

　　　$\rho(NO_2\text{-}N)$——试样中亚硝酸盐氮的质量浓度，mg/L。

7.2 结果表示

测定结果小数点后位数与方法检出限一致，最多保留 3 位有效数字。

8 质量保证和质量控制

8.1 空白试验

每批次至少分析 2 个实验室空白，测定结果应低于方法检出限。5 cm 比色皿空白吸光度一般不高于 0.050。

8.2 校准

8.2.1 校准曲线的相关系数 $r \geqslant 0.999$。

8.2.2 如果不是当天配制校准曲线，均需对校准曲线进行核查，核查方法应采用有证标准物质，测定结果应在合格范围内，否则，应重新绘制校准曲线。

8.2.3 当测定样品的实验条件与制定校准曲线的条件相差较大时（如更换光源或光电管、温度变化较大、更换试剂等），应及时重新绘制校准工作曲线。

8.3 精密度控制

采用实验室分析平行样进行精密度控制。每批次样品应至少分析 10% 的平行样，样品数量少于 10 个时，至少分析 1 个平行样，平行样测定结果的相对偏差应符合表 1 的要求。当平行样测定结果为 1 个未检出、1 个检出时，不进行精密度评价。当平行样测定结果处于检出限和测定下限之间时，可多取 1 位有效数字计算相对偏差。

表 1 实验室质量控制参考标准

分析结果所在数量级	平行样	加标样	
	相对偏差	加标回收率	
	上限/%	下限/%	上限/%
10^{-4}	1.0	95	105
10^{-5}	2.5	95	110
10^{-6}	5	95	110
10^{-7}	10	90	110
10^{-8}	20	85	115
10^{-9}	30	80	120

8.4 准确度控制

采用有证标准样品或加标回收率测定进行准确度控制，应优先使用与样品基体相同的有证标准样品开展准确度控制。每批样品应至少测定 5% 的有证标准样品或加标回收样，样品数量少于 20 个/批时，应至少测定 2 个有证标准样品或加标回收样。

有证标准样品的测定值应在其保证值范围内。样品加标回收率的加标量应控制在实际样品浓度水平的 0.5～3 倍，加标后样品浓度应控制在校准曲线有效范围内，回收率应符合表 1 给出的范围。当样品测定结果低于方法测定下限时，可不进行加标回收率评价，但应同步使用有证标准样品进行准确度控制。

8.5 还原率测试

每 30 个样品测定一次镉柱的还原率 R，确保 $R \geqslant 95\%$，当还原率降低时，需对镉还原柱重新进行活化或装柱。

9 注意事项

9.1 所有玻璃器皿都应使用稀盐酸溶液（1～2 mol/L）仔细洗净，然后用水彻底冲洗。

9.2 可根据比色皿规格调整分析测试步骤中的校准曲线和样品体积，对应的试剂体积等比例进行调整。

9.3 校准曲线和水样加盐酸萘乙二胺溶液后，应在 2 h 内测量完毕，并避免阳光照射。

10 废物处置

镉屑或镉粒具有一定毒性，实验过程中应避免皮肤直接接触，用后的镉屑或镉粒应做好回收与处置。

编写人员：
王燕（国家海洋环境监测中心）
韩荣荣（河北省秦皇岛生态环境监测中心）
刘颖华（河北省秦皇岛生态环境监测中心）

海水 氨氮的测定 流动分析法

本方法依据《海洋监测技术规程 第1部分：海水》（HY/T 147.1—2013）9.1 铵盐的测定——流动分析法编写，作为海水水质国控网监测统一方法使用。本方法在 HY/T 147.1—2013 的基础上，完善了操作细节、质控要求和注意事项等相关规定。

监测单位可根据实际情况选用其他规格检测池光程进行分析测试工作，但需对使用该规格检测池光程的方法进行方法验证，明确方法的检出限、精密度和正确度。

1 适用范围

本方法规定了测定大洋、近岸海水及河口水中氨氮的流动分析法。

本方法适用于大洋、近岸海水及河口水中氨氮的测定。

当检测池光程为 10 mm 时，方法检出限为 0.002 mg/L，测定下限为 0.008 mg/L。

2 方法原理

以亚硝酰铁氰化钠为催化剂，氨氮与水杨酸钠和二氯异氰尿酸钠在碱性条件下反应生成一种蓝色化合物，于 660 nm 波长处测定。

3 干扰和消除

3.1 硫化氢浓度（以 S 计）高于 2 mg/L 时有负效应。可加入硫酸调节 pH 为 3 左右，再通氮气吹除。

3.2 在 pH 约为 13 的碱性溶液中，海水中的钙和镁易形成氢氧化物沉淀，可加入柠檬酸钠和 EDTA 除去。

4 试剂与材料

除非另有说明，分析时均使用符合国家标准的优级纯试剂，实验用水为超纯水或等效纯水。也可按照仪器设备要求配制相关试剂。

4.1 人工海水（或无氨海水）。

分别称取 35.0 g 氯化钠（NaCl）和 0.2 g 碳酸氢钠（$NaHCO_3$），溶于约 900 mL 去离子水中，稀释至 1 L 并混合均匀。

4.2 聚乙二醇辛基苯基醚（Triton X-100）：$C_{34}H_{62}O_{11}$。

4.3 系统清洁液。

50 mL Triton X-100（4.2）和 50 mL 异丙醇（C_3H_8O）混合均匀。

4.4 缓冲液。

分别称取 30.0 g EDTA（$C_{10}H_{16}N_2O_8$），120.0 g 柠檬酸钠（$Na_3C_6H_5O_7\cdot2H_2O$）和 0.5 g 亚硝酰铁氰化钠［$Na_2Fe(CN)_5NO\cdot2H_2O$］溶于约 800 mL 水中，稀释至 1 L，混匀后加入 1 mL 系统清洁液（4.3），并混合均匀，贮存于棕色试剂瓶中。每两周更换。

4.5 水杨酸钠溶液：ρ（$C_7H_5NaO_3$）=300 g/L。

称取 300.0 g 水杨酸钠（$C_7H_5NaO_3$）溶于约 800 mL 水中，稀释至 1 L，混匀，贮存于棕色试剂瓶中。每两周更换。

4.6 二氯异氰尿酸钠（SDIC）溶液。

称取 3.5 g 氢氧化钠（NaOH）溶于 80 mL 水中，再加入 0.2 g SDIC（$C_3O_3N_3Cl_2Na\cdot2H_2O$），稀释至 100 mL 并混匀。临用前配制。

4.7 氨氮标准贮备溶液：ρ（NH_4-N）=100.0 mg/L。

直接购买市售有证标准溶液，溶液浓度可根据购置情况进行调整。

4.8 氨氮标准使用溶液：ρ（NH_4-N）=10.00 mg/L。

移取 10.00 mL 氨氮标准贮备溶液（4.7）至 100.0 mL 容量瓶中，加水至标线，混匀。临用前配制。

注 1：可根据实际使用需要确定标准使用溶液浓度，稀释操作过程中，稀释倍数不应大于 100 倍。

注 2：氨氮标准贮备溶液从冰箱取出后，需放置到室温后使用，以降低温度不同引入的移取体积误差。

5 仪器与设备

5.1 流动分析仪

由下列各部分组成：

——自动进样器；

——蠕动泵；

——氨氮反应模块；

——检测器；

——计算机数据处理系统。

5.2 一般实验室常用仪器和设备

6 分析步骤

6.1 测量条件

按以下步骤进行系统调试：

a）打开流动分析仪器和数据处理系统，设定工作参数、操作仪器；

b）先用水代替试剂，检查整个分析流路的密闭性及液体流动的顺畅性；

c）待基线稳定后，将泵管插入相应的试剂瓶中，泵入试剂，进样器清洁液更换为人工海水（或无氨陈化海水），待基线再次稳定；

d）根据校准曲线最高浓度设定合适量程，进样分析；

e）分析结束后，泵入纯水清洗所有试剂管路，然后将所有管路置于空气中，排空所有管路。

注1：氨氮受盐效应影响明显，仪器运行期间使用人工（或陈化海水）作为进样器清洁液，以避免水样中离子强度的影响造成盐误差，人工海水中宜加入 Mg^{2+}、Ca^{2+}。

注2：仪器运行时应先泵入水杨酸钠溶液，结束时应最后移走水杨酸钠管路，以防止产生钙离子和锰离子的氢氧化物沉淀，若出现沉淀，应用 1 mol/L 的盐酸清洗。

注3：仪器中试剂泵管、稀释水泵管与试剂瓶连接处应注意密封，水杨酸钠、二氯异氰尿酸钠等试剂暴露在空气中易被氧化。

6.2 校准曲线的建立

6.2.1 校准系列溶液的制备

校准曲线应在每次分析样品的当天绘制。

应用接近水样盐度的人工海水（或无氨陈化海水）配制标准系列溶液，取 6 个 100 mL 容量瓶，分别加入 0 mL、0.10 mL、0.20 mL、0.40 mL、0.80 mL、1.60 mL 氨氮标准使用溶液（4.8），定容至标线，混匀。校准溶液的浓度分别为 0 mg/L、0.010 mg/L、0.020 mg/L、0.040 mg/L、0.080 mg/L、0.160 mg/L。

注：根据实际样品的浓度范围，曲线浓度范围可适当调整，至少 6 个点（包含 0 点）。曲线浓度范围不超过两个数量级。

6.2.2 校准曲线的绘制

量取适量标准系列溶液（6.2.1），置于样品杯中，由进样器按程序依次取样、测定。以测定信号值（峰高或峰面积）为纵坐标、对应的氨氮质量浓度（以 N 计）为横坐标，绘制校准曲线。

6.3 试样测定

按照与校准曲线的建立（6.2）相同的仪器条件进行试样的测定。

注1：冷冻样品应先在室温下解冻并充分混匀，冷藏样品放置到室温并混匀后使用。

注2：如样品浓度超出校准曲线的浓度范围，则应进行稀释，重新测定。

注3：同批分析的样品浓度波动大时，可在样品与样品之间插入空白，以减小高浓度样品对低浓度样品的影响。

6.4 空白试验

用人工海水（或无氨陈化海水）代替试样，按照步骤 6.3 进行空白试验。

7 结果与记录

7.1 结果计算

仪器测定值乘以稀释倍数即为样品中氨氮的浓度（以 N 计），单位为 mg/L。

7.2 结果表示

测定结果小数点后位数的保留与方法检出限一致，最多保留 3 位有效数字。

8 质量控制

8.1 空白试验

每批次至少分析 2 个实验室空白，测定结果应低于方法检出限。

8.2 校准

每批样品分析均需绘制校准曲线，校准曲线的相关系数 $r \geq 0.999$。

8.3 精密度控制

采用实验室分析平行样进行精密度控制。每批次样品应至少分析 10% 的平行样，样品数量少于 10 个时，至少分析 1 个平行样，平行样测定结果的相对偏差应符合表 1 的要求。当平行样测定结果为 1 个未检出、1 个检出时，不进行精密度评价。当平行样测定结果处于检出限和测定下限之间时，可多取 1 位有效数字计算相对偏差。

表 1　实验室质量控制参考标准

分析结果所在数量级	平行样	加标样	
	相对偏差	加标回收率	
	上限/%	下限/%	上限/%
10^{-4}	1.0	95	105
10^{-5}	2.5	95	110
10^{-6}	5	95	110
10^{-7}	10	90	110
10^{-8}	20	85	115
10^{-9}	30	80	120

8.4 准确度控制

采用有证标准样品或加标回收率测定进行准确度控制，应优先使用与样品基体相同的有证标准样品开展准确度控制。每批样品应至少测定 5% 的有证标准样品或加标回收样，样品数量少于 20 个/批时，应至少测定 2 个有证标准样品或加标回收样。

有证标准样品的测定值应在其保证值范围内。样品加标回收率的加标量应控制在实际样品浓度水平的 0.5~3 倍，加标后样品浓度应控制在校准曲线有效范围内，回收率应符合表 1 给出的范围。当样品测定结果低于方法测定下限时，可不进行加标回收率评价，但应同步使用有证标准样品进行准确度控制。

9 注意事项

9.1 实验所用的器皿等均应无氨污染，玻璃器皿应用新配制的稀盐酸溶液浸泡，用自来水冲洗后再用超纯水冲洗数次，洗净后立即使用。

9.2 也可按照《近岸海域环境监测技术规范 第三部分 近岸海域水质监测》（HJ 442.3—2020）附录 C 中氨氮与苯酚和次氯酸盐在亚硝酰基铁氰化钠的催化作用下反应生成靛酚蓝的方法进行测定，根据仪器实际情况配制相应试剂并修改测定波长（640 nm）。按照 6.2 所述步骤测定样品。

9.3 氨氮测定应在无氨的实验环境中进行，远离厕所、厨房等环境，避免环境交叉污染对测定结果产生影响。

9.4 样品测定时应注意密封，防止环境中的氨对样品的污染。

9.5 当测定盐度变化较大的河口水时，建议按照样品的盐度区间进行分类，并适时调整系统清洁液和校准曲线使用的人工海水（或陈化海水）的盐度。

编写人员：

张爽（国家海洋环境监测中心）

程萌（辽宁省大连生态环境监测中心）

海水　氨氮的测定　次溴酸盐氧化法

本方法依据《海洋监测规范　第 4 部分：海水分析》（GB 17378.4—2007）36.2 次溴酸盐氧化法编写，作为海水水质国控网监测统一方法使用。本方法在 GB 17378.4—2007 的基础上，完善了操作细节、质控要求和注意事项等相关规定。

监测单位可根据实际情况选用其他规格比色皿进行分析测试工作，但需对使用该规格比色皿的方法进行方法验证，明确方法的检出限、精密度和正确度。

1　适用范围

本方法规定了测定大洋、近岸海水及河口水中氨氮的次溴酸盐氧化法。

本方法适用于大洋、近岸海水及河口水体中氨氮的测定。

取样体积为 50 mL，使用 5 cm 比色皿测定时，方法检出限为 0.002 mg/L，测定下限为 0.008 mg/L。

2　方法原理

在碱性介质中次溴酸盐将氨氧化为亚硝酸盐，然后以重氮-偶氮分光光度法测定亚硝酸盐氮的总量，扣除原有亚硝酸盐氮的浓度，得到氨氮的浓度。

3　试剂与材料

除非另有说明，分析时所用试剂均使用符合国家标准的优级纯化学试剂，实验用水均为无氨水或等效纯水。

3.1　无氨水。

在无氨环境中用下述方法之一制备。

3.1.1　离子交换法。

蒸馏水通过强酸性阳离子交换树脂（氢型）柱，将流出液收集在带有磨口玻璃塞的玻璃瓶内。每升流出液加 10 g 同样的树脂，以利于保存。

3.1.2　蒸馏法。

在 1 000 mL 的蒸馏水中，加 0.1 mL 硫酸（ρ=1.84 g/mL），在全玻璃蒸馏器中重蒸馏，弃去前 50 mL 馏出液，然后将约 800 mL 馏出液收集在带有磨口玻璃塞的玻璃瓶内。每升馏出液加 10 g 强酸性阳离子交换树脂（氢型）。

3.1.3　纯水器法。

用市售纯水器直接制备。

3.2 氢氧化钠溶液：ρ（NaOH）=400 g/L。

称取 200 g 氢氧化钠（NaOH）溶于 1 000 mL 水中，加热蒸发至 500 mL，贮存于聚乙烯瓶中。

注：氢氧化钠中氨氮含量较高，需通过煮沸除氨；部分优级纯或更高纯度氢氧化钠试剂中氨氮含量较低，将 200 g 氢氧化钠直接溶于 500 mL 水中，不需要加热蒸发即可使用。可通过试剂空白检验，寻找合适的氢氧化钠。

3.3 盐酸溶液（1+1）。

将同体积盐酸（HCl，ρ=1.19 g/mL）与同体积的水混匀。

3.4 溴酸钾-溴化钾贮备溶液。

称取 2.8 g 溴酸钾（KBrO$_3$）和 20 g 溴化钾（KBr）溶解于 1 000 mL 水中，摇匀，贮存于棕色试剂瓶中，室温避光可以保存 1 年。

3.5 次溴酸钠溶液。

量取 1.0 mL 溴酸钾-溴化钾贮备溶液（3.4）于 250 mL 聚乙烯瓶中，加入 49 mL 水及 3.0 mL 盐酸溶液（3.3），立即密塞，充分摇匀，置于暗处。5 min 后加入 50 mL 氢氧化钠溶液（3.2），充分摇匀，待小气泡逸尽后使用。临用前配制。

注：次溴酸钠溶液不稳定，建议在配制后 3 h 内使用。

3.6 磺胺溶液（2.0 g/L）。

称取 2.0 g 磺胺（NH$_2$SO$_2$C$_6$H$_4$NH$_2$），溶于 1 000 mL 盐酸溶液（3.3）中，贮存于棕色试剂瓶中。有效期为 2 个月。

3.7 盐酸萘乙二胺溶液（1.0 g/L）。

称取 0.50 g 盐酸萘乙二胺（C$_{10}$H$_7$NHCH$_2$CH$_2$NH$_2$·2HCl），溶于 500 mL 水中，贮存于棕色试剂瓶中，冰箱内保存。有效期为 1 个月。

3.8 氨氮标准贮备溶液：ρ（NH$_4$-N）=100 mg/L。

直接购买市售有证标准溶液，溶液浓度可根据购置情况进行调整。

3.9 氨氮标准使用溶液：ρ（NH$_4$-N）=1.00 mg/L。

吸取 1.00 mL 氨氮标准贮备溶液（3.8）于 100.0 mL 容量瓶中，加水至标线，混匀。临用前配制。

注 1：可根据实际使用需要确定标准使用溶液浓度，稀释操作过程中，稀释倍数不应大于 100 倍。

注 2：氨氮标准贮备溶液从冰箱取出后，需放置到室温后使用，以降低温度不同引入的移取体积误差。

4 仪器与设备

4.1 可见分光光度计：具 5 cm 比色皿。

4.2 具塞比色管：50 mL。

4.3 刻度吸管或移液枪：1 mL、2 mL、5 mL、10 mL。

4.4 一般实验室常用仪器和设备。

5 分析步骤

5.1 校准曲线绘制

校准曲线应在每次分析样品的当天，按以下步骤绘制：

1）取 6 个 50 mL 具塞比色管，分别加入 0 mL、0.50 mL、1.00 mL、1.50 mL、2.00 mL、3.00 mL 氨氮标准使用溶液（3.9），加无氨水至标线，混匀，对应的氨氮浓度分别为 0 mg/L、0.010 mg/L、0.020 mg/L、0.030 mg/L、0.040 mg/L、0.060 mg/L。

2）分别加入 5.0 mL 次溴酸钠溶液（3.5），混匀，放置 30 min。

3）分别加入 5.0 mL 磺胺溶液（3.6），混匀，放置 5 min。

4）分别加入 1.0 mL 盐酸萘乙二胺溶液（3.7），混匀，放置 15 min。

5）在波长 543 nm 下，用 5 cm 比色皿，以无氨水作参比，测量吸光度 A_i，其中 0 浓度为 A_0。以吸光度 $A_i - A_0$ 为纵坐标、相应的氨氮浓度（mg/L）为横坐标，绘制校准曲线。

注 1：根据实际样品的浓度范围，曲线浓度范围可适当调整，至少 6 个点（包含 0 点）。曲线浓度范围不超过两个数量级。

注 2：在条件许可下，最好用无氨海水绘制校准曲线。

注 3：如校准曲线线性不好或空白较高，可使用塑料比色管替代玻璃比色管进行氨氮分析试验。

5.2 试样测定

取水样，按与校准曲线相同的步骤测量吸光度 A_w。

注 1：冷冻样品应先在室温下解冻并充分混匀，冷藏样品放置到室温并混匀后使用。

注 2：样品和标准溶液在相同的环境条件下使用相同的容器材质进行测定。

注 3：氧化率受温度影响明显，样品和校准曲线的显色时间和环境保持一致，并避免阳光照射。当水温高于 10℃时，氧化 30 min 即可；当水温低于 10℃时，氧化时间应适当延长。

5.3 分析空白

量取 5 mL 刚配制的次溴酸钠溶液（3.5）于 50 mL 具塞比色管中，立即加入 5 mL 磺胺溶液（3.6），混匀，放置 5 min 后加入 50 mL 无氨水（3.1），然后加入 1 mL 盐酸萘乙二胺溶液（3.7），15 min 后测定分析空白吸光度 A_b。

5.4 实验室空白试验

用无氨水（3.1）代替试样，按照步骤 5.2 进行实验室空白试验。

6 结果与记录

6.1 结果计算

水样中氨氮的质量浓度（以 N 计）按式（1）计算：

$$\rho(N_{总}) = \frac{A_w - A_b - a}{b} \times f \tag{1}$$

$$\rho(NH_3\text{-}N) = \rho(N_{总}) - \rho(NO_2\text{-}N) \tag{2}$$

式中：$\rho(N_{总})$——由校准曲线得到氨氮（包括亚硝酸盐氮）的浓度，mg/L；

A_w——水样的吸光度；

A_b——分析空白的吸光度；

a——校准曲线的截距；

b——校准曲线的斜率；

f——样品稀释倍数；

$\rho(NH_3\text{-}N)$——水样中氨氮的浓度（以 N 计），mg/L；

$\rho(NO_2\text{-}N)$——水样中亚硝酸盐氮的浓度，mg/L。

6.2 结果表示

测定结果小数点后位数与方法检出限一致，最多保留 3 位有效数字。

7 质量保证和质量控制

7.1 实验室空白试验

每批次至少分析 2 个实验室空白，空白中氨氮的浓度应低于方法检出限。5 cm 比色皿空白吸光度一般不高于 0.050。

7.2 校准

每批样品分析均需绘制校准曲线，校准曲线相关系数 $r \geq 0.999$。

7.3 精密度控制

采用实验室分析平行样进行精密度控制。每批次样品应至少分析 10% 的平行样，样品数量少于 10 个时，至少分析 1 个平行样，平行样测定结果的相对偏差应符合表 1 的要求。当平行样测定结果为 1 个未检出、1 个检出时，不进行精密度评价。当平行样测定结果处于检出限和测定下限之间时，可多取 1 位有效数字计算相对偏差。

7.4 准确度控制

采用有证标准样品或加标回收率测定进行准确度控制，应优先使用与样品基体相同的有证标准样品开展准确度控制。每批样品应至少测定 5% 的有证标准样品或加标回收样，样品数量少于 20 个/批时，应至少测定 2 个有证标准样品或加标回收样。

有证标准样品的测定值应在其保证值范围内。样品加标回收率的加标量应控制在实际样品浓度水平的 0.5～3 倍，加标后样品浓度应控制在校准曲线有效范围内，回收率应符合表 1 给出的范围。当样品测定结果低于方法测定下限时，可不进行加标回收率评价，但应同步使用有证标准样品进行准确度控制。

表 1　实验室质量控制参考标准

分析结果所在数量级	平行样	加标样	
	相对偏差	加标回收率	
	上限/%	下限/%	上限/%
10^{-4}	1.0	95	105
10^{-5}	2.5	95	110
10^{-6}	5	95	110
10^{-7}	10	90	110
10^{-8}	20	85	115
10^{-9}	30	80	120

8　注意事项

8.1　实验所用的器皿等均应无氨污染，玻璃器皿应用新配制的稀盐酸溶液浸泡，用自来水冲洗后再用无氨水冲洗数次，洗净后立即使用。

8.2　可根据比色皿规格调整分析步骤中的校准曲线和样品体积，对应的试剂体积等比例进行调整。

8.3　该法氧化率较高，快速、简便、灵敏，但部分氨基酸也被测定。

8.4　氨氮测定应在无氨的实验环境中进行，远离厕所、厨房等环境，避免环境交叉污染对测定结果产生影响。

8.5　玻璃比色管使用时间久后，易导致实验室空白偏高，线性变差。如稀盐酸浸泡不能满足要求，可使用浓硫酸荡洗的方式对玻璃比色管进行处理，经纯水清洗干净后使用；或采用一次性塑料比色管。

8.6　校准曲线和样品加盐酸萘乙二胺试剂后，应在 2 h 内测定完毕，并避免阳光照射。

编写人员：

王燕（国家海洋环境监测中心）

于晓青（天津市生态环境监测中心）

刘小菲（天津市滨海新区生态环境监测中心）

海水　氨氮的测定　靛酚蓝分光光度法

本方法依据《海洋监测规范　第 4 部分：海水分析》（GB 17378.4—2007）36.1 靛酚蓝分光光度法编写，作为海水水质国控网监测统一方法使用。本方法在 GB 17378.4—2007 的基础上，完善了操作细节、质控要求和注意事项等相关规定。

监测单位可根据实际情况选用其他规格比色皿进行分析测试工作，但需对使用该规格比色皿的方法进行方法验证，明确方法的检出限、精密度和正确度。

1　适用范围

本方法规定了测定大洋、近岸海水及河口水中氨氮的靛酚蓝分光光度法。

本方法适用于大洋、近岸海水及河口水中氨氮的测定。

取样体积为 35.0 mL，使用 5 cm 比色皿测定时，方法检出限为 0.002 mg/L，测定下限为 0.008 mg/L。

2　方法原理

在弱碱性介质中，以亚硝酰铁氰化钠为催化剂，氨与苯酚和次氯酸盐反应生成靛酚蓝，在 640 nm 处测定吸光值，吸光值与样品中氨含量成正比。

3　试剂与材料

除非另有说明，分析时均使用符合国家标准的优级纯化学试剂，实验用水均为无氨水或等效纯水。

3.1　无氨水。

在无氨环境中用下述方法之一制备。

3.1.1　离子交换法。

蒸馏水通过强酸性阳离子交换树脂（氢型）柱，将流出液收集在带有磨口玻璃塞的玻璃瓶内。每升流出液加 10 g 同样的树脂，以利于保存。

3.1.2　蒸馏法。

在 1 000 mL 的蒸馏水中，加 0.1 mL 硫酸（ρ=1.84 g/mL），在全玻璃蒸馏器中重蒸馏，弃去前 50 mL 馏出液，然后将约 800 mL 馏出液收集在带有磨口玻璃塞的玻璃瓶内。每升馏出液加 10 g 强酸性阳离子交换树脂（氢型）。

3.1.3　纯水器法。

用市售纯水器直接制备。

3.2　硫酸溶液：$c(H_2SO_4)$＝0.5 mol/L。

移取 28 mL 硫酸（H_2SO_4，ρ＝1.84 g/mL）缓慢地倾入水中，并稀释至 1 L，混匀。

3.3　氢氧化钠溶液：$c(NaOH)$＝0.50 mol/L。

称取 10.0 g 氢氧化钠（NaOH），溶于 1 000 mL 水中，加热蒸发至 500 mL。盛于聚乙烯瓶中。

注：氢氧化钠中氨氮含量较高，需通过煮沸除氨；部分优级纯或更高纯度氢氧化钠试剂中氨氮含量较低，将 10.0 g 氢氧化钠直接溶于 500 mL 水中，不需要加热蒸发即可使用。可通过试剂空白检验，寻找合适的氢氧化钠。

3.4　柠檬酸钠溶液：$c(Na_3C_6H_5O_7 \cdot 2H_2O)$＝480 g/L。

称取 240 g 柠檬酸钠（$Na_3C_6H_5O_7 \cdot 2H_2O$），溶于 500 mL 水中，加入 20 mL 氢氧化钠溶液（3.3），加入数粒防爆沸石，煮沸除氨直至溶液体积小于 500 mL。冷却后用水稀释至 500 mL。盛于聚乙烯瓶中，此溶液长期稳定。

3.5　苯酚溶液：$c(C_6H_5OH)$＝38 g/L。

称取 38 g 苯酚（C_6H_5OH）和 400 mg 亚硝酰基铁氰化钠 $[Na_2Fe(CN)_5NO \cdot 2H_2O]$，溶于少量水中，稀释至 1 000 mL，混匀。盛于棕色试剂瓶中，冰箱内保存。此溶液可稳定数月。

注：若发现苯酚出现粉红色则必须精制，可直接购买精制苯酚，但要注意药品有效期。

警告：苯酚试剂毒性大，需水浴 40～60℃加热融化，全程需在通风橱内操作。

3.6　硫代硫酸钠溶液：$c(Na_2S_2O_3 \cdot 5H_2O)$＝0.10 mol/L。

称取 25.0 g 硫代硫酸钠（$Na_2S_2O_3 \cdot 5H_2O$），溶于少量水中，稀释至 1 000 mL。加 1 g 碳酸钠（Na_2CO_3），混匀。转入棕色试剂瓶中保存。

3.7　淀粉溶液：ρ＝5 g/L。

称取 1 g 可溶性淀粉，加少量水搅成糊状，加入 100 mL 沸水，搅匀，电炉上煮至透明。取下冷却后加入 1 mL 冰醋酸（CH_3COOH），用水稀释至 200 mL。盛于试剂瓶中。

3.8　次氯酸钠溶液（市售品有效氯含量不少于 5.2%）。

此溶液使用时按以下方法标定：加 50 mL 硫酸溶液（3.2）至 100 mL 锥形瓶中，加入约 0.5 g 碘化钾（KI），混匀。加 1.00 mL 次氯酸钠使用溶液（3.9），以硫代硫酸钠溶液（3.6）滴定至淡黄色，加入 1 mL 淀粉溶液（3.7），继续滴定至蓝色消失。记录硫代硫酸钠溶液的体积，1.00 mL 相当于 3.54 mg 有效氯。

3.9　次氯酸钠使用溶液：ρ（有效氯）＝1.50 g/L。

市售次氯酸钠溶液（3.8）与氢氧化钠溶液（3.3）按照一定比例混合，使其 1.00 mL 中含 1.50 mg 有效氯。此溶液盛于聚乙烯瓶中置冰箱内保存，有效期为 1 周。

3.10　无氨海水。

采集氨氮低于 0.8 μg/L 的海水，用 0.45 μm 滤膜过滤后贮于聚乙烯桶中，每升海水加

1 mL 三氯甲烷，混合后即可作为无氨海水使用。

3.11 氨氮标准贮备溶液：ρ（NH$_4$-N）=100 mg/L。

直接购买市售有证标准溶液，溶液浓度可根据购置情况进行调整。

3.12 氨氮标准使用溶液（1.75 mg/L-N）。

吸取 1.75 mL 氨氮标准贮备溶液（3.11）于 100.0 mL 容量瓶中，稀释至刻度，混匀。临用前配制。

注 1：可根据实际使用需要确定标准使用溶液浓度，稀释操作过程中，稀释倍数不应大于 100 倍。

注 2：氨氮标准贮备溶液从冰箱取出后，需放置到室温后使用，以降低温度不同引入的移取体积误差。

4 仪器与设备

4.1 分光光度计：具 5 cm 比色皿。

4.2 具塞比色管：50 mL。

4.3 刻度吸管或移液枪：1 mL、2 mL、5 mL、10 mL。

4.4 一般实验室常用仪器和设备。

5 分析步骤

5.1 校准曲线绘制

校准曲线应在每次分析样品的当天，按以下步骤绘制：

1）取 6 个 50 mL 具塞比色管，分别加入 0 mL、0.50 mL、1.00 mL、1.50 mL、2.00 mL、3.00 mL 氨氮标准使用溶液（3.12），加入无氨水（3.1）定容至 35 mL，混匀，对应的氨氮浓度分别为 0 mg/L、0.025 mg/L、0.050 mg/L、0.075 mg/L、0.100 mg/L、0.150 mg/L。

2）分别加入 1.0 mL 柠檬酸钠溶液（3.4），混匀。

3）分别加入 1.0 mL 苯酚溶液（3.5），混匀。

4）分别加入 1.0 mL 次氯酸钠使用溶液（3.9），混匀，避光放置 6 h 以上（淡水样品放置 3 h 以上）。

5）选 640 nm 波长，5 cm 比色皿，以无氨水作参比溶液，测定吸光值 A_i，其中 0 浓度为 A_0；以吸光值（A_i-A_0）为纵坐标、相应的氨氮浓度（mg/L）为横坐标，绘制校准曲线。

注 1：根据实际样品的浓度范围，曲线浓度范围可适当调整，至少 6 个点（包含 0 点）。曲线浓度范围不超过两个数量级。

注 2：如校准曲线线性不好或空白较高，可使用塑料比色管替代玻璃比色管进行氨氮分析试验。

注 3：在条件许可下，最好用无氨海水绘制校准曲线。

5.2 试样测定

移取 50.0 mL 已过滤水样（若水样中氨氮浓度较高，可适当减少取样体积），置于 50 mL

具塞比色管中；按照 5.1 中绘制校准曲线步骤测定水样的吸光度 A_w。

　　注 1：冷冻样品应先在室温下解冻并充分混匀，冷藏样品放置到室温并混匀后使用。

　　注 2：样品和标准溶液在相同的环境条件下使用相同的容器材质进行测定，显色时间保持一致，并避免阳光照射。

5.3　空白实验

　　以无氨水（3.1）代替水样，按照与样品测定（5.2）相同的步骤做空白实验测定 A_b。

　　若绘制校准曲线时用无氨海水，空白实验应以无氨海水代替水样，按照与样品测定（5.2）相同的步骤做空白实验测定 A_b。

6　结果与记录

6.1　结果计算

　　按以下不同情况计算水样中氨氮的浓度：

6.1.1　测定海水样品时，若绘制校准曲线用盐度相近的无氨海水，水样中氨氮的质量浓度（以 N 计）按式（1）计算：

$$\rho(\text{NH}_3\text{-N}) = \frac{A_w - A_b - a}{b} \times K \tag{1}$$

式中：$\rho(\text{NH}_3\text{-N})$——水样中氨氮的质量浓度，mg/L；

　　　　A_w——水样的吸光度；

　　　　A_b——空白实验的吸光度；

　　　　a——校准曲线的截距；

　　　　b——校准曲线的斜率；

　　　　K——水样的稀释倍数。

6.1.2　对于海水或河口区水样，若绘制校准曲线时用无氨水，应进行盐度校正：水样的吸光度（A_w–A_b），应根据所测水样的盐度乘以相应的盐误差校正系数 f（表 1）。

表 1　盐误差校正系数

S	0~8	11	14	17	20	23	27	30	33	36
f	1.00	1.01	1.02	1.03	1.04	1.05	1.06	1.07	1.08	1.09

注：S 表示盐度，f 表示盐误差校正系数。

　　再用校正过的吸光度值 $f(A_w - A_b)$ 按照 6.1.1 的方法进行计算。

$$\rho(\text{NH}_3\text{-N}) = \frac{f(A_w - A_b) - a}{b} \times K \tag{2}$$

式中：f——盐误差校正系数。

6.2 有效数字

测定结果小数点后位数与方法检出限一致，最多保留 3 位有效数字。

7 质量保证和质量控制

7.1 空白试验

每批次至少分析 2 个实验室空白，空白中氨氮的浓度应低于方法检出限。5 cm 比色皿空白吸光度一般不高于 0.040。

7.2 校准曲线

每批样品分析均需绘制校准曲线，校准曲线相关系数 $r \geq 0.999$。

7.3 精密度控制

采用实验室分析平行样进行精密度控制。每批次样品应至少分析 10%的平行样，样品数量少于 10 个时，至少分析 1 个平行样，平行样测定结果的相对偏差应符合表 2 的要求。当平行样测定结果为 1 个未检出、1 个检出时，不进行精密度评价。当平行样测定结果处于检出限和测定下限之间时，可多取 1 位有效数字计算相对偏差。

表 2 实验室质量控制参考标准

分析结果所在数量级	平行样	加标样	
	相对偏差	加标回收率	
	上限/%	下限/%	上限/%
10^{-4}	1.0	95	105
10^{-5}	2.5	95	110
10^{-6}	5	95	110
10^{-7}	10	90	110
10^{-8}	20	85	115
10^{-9}	30	80	120

7.4 准确度控制

采用有证标准样品或加标回收率测定进行准确度控制，应优先使用与样品基体相同的有证标准样品开展准确度控制。每批样品应至少测定 5%的有证标准样品或加标回收样，样品数量少于 20 个/批时，应至少测定 2 个有证标准样品或加标回收样。

有证标准样品的测定值应在其保证值范围内。样品加标回收率的加标量应控制在实际样品浓度水平的 0.5～3 倍，加标后样品浓度应控制在校准曲线有效范围内，回收率应符合表 2 给出的范围。当样品测定结果低于方法测定下限时，可不进行加标回收率评价，但应同步使用有证标准样品进行准确度控制。

8　注意事项

8.1　实验所用的器皿等均应无氨污染，玻璃器皿应用新配制的盐酸溶液或硫酸溶液浸泡，用自来水冲洗后再用无氨水冲洗数次，洗净后立即使用。

8.2　可根据比色皿规格调整分析测试步骤中的校准曲线和样品体积，对应的试剂体积等比例进行调整。

8.3　该方法重现性好，空白值低，有机氮化合物不被测定，但反应慢，灵敏度略低。

8.4　氨氮测定应在无氨的实验环境中进行，远离厕所、厨房等环境，避免环境交叉污染对测定结果产生影响。

8.5　玻璃比色管使用时间久后，易导致实验室空白偏高，线性变差。如稀盐酸浸泡不能满足要求，可使用浓硫酸荡洗的方式对玻璃比色管进行处理，经纯水清洗干净后使用；或采用一次性塑料比色管。

9　废物处置

苯酚有毒，实验过程中应避免皮肤直接接触，试验后废液应做好回收与处置。

编写人员：
王燕（国家海洋环境监测中心）
贺琦（福建省厦门环境监测中心站）

海水　活性磷酸盐的测定　流动分析法

本方法依据《海洋监测技术规程　第1部分：海水》（HY/T 147.1—2013）10.1 磷酸盐的测定——流动分析法编写，作为全国海水水质国控网监测统一方法使用。本方法在 HY/T 147.1—2013 的基础上，完善了操作细节、质控要求和注意事项等相关规定。

监测单位可根据实际情况选用其他规格检测池光程进行分析测试工作，但需对使用该规格检测池光程的方法进行方法验证，明确方法的检出限、精密度和正确度。

1 适用范围

本方法规定了测定大洋、近岸海水及河口水中活性磷酸盐的流动分析法。

本方法适用于大洋、近岸海水及河口水中活性磷酸盐的测定。

当检测光程为 10 mm 时，方法检出限为 0.001 mg/L，测定下限为 0.004 mg/L。

2 方法原理

在酸性介质中，活性磷酸盐与钼酸铵-酒石酸锑钾混合溶液反应生成磷钼酸锑盐（磷钼黄），磷钼黄被抗坏血酸溶液还原成磷钼蓝，于 880 nm 处测定。

3 试剂与材料

除非另有说明，分析时均使用符合国家标准的分析纯化学试剂，实验用水为超纯水或等效纯水。也可按照仪器设备要求配制相关试剂。

3.1 人工海水或无磷海水。

3.2 十二烷基硫酸钠（$C_{12}H_{25}SO_4Na$，SDS）：优级纯。

3.3 硫酸（H_2SO_4）：ρ=1.84 g/mL，优级纯。

3.4 系统清洁液。

称取 8 g SDS（3.2）溶于水中，稀释至 1 L。

3.5 酒石酸锑钾溶液：$\rho[K(SbO)C_4H_4O_6 \cdot 1/2H_2O]$=23 g/L。

称取 2.3 g 酒石酸锑钾[$K(SbO)C_4H_4O_6 \cdot 1/2H_2O$]，溶于 80 mL 水中，稀释至 100 mL 并混匀。4℃冷藏保存，有效期为 1 个月。

3.6 钼酸铵溶液。

将 64 mL 浓硫酸（3.3）沿玻璃棒慢慢加入 500 mL 水中，再加入 6.0 g 钼酸铵[$(NH_4)_6Mo_7O_{24} \cdot 4H_2O$]和 22 mL 酒石酸锑钾溶液（3.5），稀释至 1 L，混匀。贮存于棕色试剂瓶中，常温下保存，有效期为 1 个月。如果溶液变色，应重配。

3.7　抗坏血酸溶液。

　　称取 8.0 g 抗坏血酸($C_6H_8O_6$)溶于约 600 mL 水中,加入 45 mL 丙酮和 8.0 g SDS(3.2),用水稀释至 1 L。混匀,贮存于棕色试剂瓶中。4℃冷藏保存,有效期为 7 d。

3.8　硫酸溶液:c(H_2SO_4)=6.0 mol/L。

　　在搅拌下将 300 mL 硫酸(3.3)缓慢加入 600 mL 水中。

　　注:此过程剧烈放热,溶解时最好将试剂瓶放置于冰水中。

　　警示:务必将浓硫酸缓慢加入水中,如加反,易引发浓硫酸逆溅的安全事故!

3.9　活性磷酸盐标准贮备液:ρ=100.0 mg/L。

　　直接购买市售有证标准溶液,溶液浓度可根据购置情况进行调整。

3.10　活性磷酸盐标准使用液:ρ=1.00 mg/L。

　　移取 1.00 mL 活性磷酸盐标准贮备液(3.9),用纯水准确稀释至 100.0 mL。临用前配制。

　　注 1:可根据实际使用需要确定标准使用溶液浓度,稀释操作过程中,稀释倍数不应大于 100 倍。

　　注 2:活性磷酸盐标准贮备溶液从冰箱取出后,需放置到室温后使用,以降低温度不同引入的移取体积误差。

4　仪器与设备

4.1　流动分析仪

　　由下列各部分组成:

　　——自动进样器;

　　——蠕动泵;

　　——活性磷酸盐反应模块;

　　——检测器;

　　——计算机数据处理系统。

4.2　一般实验室常用仪器和设备

5　分析步骤

5.1　测量条件

　　按以下步骤进行系统调试:

　　a)打开流动分析仪器和数据处理系统,设定工作参数、操作仪器;

　　b)先用水代替试剂,检查整个分析流路的密闭性及液体流动的顺畅性;

　　c)待基线稳定后,将泵管插入相应的试剂瓶中,泵入试剂,进样器清洁液更换为人工海水(或无磷海水),待基线再次稳定;

d）根据校准曲线最高浓度设定合适量程，进样分析；

e）分析结束后，泵入纯水清洗所有试剂管路，然后将所有管路置于空气中，排空所有管路。

注：活性磷酸盐受盐效应影响明显，仪器运行期间使用人工（或无磷海水）作为进样器清洁液，以避免水样中离子强度的影响造成盐误差。

5.2 标准曲线的建立

5.2.1 校准系列溶液的制备

标准曲线应在每次分析样品的当天绘制。

用接近样品盐度的人工海水（或无磷海水）配制标准系列溶液，取 6 个 100 mL 容量瓶，分别加入 0 mL、0.20 mL、0.50 mL、1.00 mL、1.50 mL、2.00 mL 活性磷酸盐标准使用溶液（3.10），定容至标线，混匀。标准系列溶液的浓度分别为 0 mg/L、0.020 mg/L、0.050 mg/L、0.100 mg/L、0.150 mg/L、0.200 mg/L。

注：根据实际样品的浓度范围，曲线浓度范围可适当调整，至少 6 个点（包含 0 点）。曲线浓度范围不超过两个数量级。

5.2.2 校准曲线的绘制

量取适量标准系列溶液（5.2.1），置于样品杯中，由进样器按程序依次取样、测定。以测定信号值（峰高或峰面积）为纵坐标、对应的活性磷酸盐质量浓度（以 P 计）为横坐标，绘制校准曲线。

5.3 试样测定

按照与校准曲线的建立（5.2）相同的仪器条件进行试样的测定。

注 1：冷冻样品应先在室温下解冻并充分混匀，冷藏样品放置到室温并混匀后使用。

注 2：如样品浓度超出校准曲线的浓度范围，则应进行稀释，重新测定。

注 3：同批分析的样品浓度波动大时，可在样品与样品之间插入空白，以减小高浓度样品对低浓度样品的影响。

5.4 空白试验

用人工海水（或无磷海水）代替试样，按照步骤 5.3 进行空白试验。

6 结果与记录

6.1 结果计算

仪器测定值乘上稀释倍数即为样品中活性磷酸盐的浓度（以 P 计），单位为 mg/L。

6.2 结果表示

测定结果小数点后位数与方法检出限一致，最多保留 3 位有效数字。

7 质量保证和质量控制

7.1 空白试验

每批次至少分析 2 个实验室空白，测定结果应低于方法检出限。

7.2 校准

每批样品分析均需绘制校准曲线，校准曲线的相关系数 $r \geq 0.999$。

7.3 精密度控制

采用实验室分析平行样进行精密度控制。每批次样品应至少分析 10%的平行样，样品数量少于 10 个时，至少分析 1 个平行样，平行样测定结果的相对偏差应符合表 1 的要求。当平行样测定结果为 1 个未检出、1 个检出时，不进行精密度评价。当平行样测定结果处于检出限和测定下限之间时，可多取 1 位有效数字计算相对偏差。

表 1　实验室质量控制参考标准

分析结果所在数量级	平行样	加标样	
	相对偏差	加标回收率	
	上限/%	下限/%	上限/%
10^{-4}	1.0	95	105
10^{-5}	2.5	95	110
10^{-6}	5	95	110
10^{-7}	10	90	110
10^{-8}	20	85	115
10^{-9}	30	80	120

7.4 准确度控制

采用有证标准样品或加标回收率测定进行准确度控制，应优先使用与样品基体相同的有证标准样品开展准确度控制。每批样品应至少测定 5%的有证标准样品或加标回收样，样品数量少于 20 个/批时，应至少测定 2 个有证标准样品或加标回收样。

有证标准样品的测定值应在其保证值范围内。样品加标回收率的加标量应控制在实际样品浓度水平的 0.5～3 倍，加标后样品浓度应控制在校准曲线有效范围内，回收率应符合表 1 给出的范围。当样品测定结果低于方法测定下限时，可不进行加标回收率评价，但应同步使用有证标准样品进行准确度控制。

8 注意事项

8.1 在近岸海域水体中，铜、砷和硅的质量浓度一般较低，不会对活性磷酸盐测定产生干扰。高质量浓度的铁会引起沉淀并损失溶解态磷。

8.2　测定过程中的所有实验用品，其磷酸盐的残留应很低，对样品和试剂无沾污。可用稀盐酸溶液（1～2 mol/L）浸泡器皿 24 h 以上，用纯水彻底冲洗干净。

8.3　当测定盐度变化较大的河口水时，建议按照样品的盐度区间进行分类，并适时调整系统清洁液和校准曲线使用的人工海水（或陈化海水）的盐度。

编写人员：
张爽（国家海洋环境监测中心）
邱玮茜（山东省青岛生态环境监测中心）

海水　活性磷酸盐的测定　磷钼蓝分光光度法

本方法依据《海洋监测规范　第 4 部分：海水分析》（GB 17378.4—2007）39.1 磷钼蓝分光光度法编写，作为全国海水水质国控网监测统一方法使用。本方法在 GB 17378.4—2007 的基础上，完善了操作细节、质控要求和注意事项等相关规定。

监测单位可根据实际情况选用其他规格比色皿进行分析测试工作，但需对使用该规格比色皿的方法进行方法验证，明确方法的检出限、精密度和正确度。

1　适用范围

本方法规定了测定近岸海水及河口水中活性磷酸盐的磷钼蓝分光光度法。

本方法适用于近岸海水及河口水中活性磷酸盐的测定。

取样体积为 50.0 mL，使用 5 cm 比色皿测定时，方法检出限为 0.001 mg/L，测定下限为 0.004 mg/L。

2　方法原理

在酸性介质中，活性磷酸盐与钼酸铵-酒石酸锑钾混合溶液反应生成磷钼杂多酸（磷钼黄），用抗坏血酸还原为磷钼蓝后，于 882 nm 处测定其吸光值，吸光值与样品中的活性磷酸盐含量成正比。

3　试剂与材料

除非另有说明，分析时均使用符合国家标准的分析纯化学试剂，实验用水为超纯水或等效纯水。

3.1　硫酸溶液（1+2）。

注：此过程剧烈放热，溶解时最好将试剂瓶放置于冰水中。

警示：务必将浓硫酸缓慢加入水中，如加反，易引发浓硫酸迸溅的安全事故！

3.2　钼酸铵溶液：$\rho[(NH_4)_6Mo_7O_{24}\cdot 4H_2O]=140$ g/L。

溶解 28 g 钼酸铵$[(NH_4)_6Mo_7O_{24}\cdot 4H_2O]$于 200 mL 水中，如产生浑浊，应重配。

3.3　酒石酸锑钾溶液：$\rho(C_4H_4KO_7Sb\cdot 1/2H_2O)=30$ g/L。

溶解 6 g 酒石酸锑钾（$C_4H_4KO_7Sb\cdot 1/2H_2O$）于 200 mL 水中，贮存于聚乙烯瓶中，溶液变浑浊时应重配。

3.4　混合溶液。

在不断搅拌下，将 45 mL 钼酸铵溶液（3.2）缓慢加入 200 mL（1+2）硫酸溶液（3.1）

中，加入 5 mL 酒石酸锑钾溶液（3.3）并且混合均匀。贮存于棕色玻璃瓶中。在 4℃避光保存约稳定 2 个月。

注：硫酸需冷却至室温后再与钼酸铵溶液和酒石酸锑钾溶液混合，否则混合液会变黄变浑浊。

3.5 抗坏血酸溶液：ρ=100 g/L。

溶解 10 g 抗坏血酸于水中，并稀释至 100 mL。

3.6 磷酸盐标准贮备液：ρ=50.0 mg/L，以 P 计。

直接购买市售有证标准溶液配置，贮备溶液浓度可根据购置情况调整。

3.7 磷酸盐标准使用液：ρ=2.50 mg/L，以 P 计。

吸取 5.00 mL 磷酸盐标准贮备液（3.6）于 100.0 mL 容量瓶中，用水稀释至标线，混匀。临用前配制。

注 1：可根据实际使用需要确定标准使用溶液浓度，稀释操作过程中，稀释倍数不应大于 100 倍。

注 2：磷酸盐标准贮备溶液从冰箱取出，需放置到室温后使用，以降低温度不同引入的移取体积误差。

4 仪器与设备

4.1 分光光度计：配 5 cm 比色池。

4.2 量筒：100 mL、500 mL。

4.3 容量瓶：100 mL、1 000 mL。

4.4 带刻度具塞比色管：50 mL。

4.5 刻度移液管：2 mL、5 mL、10 mL。

4.6 可调节自动加液器。

4.7 一般实验室常用仪器设备。

5 分析步骤

5.1 校准曲线绘制

校准曲线按以下步骤绘制：

a）分别量取 0 mL、0.50 mL、1.00 mL、2.00 mL、3.00 mL、4.00 mL 磷酸盐标准使用溶液（3.7）于 50 mL 带刻度具塞比色管中，加水定容至 50 mL 标线，混匀。校准曲线系列溶液的浓度分别为 0 mg/L、0.025 mg/L、0.050 mg/L、0.100 mg/L、0.150 mg/L、0.200 mg/L。

注：校准曲线每隔一周至少重制一次，但每天均应对标准曲线进行核查。

b）各加入 1 mL 混合溶液（3.4），1 mL 抗坏血酸溶液（3.5）混匀。显色 5 min 后，注入 5 cm 比色皿中，以超纯水作参比，于 882 nm 波长处测定吸光值 A_i。其中 A_0 为零浓度的标准空白吸光值。

c）以吸光值（A_i-A_0）为纵坐标、相应的活性磷酸盐浓度（mg/L）为横坐标，绘制校准曲线。

注 1：曲线浓度范围可根据实际样品浓度范围适当调整，曲线校正点至少 6 个（含曲线 0 点），曲线浓度范围不超过两个数量级。

注 2：磷钼蓝颜色在 4 h 内稳定。

5.2　样品分析

量取 50 mL 过滤后的样品（若水样中活性磷酸盐的浓度较高，可适当减少取样体积），置于 50 mL 具塞比色管中，按 5.1 分析步骤测定水样吸光值 A_w。

注 1：冷冻样品应先在室温下解冻并充分混匀，冷藏样品放置到室温并混匀后使用。

注 2：样品和标准溶液的显色时间与环境保持一致。样品温度低于 20℃时，需恢复至室温显色；室温低于 20℃时，需适当延长显色时间。

5.3　空白试验

量取 50 mL 实验用水于 50 mL 具塞比色管中，按 5.1 分析步骤测定分析空白吸光值 A_b。

6　结果与记录

记录测定吸光度，用校准曲线的线性回归方程式计算得出水样中活性磷酸盐浓度。

6.1　结果计算

试样中活性磷酸盐的质量浓度（以 P 计）按式（1）计算：

$$\rho(\mathrm{PO_4\text{-}P}) = \frac{A_w - A_b - a}{b} \times f \tag{1}$$

式中：　$\rho(\mathrm{PO_4\text{-}P})$——水样中活性磷酸盐的质量浓度，mg/L；

A_w——水样的吸光度；

A_b——空白实验的吸光度；

a——校准曲线的截距；

b——校准曲线的斜率；

f——水样的稀释倍数。

6.2　有效数字

测定结果小数点后位数的保留与方法检出限一致，最多保留 3 位有效数字。

7　质量保证和质量控制

7.1　空白实验

每批次至少分析 2 个实验室空白，测定结果应低于方法检出限。实验空白的吸光值

（5 cm）应低于 0.005。

7.2　校准曲线核查

7.2.1　校准曲线的相关系数 $r \geq 0.999$。

7.2.2　如果不是当天配制校准曲线，均需对校准曲线进行核查，核查方法应采用有证标准物质，测定结果应在保证值范围内，否则，应重新绘制校准曲线。

7.2.3　当测定样品的实验条件与制定校准曲线的条件相差较大时（如更换光源或光电管、温度变化较大、更换试剂等），应及时重新绘制校准工作曲线。

7.3　精密度控制

采用实验室分析平行样进行精密度控制。每批次样品应至少分析 10% 的平行样，样品数量少于 10 个时，至少分析 1 个平行样，平行样测定结果的相对偏差应符合表 1 的要求。当平行样测定结果为 1 个未检出、1 个检出时，不进行精密度评价。当平行样测定结果处于检出限和测定下限之间时，可多取 1 位有效数字计算相对偏差。

表 1　实验室质量控制参考标准

分析结果所在数量级	平行样	加标样	
	相对偏差	加标回收率	
	上限/%	下限/%	上限/%
10^{-4}	1.0	95	105
10^{-5}	2.5	95	110
10^{-6}	5	95	110
10^{-7}	10	90	110
10^{-8}	20	85	115
10^{-9}	30	80	120

7.4　准确度控制

采用有证标准样品或加标回收率测定进行准确度控制，应优先使用与样品基体相同的有证标准样品开展准确度控制。每批样品应至少测定 5% 的有证标准样品或加标回收样，样品数量少于 20 个/批时，应至少测定 2 个有证标准样品或加标回收样。

有证标准样品的测定值应在其保证值范围内。样品加标回收率的加标量应控制在实际样品浓度水平的 0.5～3 倍，加标后样品浓度应控制在校准曲线有效范围内，回收率应符合表 1 给出的范围。当样品测定结果低于方法测定下限时，可不进行加标回收率评价，但应同步使用有证标准样品进行准确度控制。

8　注意事项

8.1　测定过程中的所有实验用品，其磷酸盐的残留应很低，对样品和试剂无沾污。可用稀盐酸溶液（1~2 mol/L）浸泡 24 h 以上并用纯水冲洗干净。

8.2　可根据比色皿规格调整分析测试步骤中的校准曲线和样品体积，对应的试剂体积等比例进行调整。

编写人员：

王燕（国家海洋环境监测中心）

黄国娟（广西壮族自治区海洋环境监测中心站）

海水　汞的测定　原子荧光法

本方法依据《海洋监测规范　第 4 部分：海水分析》（GB 17378.4—2007）5.1 汞——原子荧光法编写，作为全国海水水质国控网监测统一方法使用。本方法在 GB 17378.4—2007 的基础上，完善了操作细节、质控要求和注意事项等相关规定。

1　适用范围

本方法规定了测定海水中汞的原子荧光法。

本方法适用于大洋和近岸海水及河口区海水中汞的测定。

本方法汞的检出限为 0.007 μg/L，测定下限为 0.028 μg/L。

2　方法原理

水样经硫酸-过硫酸钾消化后，在还原剂硼氢化钾的作用下，汞离子被还原成单质汞。以氩气为载气将汞蒸气带入原子荧光分光光度计的原子化器中，以特种汞空心阴极灯为激发光源，测定汞原子荧光强度。其强度与水样中汞的浓度在一定范围内成正比。

3　试剂与材料

除非另有说明，分析时均使用符合国家标准的分析纯化学试剂，实验用水为新制备的纯水。

3.1　硫酸：ρ=1.84 g/mL，优级纯。

3.2　硝酸：ρ=1.42 g/mL，优级纯。

3.3　盐酸羟胺（$NH_2OH \cdot HCl$）。

3.4　过硫酸钾（$K_2S_2O_8$）。

3.5　硼氢化钾（KBH_4），优级纯。

3.6　氢氧化钾（KOH），优级纯。

3.7　盐酸羟胺溶液（100 g/L）。

称取 25 g 盐酸羟胺（3.3）溶于水中，稀释至 250 mL。

3.8　过硫酸钾溶液（50 g/L）。

称取 50 g 过硫酸钾（3.4）用水溶解并稀释至 1 000 mL。

3.9　硫酸溶液。

在搅拌下，将 28 mL 硫酸（3.1）缓慢地加入 500 mL 水中，稀释至 1 000 mL。

3.10　硝酸溶液（1+19）。

将 50 mL 硝酸（3.2）缓慢地加入 1 000 mL 水中。

3.11 硼氢化钾（KBH_4）溶液（0.05 g/L）。

称取 1 g 氢氧化钾（3.6）溶于 200 mL 水中，加入 0.5 g 硼氢化钾（3.5）溶解后，取 20 mL 用水稀释至 1 000 mL。

注：也可以用氢氧化钠、硼氢化钾配制还原剂。

3.12 汞标准贮备液（1.00 mg/mL）。

购置市售有证标准溶液。4℃下可存放 2 年。

3.13 汞标准中间液（10.0 μg/mL）。

移取 1.00 mL 汞标准贮备液（3.12）于 100 mL 容量瓶中，加入硝酸溶液（3.10）至标线，混匀。4℃下可存放 100 d。

3.14 汞标准中间液（0.100 μg/mL）。

移取 1.00 mL 汞标准中间液（3.13）于 100 mL 容量瓶中，加入硝酸溶液（3.10）至标线，混匀。4℃下可存放 100 d。

3.15 汞标准使用液（10.0 ng/mL）。

移取 10.00 mL 汞标准中间液（3.14）置于 100 mL 容量瓶中，加入硝酸溶液（3.10）至标线，混匀。临用现配。

4 仪器与设备

4.1 原子荧光光谱仪。

4.2 元素灯（汞）。

4.3 容量瓶：100 mL、1 000 mL。

4.4 移液管：1 mL、2 mL、5 mL、10 mL。或微量移液枪。

4.5 烧杯：50 mL、1 000 mL。

4.6 分析天平：精度为 0.000 1 g。

4.7 一般实验室常备仪器和设备。

5 分析步骤

5.1 仪器条件

依据仪器使用说明书调节仪器至最佳工作状态。参考条件参见表1。

表 1 参考测量条件

元素	负高压/A	灯电流/mA	原子化器预热温度/℃	载气流量/（mL/min）	屏蔽气流量/（mL/min）	积分方式
汞	240～280	15～30	200	400	900～1 000	峰面积

5.2 标准曲线的绘制

分别移取 0 mL、0.25 mL、0.50 mL、1.00 mL、2.00 mL、4.00 mL、8.00 mL 汞标准使用液（3.15）于 100 mL 容量瓶中，分别加入硫酸溶液（3.9）至标线，混匀。其所对应的汞含量分别为 0 ng、2.5 ng、5.0 ng、10.0 ng、20.0 ng、40.0 ng、80.0 ng，分别进样 2.0 mL，依次测定标准系列各点荧光强度值（I_i），其中零浓度点为标准空白荧光强度值（I_0）。以（I_i-I_0）为纵坐标、汞含量（ng）为横坐标，绘制标准曲线，给出线性回归方程，并计算线性回归系数，记录结果。

注 1：可根据标准溶液浓度设定仪器自动稀释绘制校准曲线；

注 2：根据实际样品的浓度范围，曲线浓度范围可适当调整，至少 6 个点（包含 0 点）。

5.3 试样的制备

量取 100 mL 水样于 250 mL 锥形瓶中，加入 2.0 mL 硫酸（3.1）、5.0 mL 过硫酸钾溶液（3.8），放置在室温下消化 24 h，或加热煮沸 1 min 后，冷却至室温，滴加 2 mL 盐酸羟胺溶液（3.7），混匀，待测。

5.4 空白试样

以实验用水代替样品，按照步骤 5.3 制备空白试样。

5.5 试样的测定

分别取 2.0 mL 试样和空白试样于氢化物发生器中，测定空白试样荧光强度值（I_b）和试样的荧光强度（I_s）。以（I_s-I_b）值，由标准曲线查得汞含量（ng），或用线性回归方程计算得出汞含量（ng）。

每批样品需同时测定平行样，并进行加标回收实验，或者带入有证标准样品。

6 结果与表示

6.1 结果计算

按式（1）计算海水中汞的含量：

$$\rho = \frac{m}{V}K \tag{1}$$

式中：ρ——水样中汞的质量浓度，μg/L；

m——水样中汞含量，ng；

k——样品消化后体积校正系数为 1.09；

V——进样体积，mL。

6.2 有效数字

测定结果小数点后位数的保留与方法检出限保持一致，最多保留 3 位有效数字。

7　质量控制

7.1　空白实验

每批样品至少测定 2 个实验室空白，测定结果应小于方法检出限。

7.2　校准曲线校核

7.2.1　每次样品分析均应绘制校准曲线。校准曲线的相关系数 $r \geqslant 0.995$。

7.2.2　每测完 20 个样品进行一次校准曲线零点和中间点浓度的核查，零点值应低于空白值，中间点浓度测试结果的相对偏差 $\leqslant 10\%$，否则应查找原因或重新建立校准曲线。

7.3　精密度控制

采用实验室分析平行样进行精密度控制。每批次样品应至少分析 10%的平行样，样品数量少于 10 个时，至少分析 1 个平行样，平行样测定结果的相对偏差应符合表 2 的要求。当平行样测定结果为 1 个未检出、1 个检出时，不进行精密度评价。当平行样测定结果处于检出限和测定下限之间时，可多取 1 位有效数字计算相对偏差。

表 2　实验室质量控制参考标准

分析结果所在数量级	平行样	加标样	
	相对偏差	加标回收率	
	上限/%	下限/%	上限/%
10^{-4}	1.0	95	105
10^{-5}	2.5	95	110
10^{-6}	5	95	110
10^{-7}	10	90	110
10^{-8}	20	85	115
10^{-9}	30	80	120

7.4　准确度控制

采用有证标准样品或加标回收率测定进行准确度控制，应优先使用与样品基体相同的有证标准样品开展准确度控制。每批样品应至少测定 5%的有证标准样品或加标回收样，样品数量少于 20 个/批时，应至少测定 2 个有证标准样品或加标回收样。

有证标准样品的测定值应在其保证值范围内。样品加标回收率的加标量应控制在实际样品浓度水平的 0.5～3 倍，加标后样品浓度应控制在校准曲线有效范围内，回收率应符合表 2 给出的范围。当样品测定结果低于方法测定下限时，可不进行加标回收率评价，但应同步使用有证标准样品进行准确度控制。

8　注意事项

8.1　测试使用的所有器皿必须在硝酸溶液（1+3）中浸泡 24 h 后，再用纯水冲洗干净方可使用。

8.2　测试中切勿使器皿受汞的沾污。

8.3　盐酸羟胺的含汞量差别较大，使用前应进行试剂空白测试，以免因空白值过大，造成过大的测定误差。

8.4　当测试样品浓度值超出曲线上限，应利用清洗程序对仪器进行清洗，重测校准曲线零点和中间点浓度，零点值应低于空白值，中间点浓度测试结果的相对偏差参照表 2。样品应经过稀释进行重新测定。

8.5　实验室工作温度应保持恒定，波动范围在 5℃以内。

8.6　硼氢化钾是强还原剂，极易与空气中的氧气和二氧化碳反应，在中性和酸性溶液中易分解产生氢气，所以配制硼氢化钾还原剂时，要将硼氢化钾固体溶解在氢氧化钠溶液中，并临用现配。

8.7　选用双层结构石英管原子化器，内外两层均通氩气，外面形成保护层隔绝空气，避免待测元素的基态原子与空气中的氧和氮碰撞，降低荧光淬灭对测定的影响。

8.8　实验中产生的废液和废物不可随意倾倒，应置于密闭容器中保存，并委托有资质的单位进行处理。

编写人员：
王赛男（国家海洋环境监测中心）
邓元秋（广西壮族自治区海洋环境监测中心站）

海水　铜、铅、镉、镍的连续测定
无火焰原子吸收分光光度法

本方法依据《海洋监测规范　第4部分：海水分析》（GB 17378.4—2007）6.1 无火焰原子吸收分光光度法（连续测定铜、铅和镉）、42 镍——无火焰原子吸收分光光度法编写，作为全国海水水质国控网监测统一方法使用。根据各元素前处理方法及化学性质，完善了测定方法的步骤、方法的干扰和消除、质量控制等，补充了相关规定和注意事项。

监测单位在使用本方法前须进行方法验证，明确方法的检出限、精密度和正确度。

警告：实验中使用的硝酸、盐酸、氨水和有机试剂等具有强烈的腐蚀性和刺激性，试剂配制和样品前处理过程应在通风橱内进行；操作时应按要求佩戴防护器具，避免吸入呼吸道或接触皮肤和衣物。

1　适用范围

本法适用于海水中痕量铜、铅、镉和镍的连续测定。

当取样体积为 100 mL，方法检出限分别为：铜 0.2 μg/L，铅 0.3 μg/L，镉 0.09 μg/L，镍 0.5 μg/L，检出下限分别为：铜 0.8 μg/L，铅 1.2 μg/L，镉 0.36 μg/L，镍 2.0 μg/L。

2　干扰与去除

无火焰原子吸收分光光度法的干扰主要是光谱干扰、化学干扰等，消除干扰的方法有：

1）合理选择干燥灰化、原子化温度及升温方式；

2）选择适合的基体改进剂，镉、铅基体改进剂见表 1；

3）石墨管涂覆难熔碳化物涂层；

4）塞曼效应背景校正。

表 1　铅及镉元素的常用基体改进剂

元素	基体改进剂
镉	磷酸二氢铵、磷酸氢二铵、硝酸、硝酸钯
铅	硝酸钯、磷酸二氢铵、抗坏血酸、硝酸钯

3　方法原理

在 pH 为 5~6 条件下，海水中的铜、铅、镉及镍与吡咯烷二硫代甲酸铵（APDC）及二乙氨基二硫代甲酸钠（DDTC）形成螯合物，经甲基异丁基酮（MIBK）-环己烷混合液萃取富集分离，再用硝酸溶液进行反萃取后，于铜、铅、锌及镍的特征波长下，用石墨炉原子吸收分光光度计测定其吸光值。

4 试剂与材料

除另有说明外，分析时均使用符合国家标准的优级纯试剂，实验用水为新制备的超纯水。

4.1 硝酸：ρ（HNO₃）=1.42 g/mL。

4.2 氨水：ρ（NH₃·H₂O）=0.91 g/mL，25%～28%。

4.3 醋酸：ρ（CH₃COOH）=1.05 g/mL，优级纯。

4.4 环己烷（C₆H₁₂）。

4.5 甲基异丁基酮（MIBK，C₆H₁₂O）：优级纯。

如果含干扰杂质，用石英亚沸蒸馏器蒸馏提纯。

4.6 硝酸溶液：1+1。

4.7 硝酸溶液：1+99。

4.8 甲基异丁基酮（MIBK）-环己烷混合液。

将 240 mL 甲基异丁基酮（4.5）和 60 mL 环己烷（4.4）在锥形分液漏斗中混合，加入 3 mL 硝酸（4.1），振荡 0.5 min，用水洗涤有机相 2 次。按此步骤重复 3 次。最后用水洗涤至水相 pH 为 6～7，收集有机相。

4.9 吡咯烷二硫代甲酸铵（APDC）–二乙氨基二硫代甲酸钠（DDTC）溶液（1%）。

分别称取吡咯烷二硫代甲酸铵（APDC）和二乙氨基二硫代甲酸钠（DDTC）各 1.0 g，溶于水中，经滤纸过滤后稀释至 100 mL，用 MIBK–环己烷混合液（4.8）萃取提纯 3 次，每次 10 mL，收集的水溶液保存于冰箱中，1 周内有效。

4.10 醋酸铵溶液。

量取 100 mL 醋酸（4.3）于分液漏斗中，用氨水（4.2）中和至 pH 为 5，加入 2 mL APDC-DDTC 溶液（4.9）、10 mL MIBK-环己烷混合液（4.8），振摇 1 min，弃去有机相。重复萃取提纯 3 次，贮存于试剂瓶中。

4.11 单元素有证标准溶液：ρ=1.000 mg/mL。

4.12 混合标准中间液：ρ（Cu）=5.0 μg/mL、ρ（Pb）=3.0 μg/mL、ρ（Cd）=1.0 μg/mL、ρ（Ni）=3.0 μg/mL。

分别移取 5.0 mL 铜有证标准溶液、3.0 mL 铅有证标准溶液、1.0 mL 镉有证标准溶液、2.0 mL 镍有证标准溶液（4.11），置于同一 100 mL 量瓶中，用硝酸溶液（4.7）稀释至标线，混匀。溶液中铜浓度为 50.0 μg/mL、铅浓度为 30.0 μg/mL、镉浓度为 10.0 μg/mL、镍浓度为 20.0 μg/mL；再移取 10.0 mL 该溶液于 100 mL 量瓶中，用硝酸溶液（4.7）稀释至标线，混匀。此溶液中铜浓度为 5.0 μg/mL，铅浓度为 3.0 μg/mL，镉浓度为 1.0 μg/mL，镍浓度为 2.0 μg/mL。

> 注：所有元素的标准贮备溶液配制后均应在密封的聚乙烯或聚丙烯瓶中保存，4℃冷藏保存，保存期限为 1 年。

4.13 混合标准使用溶液：$\rho(Cu)=0.05$ μg/mL、$\rho(Pb)=0.03$ μg/mL、$\rho(Cd)=0.01$ μg/mL、$\rho(Ni)=0.02$ μg/mL。

移取 1.0 mL 铜、铅、镉、镍标准中间液（4.12）于 100 mL 量瓶内，用硝酸溶液（4.7）稀释至标线，混匀。此溶液中铜浓度为 0.05 μg/mL、铅浓度为 0.03 μg/mL、镉浓度为 0.01 μg/mL、镍浓度为 0.02 μg/mL。

4.14 溴甲酚绿指示剂：$\rho(CH_{14}Br_4O_5S)=1$ g/L。

称取 0.1 g 溴甲酚绿，溶于 100 mL 20%（体积分数）乙醇溶液中。

4.15 氩气：纯度≥99.99%。

5 仪器与设备

5.1 无火焰原子吸收分光光度计。

5.2 铜、铅、镉和镍的空心阴极灯或连续光源。

5.3 石英亚沸蒸馏器。

5.4 移液管：1 mL、2 mL、5 mL、10 mL。

5.5 分液漏斗：250 mL。

5.6 量瓶：100 mL。

5.7 具塞比色管：10 mL。

5.8 一般实验室常用仪器设备。

6 分析步骤

6.1 试样的制备

6.1.1 准确量取 100 mL 水样置于 250 mL 分液漏斗中。

6.1.2 加入 1 滴溴甲酚绿指示剂（4.14），用硝酸溶液（4.7）和氨水（4.2）调至溶液呈蓝色（pH 为 5~6）。

6.1.3 加入 1.0 mL 醋酸铵溶液（4.10），3.0 mL APDC–DDTC 混合液（4.9），10.0 mL MIBK-环己烷混合液（4.8），振荡 2 min，静置分层，弃去水相。

6.1.4 加入 10 mL 超纯水洗涤有机相，静置约 5 min，仔细弃尽水相。

6.1.5 加入 0.40 mL 硝酸（4.1），振荡 1 min，继续加入 9.6 mL 超纯水，再振荡 1 min，静置分层，将硝酸反萃取液收集于 10 mL 具塞比色管中。

注 1：样品取样量可根据仪器灵敏度、样品实际浓度情况进行调整。

注 2：pH 调节是萃取实验中关键的步骤，接近变色临界点时，可使用更低浓度的硝酸和氨水调节；尽量使用最少量的硝酸和氨水，以降低试剂空白值；样品、校准曲线及空白的 pH 尽量保持一致。

注 3：萃取操作时应避免光直射并远离热源；萃取时振摇要充分，分层彻底，除盐干净。

6.2 空白试样的制备

以实验用水代替样品，按照步骤 6.1 制备实验室空白试样。

6.3 测量条件

仪器参数可参考说明书进行选择，表 2 为推荐参考条件。

表 2   原子吸收分光光度法工作条件

名称	设定参数			
元素（波长）/nm	Cu（324.7）	Pb（283.3）	Ni（232.0）	Cd（228.8）
狭缝/nm	0.7	0.7	0.2	0.7
灯电流/mA	7	4	10	3
氩气流量/（L/min）	内 0.5 外 2.5	内 0.5 外 2.5	内 0.5 外 2.5	内 0.5 外 2.5
进样量/μg	20	20	20	20
干燥温度及时间	110～130℃ 30 s	110～130℃ 30 s	110～130℃ 30 s	110～130℃ 30 s
灰化温度及时间	1 200℃ 20 s	850℃ 20 s	1 100℃ 20 s	500℃ 20 s
原子化温度及时间	2 000～2 300℃ 10 s	1 600～2 000℃ 10 s	2 200～2 400℃ 10 s	1 500～2 000℃ 10 s

6.4 校准曲线的建立

取 6 支 250 mL 分液漏斗，分别加入 100.0 mL 实验用水，依次移入 0 mL、2.00 mL、4.00 mL、6.00 mL、8.00 mL、10.00 mL 混合标准使用溶液（4.13），混匀。按照步骤 6.1.1～6.1.5 进行制备，按照仪器测量条件（6.3）进行测定，用扣除实验室空白的吸光度（$A_i - A_0$）为纵坐标，相应的元素含量（μg/L）为横坐标绘制工准曲线。

注 1：根据实际样品的浓度范围以及仪器的灵敏度，曲线浓度范围可适当调整，至少 6 个点（包含 O 点）。

注 2：工作曲线应在每次分析样品时绘制。

6.5 试样测定

按照与校准曲线的建立相同的仪器条件进行试样（6.1）的测定。

6.6 空白试验

按照与校准曲线的建立相同的仪器条件进行空白试样（6.2）的测定。

6.7 自控样品试验

按照与试样测定（6.5）相同的步骤（或者相同的仪器条件）进行自控样品的测定。

注：海水自控样品的浓度应与实际样品浓度接近。

7 结果计算与表示

7.1 结果计算

以（A_w–A_b）由工作曲线查得或用线性回归方程计算得出样品中相应元素的浓度（μg/L）。由计算机控制的原子吸收分光光度计，可直接计算出样品中相应金属元素的浓度（μg/L）。

$$\rho = \frac{(A_w - A_b) - a}{b} \tag{1}$$

式中：ρ——水样中某金属元素浓度，μg/L；

a——校准曲线的截距；

b——校准曲线的斜率。

7.2 结果表示

测定结果小数点后位数的保留与方法检出限一致，最多保留 3 位有效数字。

8 质量保证和质量控制

8.1 空白实验

每批样品至少测定 2 个实验室空白，测定结果应小于方法检出限。

8.2 校准曲线校核

8.2.1 每次样品分析均应绘制校准曲线。校准曲线的相关系数≥0.995。

8.2.2 每测完 20 个样品进行一次校准曲线零点和中间点浓度的核查，零点值应低于空白值，中间点浓度测试结果的相对偏差≤10%，否则应查找原因或重新建立校准曲线。

8.3 精密度控制

采用实验室分析平行样进行精密度控制。每批次样品应至少分析 10%的平行样，样品数量少于 10 个时，至少分析 1 个平行样，平行样测定结果的相对偏差应符合表 3 的要求。当平行样测定结果为 1 个未检出、1 个检出时，不进行精密度评价。当平行样测定结果处于检出限和测定下限之间时，可多取 1 位有效数字计算相对偏差。

8.4 准确度控制

采用有证标准样品或加标回收率测定进行准确度控制，应优先使用与样品基体相同的有证标准样品开展准确度控制。每批样品应至少测定 5%的有证标准样品或加标回收样，样品数量少于 20 个/批时，应至少测定 2 个有证标准样品或加标回收样。

有证标准样品的测定值应在其保证值范围内。样品加标回收率的加标量应控制在实际样品浓度水平的 0.5～3 倍，加标后样品浓度应控制在校准曲线有效范围内，回收率应符合表 3 给出的范围。当样品测定结果低于方法测定下限时，可不进行加标回收率评价，但应同步使用有证标准样品进行准确度控制。

表3　实验室质量控制参考标准

分析结果所在数量级	平行样	加标样	
	相对偏差	加标回收率	
	上限/%	下限/%	上限/%
10^{-4}	1.0	95	105
10^{-5}	2.5	95	110
10^{-6}	5	95	110
10^{-7}	10	90	110
10^{-8}	20	85	115
10^{-9}	30	80	120

9　废物处置

实验中产生的废物应分类收集，集中保管，并做好相应标识，依法委托有资质的单位进行处理。

10　注意事项

10.1　所用器皿用硝酸溶液（1+3）浸泡至少 24 h，使用前用超纯水清洗，防止沾污。

10.2　所有试剂在使用前做空白试验，对空白值高的试剂，应进行提纯处理或使用级别更高的试剂。

10.3　在萃取与反萃取过程中，溶液放出前须用水洗净锥形分液漏斗出口管下端的内外壁，避免沾污。

10.4　根据所使用原子吸收分光光度计灵敏度高低和海水样品含量的高低，相应增加或减少海水样品取样量。海水取样量与标准溶液体积相同。

10.5　用细玻璃棒沾微量溶液测定其 pH 时，应防止沾污。

10.6　实验过程中产生的废液，应置于适当的密闭容器中保存，实验结束后，应一并交由有资质的单位处理。

编写人员：

姚振童（国家海洋环境监测中心）

许亚琪（江苏省南通环境监测中心）

海水　铜、铅、锌、镉、总铬、镍的测定
电感耦合等离子体质谱法

本方法依据《海洋监测技术规程　第 1 部分：海水》（HY/T 147.1—2013）5 铜、铅、锌、镉、铬、铍、锰、钴、镍、砷、铊的同步测定——电感耦合等离子体质谱法编写，作为全国海水水质国控网监测统一方法使用。本方法在 HY/T 147.1—2013 的基础上，结合 HJ 442.3—2020 和 HJ 700—2014，完善了分析步骤、结果与记录、质量控制等，补充了相关规定和注意事项。

1　适用范围

本方法适用于河口区、入海排污口污水中铜、铅、锌、镉、铬、镍的同步测定，方法检出限分别为：铜 0.12 μg/L、铅 0.07 μg/L、锌 0.10 μg/L、镉 0.03 μg/L、总铬 0.05 μg/L、镍 0.23 μg/L。

2　方法原理

以等离子体作为质谱离子源，样品酸化后以气溶胶的形式进入等离子体区域，经过蒸发、解离、原子化、电离等过程，被导入高真空的质谱部分，待测离子经质量分析器按质荷比（m/z）的大小过滤分离后进入离子检测器，根据离子强度的大小计算得到样品中待测元素的浓度。

3　干扰和消除

可采取以下措施降低或消除干扰：

3.1　选取不受干扰的同位素元素作为待测元素的定量质量数；

3.2　定量时进行干扰校正；

3.3　采用碰撞/反应池技术消除干扰；

3.4　通过萃取等方法提取待测元素，以去除样品基体干扰。

4　试剂与材料

4.1　硝酸：ρ（HNO_3）=1.42 g/mL，优级纯，经亚沸蒸馏器提纯。

4.2　超纯水：电阻率≥18.2 MΩ·cm（25℃）。

4.3　硝酸溶液（1+99），硝酸（4.1）与超纯水（4.2）按体积比为 1∶99 的比例混合。

4.4　多元素混合调谐溶液（1.00 μg/L）：^{7}Li、^{59}Co、^{89}Y、^{137}Ba、^{140}Ce、^{205}Tl 等元素的浓

度均为 1.00 μg/L 的多元素混合调谐溶液。

4.5 标准溶液（100.0 mg/L）：铜、铅、锌、镉、铬、镍的浓度分别为 100.0 mg/L 的单元素或多元素溶液，溶剂为硝酸溶液。优先购置市售有证标准物质或标准样品。

4.6 标准中间溶液（1.000 mg/L）：移取 1.00 mL 标准溶液（4.5）于 100 mL 容量瓶中，用硝酸溶液（4.3）定容至标线。4℃冷藏保存，有效期为 1 个月。

4.7 标准使用溶液（0.100 0 mg/L）：移取 10.00 mL 标准中间溶液（4.6）于 100 mL 容量瓶中，用硝酸溶液（4.3）定容至标线，临用前配制。

4.8 内标溶液（10.0 mg/L）：含有 ^{6}L、^{45}Sc、^{72}Ge、^{89}Y、^{103}Rh、^{115}In、^{159}Tb、^{209}Bi 中一种或多种元素且每种元素浓度均为 10.0 mg/L 的内标溶液。待测样品涉及低浓度的海水样品时，内标浓度应根据实际样品做适当调整，一般可选用 10.0 μg/L。

4.9 高纯氯化钠。

5 仪器与设备

5.1 电感耦合等离子体质谱仪（ICP-MS），具有碰撞反应池技术。

由下述各部分组成：

——样品引入系统，等离子气体为氩气（纯度为 99.999%）；

——ICP 离子源；

——接口及离子聚焦系统；

——质量分析器；

——检测器。

5.2 电子天平：感量为 1 mg。

5.3 微量移液器。

5.4 超纯水系统。

5.5 亚沸蒸馏器。

5.6 样品瓶：材质宜为聚四氟乙烯、聚乙烯等。

5.7 一般实验室常用仪器和设备。

6 分析步骤

6.1 样品预处理

水样经 0.45 μm 醋酸纤维滤膜过滤后，用硝酸（4.1）调节至 pH 小于 2。同时将超纯水（4.2）经 0.45 μm 醋酸纤维滤膜过滤后，用硝酸（4.1）调节至 pH 小于 2，作为分析空白溶液，同时依照待测样品盐度，使用高纯氯化钠调节分析空白样品盐度。

6.2　仪器工作条件优化

仪器运行稳定后，引入多元素混合调谐溶液（4.4）调节仪器的各项参数，选择低、中、高质量数元素对仪器的灵敏度进行调谐，同时应调节氧化物以及双电荷等指标至满足测定要求。

6.3　样品分析

6.3.1　称取待测样品 3.00～4.00 g 于 50 mL 样品瓶（5.6）中，用硝酸溶液（4.3）按照体积比为 1∶9 的比例稀释样品。

6.3.2　测定稀释后的样品，作为标准加入法工作曲线零点。

6.3.3　将测定完工作曲线零点的样品（6.3.2）称重，根据样品质量计算所需加入的标准溶液的体积，使用微量移液器精确加入计算所得体积的标准使用溶液（4.7），使样品中加入的标准溶液浓度为 0.10 ng/mL，测定后作为工作曲线的第 1 点。

6.3.4　按照步骤 6.3.3，依次称量并分别用微量移液器加入标准使用溶液（4.7），使所加入的元素标准溶液浓度分别为 0.50 ng/mL、1.0 ng/mL、2.0 ng/mL、5.0 ng/mL，作为标准加入法工作曲线的第 2、3、4、5 点。

6.3.5　按上述方法对分析空白溶液进行测定。

6.3.6　将标准加入法工作曲线转换为外标标准曲线后，进行批量样品的测定。

注：进行批量样品测定时，该批次样品的盐度与工作曲线的盐度应接近，否则应重新绘制校准曲线。

7　结果与记录

7.1　计算公式

将稀释后标准加入法样品测定值减去分析空白值，即为样品中待测元素的含量。样品浓度批量计算公式如下：

$$C = \frac{A_i - A_0}{a} \times f \tag{1}$$

式中：C——待测样品浓度，ng/mL；

　　　A_i——样品信号与内标信号的比值；

　　　A_0——空白样信号与内标信号的比值；

　　　a——标准加入法工作曲线斜率；

　　　f——样品稀释倍数；

7.2　有效数字

测定结果小数位数与方法检出限保持一致，最多保留 3 位有效数字。

8 质量控制

8.1 空白实验

每批样品至少测定 2 个实验室空白，测定结果应小于方法检出限。

8.2 校准曲线校核

8.2.1 每次样品分析均应绘制校准曲线。校准曲线的相关系数 $r \geqslant 0.999$。

8.2.2 每测完 20 个样品进行一次校准曲线零点和中间点浓度的核查，零点值应低于空白值，中间点浓度测试结果的相对偏差 $\leqslant 10\%$，否则应查找原因或重新建立校准曲线。

8.3 精密度控制

采用实验室分析平行样进行精密度控制。每批次样品应至少分析 10% 的平行样，样品数量少于 10 个时，至少分析 1 个平行样，平行样测定结果的相对偏差应符合表 1 的要求。当平行样测定结果为 1 个未检出、1 个检出时，不进行精密度评价。当平行样测定结果处于检出限和测定下限之间时，可多取 1 位有效数字计算相对偏差。

表 1 实验室质量控制参考标准

分析结果所在数量级	平行样	加标样	
	相对偏差	加标回收率	
	上限/%	下限/%	上限/%
10^{-4}	1.0	95	105
10^{-5}	2.5	95	110
10^{-6}	5	95	110
10^{-7}	10	90	110
10^{-8}	20	85	115
10^{-9}	30	80	120

8.4 准确度控制

采用有证标准样品或加标回收率测定进行准确度控制，应优先使用与样品基体相同的有证标准样品开展准确度控制。每批样品应至少测定 5% 的有证标准样品或加标回收样，样品数量少于 20 个/批时，应至少测定 2 个有证标准样品或加标回收样。

有证标准样品的测定值应在其保证值范围内。样品加标回收率的加标量应控制在实际样品浓度水平的 0.5～3 倍，加标后样品浓度应控制在校准曲线有效范围内，回收率应符合表 1 给出的范围。当样品测定结果低于方法测定下限时，可不进行加标回收率评价，但应同步使用有证标准样品进行准确度控制。

9 注意事项

9.1 可通过对试剂进行反复蒸馏提纯降低试剂空白；

9.2 器皿应用硝酸溶液（1+3）浸泡 24 h 以上，使用前用超纯水洗净；

9.3 本方法应尽可能在洁净环境下进行；

9.4 校准曲线的浓度范围可根据样品实际浓度进行调整；

9.5 分析过程中，采用内标元素进行校正时，可采用在线或离线方式加入内标溶液（4.8），并使样品中内标元素浓度与待测元素浓度相当。内标元素的选择应遵循以下原则：

内标元素不存在于样品中或样品中含量不会对内标元素造成影响；

待测元素的质量数和电离能应尽可能与内标元素接近；

内标元素应不受同质异位素或多原子离子的干扰；

内标元素应当具有较好的测试灵敏度。

编写人员：

姚振童（国家海洋环境监测中心）

梁永津（珠江流域南海海域监测中心）

海水　铜、铅、镉、锌、镍、总铬的测定
在线预处理-电感耦合等离子体质谱法

本方法依据美国 EPA 200.10 编写，作为全国海水水质国控网监测统一方法使用。在 EPA 200.10 的基础上，同时结合日本 JIS K0133 以及我国 HY/T 147.1—2013、HJ 700—2014 等标准的部分内容，提供了在线稀释和在线螯合预富集两种样品预处理模式，并联机 ICP-MS 自动分析，增加了部分元素，完善了方法干扰和消除、质量控制等，补充了相关规定和注意事项。

监测单位在使用本方法前须进行方法验证，明确方法的检出限、精密度和正确度。

警告：实验中使用的溶剂和标准溶液对人体健康有害，溶液配制及样品前处理过程应在通风橱内进行；操作时应按要求佩戴防护器具，避免直接接触皮肤和衣物。

1　适用范围

本方法规定了测定海水中铜、铅、镉、锌、镍、铬等金属元素的电感耦合等离子体质谱法。

本方法适用于大洋、近海、河口及咸淡混合水域海水中铜、铅、镉、锌、镍、铬的测定。

各元素方法检出限见表 1。

表 1　各元素方法检出限

元素	Cu	Pb	Cd	Zn	Ni	Cr
检出限/（μg/L）	0.12	0.07	0.03	0.1	0.23	0.1

检出下限为 Cu: 0.48 μg/L，Pb: 0.28 μg/L，Cd: 0.12 μg/L，Zn: 0.4 μg/L，Ni: 0.96 μg/L，Cr：0.4 μg/L。

2　方法原理

过滤后的水样经自动进样器定量导入在线预处理系统，不同的元素采用不同的在线预处理模式。铬采用在线稀释模式，水样经自动稀释后进入 ICP-MS 分析，稀释倍数可根据实际样品盐度调整；铜、铅、锌、镉、镍采用在线螯合预富集模式，待分析元素在适宜的酸度下富集在螯合柱上，经纯水和乙酸铵缓冲溶液冲洗去除海水样中盐分基质，再采用硝酸溶液反冲洗螯合柱，待测元素被洗脱后进入 ICP-MS 分析。在一定的浓度范围内，元素质量数处所对应的信号响应值与其浓度成正比。此外，钼也可采用在线稀释，钴、钒、铁、

锰等可采用在线螯合预富集模式进行预处理。

3　干扰与消除

3.1　质谱型干扰

质谱型干扰主要包括多原子离子干扰、同量异位素干扰、氧化物和双电荷干扰等。多原子离子干扰是 ICP-MS 最主要的干扰来源，可以利用干扰校正方程、仪器优化以及碰撞反应池技术加以解决，常见的多原子离子干扰见表 A.1。同量异位素干扰可以使用干扰校正方程进行校正，主要的干扰校正方程见表 A.2。优化选择受干扰小的元素质量数作为待测元素的定量质量数（参考表 A.3）。具有低温进样模式的 ICP-MS 也有利于降低干扰。氧化物干扰和双电荷干扰可通过调节仪器参数降低影响。

3.2　非质谱型干扰

非质谱型干扰主要包括基体抑制干扰、空间电荷效应、物理效应干扰等。非质谱型干扰程度与样品基体性质有关，可通过内标法、基体匹配、低温进样技术、氢化物模式、直接稀释、螯合富集等措施消除。

4　试剂和材料

除非另有说明，分析时均使用符合国家标准的分析纯试剂。

4.1　纯水：电阻率≥18.2 MΩ·cm，其余指标满足 GB/T 6682 中的一级标准。

4.2　硝酸：PPT 级（含量≥65.0%）。

4.3　冰乙酸：电子级（含量≥99.8%）。

4.4　氨水：电子级（含量≥28.0%）。

4.5　海水空白基质：10%～11%高纯氯化钠溶液。

4.6　ICP-MS 调谐溶液：1 µg/L Be、Ce、Fe、In、Li、Mg、Pb、U 混合溶液，含 1%硝酸。

4.7　缓冲溶液。

在 200 mL 纯水中加入 280 mL 冰乙酸（4.3）与 280 mL 氨水（4.4），用纯水稀释至 1 L，调节 pH 为 6.0±0.2。

4.8　洗脱溶液。

将硝酸（4.2）用纯水配制为 10%（V/V）的硝酸溶液。

4.9　空白和稀释溶液。

将硝酸（4.2）用纯水配制为 1%（V/V）的硝酸溶液。

4.10　内标标准溶液：可根据分析待测元素选择 In、Sc、Rh、Ga 等。

4.11　洗脱内标溶液。

将硝酸（4.2）用纯水配制为 10%（V/V）的硝酸溶液，加入内标标准溶液（4.10），使内标浓度为 10.0 μg/L。

4.12 多元素标准溶液：根据所需分析项目购置有证标准溶液。

4.13 多元素标准贮备溶液（1.00 mg/L）。

将多元素标准溶液（4.12）用 1% 硝酸溶液（4.9）稀释为 1.00 mg/L，盛于 PFA 试剂瓶中，此溶液可保存期为半年。

4.14 标准使用溶液（20.0 μg/L）。

移取 5.00 mL 多元素标准贮备溶液（4.13）于 250 mL 容量瓶中，用 1% 硝酸溶液（4.9）定容，混匀。此溶液可保存 1 个月。

4.15 CASS-5、NASS-6、NASS-7 及 GBW080040 等海水标准参考物质。

4.16 氩气：纯度≥99.999%。

4.17 氦气：纯度≥99.999%。

4.18 氨气：纯度≥99.999%。

5 仪器与设备

5.1 电感耦合等离子体质谱仪：能够扫描的质量范围为 5~250 u，分辨率在 10% 峰高处的峰宽应介于 0.6~0.8 u。具有碰撞反应池技术。

5.2 螯合柱：填料为亚氨基二乙酸（IDA）树脂或与乙二胺三乙酸（EDTriA）混合树脂。

5.3 在线预处理进样系统：具有在线稀释、在线螯合预富集预处理模块，并能与电感耦合等离子体质谱仪联机使用，实现自动进样的设备。

5.4 滤膜：孔径 0.45 μm，醋酸纤维材质。

5.5 样品瓶、进样管：为 PE、PP、PFA 等材质。

5.6 一般实验室常用仪器和设备。

6 分析步骤

6.1 仪器调试

6.1.1 仪器的准备与操作条件的设置

将配制的缓冲液、洗脱溶液、基体匹配溶液、内标溶液以及纯水等注入在线预处理系统的各试剂瓶中，连接好各试剂管线。启动在线预处理系统，初始化并联机 ICP-MS，优化设置预处理模块及自动进样器的工作条件，标准模式、碰撞/反应池模式等参数的选择和设置按照各仪器使用说明书进行。

6.1.2 仪器调谐

点燃等离子体后，仪器需预热稳定 30 min。用质谱仪调谐溶液对仪器的灵敏度、氧化物和双电荷进行调谐，确保灵敏度、氧化物、双电荷指标满足要求，使调谐溶液中所含元素信号强度的相对标准偏差≤5%。在涵盖待测元素的质量范围内进行质量校正和分辨率校验，如质量校正结果与真实值差异超过±0.1 u 或调谐元素信号的分辨率在 10%峰高所对应的峰宽超过 0.6～0.8 u 的范围，应按照仪器使用说明书的要求对质谱进行校正。

6.2　校准曲线的绘制

6.2.1　在线螯合预富集模式

在容量瓶中依次配制一系列待测元素标准溶液，浓度分别为 0 μg/L、0.100 μg/L、0.200 μg/L、0.500 μg/L、1.00 μg/L、2.00 μg/L、5.00 μg/L（此为参考浓度），介质为 1%硝酸。如果在线进样设备具有曲线自动稀释功能，也可自动稀释配制曲线。将配制好的标准系列加入自动进样设备的样品管中，浓度由低到高依次对标准系列进样测定，以被测元素浓度为横坐标、样品信号与内标信号的比值为纵坐标建立校准曲线。用线性回归分析方法求得其斜率，用于样品含量计算。

6.2.2　在线稀释模式

基体匹配法：对于采用在线稀释模式测定的元素 Cr，用氯化钠配制盐度与待测样品盐度接近的空白溶液（含 1%硝酸），采用该溶液配制标准溶液，浓度分别为 0 μg/L、0.200 μg/L、0.500 μg/L、1.00 μg/L、2.00 μg/L、5.00 μg/L（此为参考浓度）。将配制好的标准系列加入自动进样设备的样品管中，通过自动进样设备选择在线稀释模式进样，浓度由低到高依次对标准系列溶液分析。用 ICP-MS 测定标准溶液，以被测元素浓度为横坐标、样品信号与内标信号的比值为纵坐标建立校准曲线。用线性回归分析方法求得其斜率，用于样品含量计算。

标准加入法：取一个待测样品，作为标准加入法工作曲线零点，通过向其中加入标准使用液，使样品中加入的浓度分别为 0.200 μg/L、0.500 μg/L、1.00 μg/L、2.00 μg/L、5.00 μg/L（此为参考浓度），这 5 个浓度系列为标准加入法工作曲线的第 1、2、3、4、5 点。将配制好的标准系列加入自动进样设备的样品管中，通过自动进样设备选择在线稀释模式进样，浓度由低到高依次对标准系列溶液分析。用 ICP-MS 测定标准溶液，以加入的被测元素浓度为横坐标、样品信号与内标信号的比值为纵坐标建立工作曲线，曲线反向延长所得到的 X 轴上负值的绝对值即为样品中待测元素的浓度。按上述方法对分析空白溶液进行测定。将标准加入法工作曲线转换为外标标准曲线后，进行批量样品测定。

6.3　试样的测定

取适量样品置于在线进样设备配套的样品管中，根据待测元素性质选择预处理模式进样，按照与绘制校准曲线相同的条件进行测定。超过校准曲线高浓度点的样品，稀释后测定。

6.4　空白试样的测定

以实验用纯水代替水样，置于在线进样设备配套的样品管中，按照与样品相同的模式和条件进行测定。

6.5 自控样品的测定

将自控样品置于在线进样设备配套的样品管中，按照与样品相同的模式和条件进行测定。

6.6 编辑方法参数和样品列表，运行方法程序，开始全自动在线预处理和测定。

7 结果与记录

7.1 计算公式

通过测定的样品信号及相应内标信号，线性回归计算水样中浓度。按式（1）计算元素浓度：

$$c_m = \frac{\left(\dfrac{A_i}{A_{\text{inter-}i}} - \dfrac{A_0}{A_{\text{inter-}0}} \right)}{k} \times f \tag{1}$$

式中：c_m——水样中元素浓度，$\mu g/L$；

$\quad$ k——曲线斜率；

$\quad$ A_0——标准空白的信号响应值；

$\quad$ $A_{\text{inter-}0}$——标准空白的内标信号响应值；

$\quad$ A_i——样品的信号响应值；

$\quad$ $A_{\text{inter-}i}$——样品对应的内标信号响应值；

$\quad$ f——稀释倍数。

7.2 有效数字

测定结果小数点后位数的保留与方法检出限保持一致，最多保留 3 位有效数字。

8 质量控制

8.1 空白

每批次样品至少分析 2 个实验室空白或全程序空白，空白值符合下列情况之一被认为是可接受的：

1）空白值应低于方法检出限；

2）低于标准限值的 10%；

3）低于每一批样品最低测定值的 10%。

否则需查找原因，重新分析直至合格之后才能分析样品。

8.2 校准曲线

每次分析样品均应绘制校准曲线，曲线浓度范围可适当调整，至少 6 个点（包含 0 点），校准曲线的线性相关系数≥0.999。

8.3　精密度控制

采用实验室分析平行样进行精密度控制。每批次样品应至少分析 10%的平行样，样品数量少于 10 个时，至少分析 1 个平行样，平行样测定结果的相对偏差应符合表 2 的要求。当平行样测定结果为 1 个未检出、1 个检出时，不进行精密度评价。当平行样测定结果处于检出限和测定下限之间时，可多取 1 位有效数字计算相对偏差。

8.4　准确度控制

采用有证标准样品或加标回收率测定进行准确度控制，应优先使用与样品基体相同的有证标准样品开展准确度控制。每批样品应至少测定 5%的有证标准样品或加标回收样，样品数量少于 20 个/批时，应至少测定 2 个有证标准样品或加标回收样。

有证标准样品的测定值应在其保证值范围内。样品加标回收率的加标量应控制在实际样品浓度水平的 0.5～3 倍，加标后样品浓度应控制在校准曲线有效范围内，回收率应符合表 2 给出的范围。当样品测定结果低于方法测定下限时，可不进行加标回收率评价，但应同步使用有证标准样品进行准确度控制。

表 2　实验室质量控制参考标准

分析结果所在数量级	平行样	加标样	
	相对偏差	加标回收率	
	上限/%	下限/%	上限/%
10^{-4}	1.0	95	105
10^{-5}	2.5	95	110
10^{-6}	5	95	110
10^{-7}	10	90	110
10^{-8}	20	85	115
10^{-9}	30	80	120

9　注意事项

9.1　本方法中所用的各种试剂以及纯水均应检查试剂空白，特别是 Pb、Zn 等元素，如果空白值较高影响测定，应该纯化后使用或者更换更高纯度的试剂；

9.2　配制试剂时，为避免沾污应佩戴手套，并避免使用玻璃器皿；

9.3　分析曲线和样品前，应先分析空白样品溶液，以清洗整个进样系统，待空白信号降低并稳定，以及内标元素信号稳定后，方可进行曲线绘制及样品分析；

9.4　所用器皿均用硝酸溶液（1+1）浸泡 1 周后，用纯水冲洗干净；

9.5　采用在线稀释模式进行批量样品测定时，应尽量保证校准曲线与样品的盐度一致，否则，须根据样品盐度优化基体匹配，重新绘制校准曲线；

9.6 缓冲溶液的酸度对预富集模式分析影响较大，应确保 pH 在 6.0±0.2 范围内，pH 过高或过低都会影响海水中基体的去除效率或者待测元素回收率；

9.7 连续大批量样品分析后，要经常清洗进样系统以消除记忆效应，及时清洁锥体，防止锥孔附近表面出现物质沉积和锥孔堵塞；

9.8 实验过程产生的含重金属废液应集中收集，统一委托有资质的单位集中处理。

附录 A
（资料性附录）
多原子离子的干扰、干扰校正方程、分析物质量与内标物

表 A.1　ICP-MS 测定中常见的多原子离子干扰

多原子离子	质量	受干扰元素	多原子离子	质量	受干扰元素
$^{34}S^{16}O^+$	50	V, Cr	$^{35}Cl^{16}O^+$	51	V
$^{34}S^{16}O^1H^+$	51	V	$^{35}Cl^{16}O^1H^+$	52	Cr
$^{40}Ar^{12}C^+$, $^{36}Ar^{16}O^+$	52	Cr	$^{37}Cl^{16}O^+$	53	Cr
$^{37}Cl^{16}O^1H^+$	54	Cr	$^{40}Ar^{14}N^+$	54	Cr, Fe
$^{40}Ar^{14}N^1H^+$	55	Mn	$^{40}Ar^{16}O^+$	56	Fe
$^{40}Ar^{16}O^1H^+$	57	Fe	$^{40}Ar^{23}Na^+$	63	Cu
$^{31}P^{16}O_2^+$	63	Cu	$^{32}S^{16}O_2^+$, $^{32}S_2^+$	64	Zn
$^{130}Ba^{2+}$	65	Cu	$^{132}Ba^{2+}$	66	Cu
$^{134}Ba^{2+}$	67	Cu	$^{40}Ar^{35}Cl^+$	75	As
$^{79}Br^{16}O^+$	95	Mo	$^{81}Br^{16}O^+$	97	Mo
$^{81}Brl^{16}O^1H^+$	98	Mo	TiO	62～66	Ni, Cu, Zn
ZrO	106～112	Cd	MoO	108～116	Cd

表 A.2　ICP-MS 测定中常用干扰校正方程

质量	干扰校正方程
51	51M−3.127×（53M−0.113×52M）
75	75M−3.127×（77M−0.815×82M）
82	82M−1.009×83M
98	98M−0.146×99M
111	111M−1.073×108M−0.712×106M
114	114M−0.027×118M−1.63×108M
115	115M−0.016×118M
208	206M+207M+208M

表 A.3 元素的定量离子、监测离子及推荐使用的内标元素

元素	定量离子	监测离子	内标元素	元素	定量离子	监测离子	内标元素
铬	52	53，50	^{45}Sc，^{115}In	镍	60	61，62	^{45}Sc，^{115}In
铜	65	63	^{74}Ge，^{115}In	铁	56	54	^{45}Sc，^{115}In
铅	208	207，206	^{209}Bi，^{115}In	锰	55	—	^{45}Sc，^{115}In
锌	64	66	^{74}Ge，^{115}In	钴	59	—	^{45}Sc，^{115}In
镉	111	114	^{115}In	钒	51	50	^{45}Sc，^{115}In

编写人员：

姚振童（国家海洋环境监测中心）

佘运勇（浙江省海洋生态环境监测中心）

海水　六价铬的测定　二苯碳酰二肼分光光度法

本方法依据《水质　六价铬的测定　二苯碳酰二肼分光光度法》（GB/T 7467—1987）编写，作为全国海水水质国控网监测统一方法使用。在 GB/T 7467—1987 的基础上，结合相关技术标准和规范，完善了操作细节、质控要求和注意事项等相关规定。

监测单位可根据实际情况开展其他规格比色皿进行测试工作，但需对使用该规格比色皿的方法进行验证，明确方法的检出限、精密度和正确度。

1　适用范围

本方法规定了海水中六价铬的二苯碳酰二肼分光光度法。

本方法取样体积为 50.0 mL，使用 30 mm 比色皿测定时，方法检出限为 0.004 mg/L，测定下限为 0.016 mg/L，测定上限浓度为 0.2 mg/L。

2　方法原理

在酸性溶液中，六价铬与二苯碳酰二肼反应生成紫红色化合物，在波长 540 nm 处进行测定。

3　干扰和消除

汞和六价钼与显色剂反应，生成有色化合物，但在本方法的显色酸度下反应不灵敏，当钼和汞的浓度达到 200 mg/L 时，不干扰测定。铁浓度＞1 mg/L 时，显色后呈黄色。钒浓度＞4 mg/L 时干扰显色，但钒与显色剂反应后 10 min 将自行褪色。

4　试剂与材料

除非另有说明，分析时均使用符合国家标准的分析纯化学试剂，实验用水均为等效纯水。

4.1　丙酮。

4.2　硫酸（H_2SO_4）：ρ =1.84 g/mL，优级纯。

4.3　（1+1）硫酸溶液。

将硫酸（4.2）缓慢加入等体积的水中，混匀。

4.4　磷酸（H_3PO_4）：ρ =1.69 g/mL，优级纯。

4.5　磷酸溶液：1+1。

将磷酸（4.4）与等体积的水混合。

4.6 氢氧化钠溶液（NaOH）：ρ =4.0 g/L。

称取 4.0 g 氢氧化钠溶于水中，并稀释至 1 000 mL，贮存于聚乙烯容器中。

4.7 氢氧化锌共沉淀剂。

4.7.1 硫酸锌（ZnSO$_4$·7H$_2$O）：8%（m/V）硫酸锌溶液。

称取 8.0 g 硫酸锌溶于水中，并稀释至 100 mL。

4.7.2 氢氧化钠：2%（m/V）氢氧化钠溶液。

称取 2.0 g 氢氧化钠溶于水中，并稀释至 100 mL。

使用时将硫酸锌（4.7.1）和氢氧化钠（4.7.2）混合。

4.8 高锰酸钾溶液（KMnO$_4$）：ρ =40 g/L。

称取 4.0 g 高锰酸钾，在加热和搅拌下溶于水中，并稀释至 100 mL。

4.9 六价铬标准贮备溶液：ρ =100 mg/L。

直接购买市售有证标准溶液，贮备溶液浓度可根据购置情况进行调整。

4.10 六价铬标准使用溶液：ρ =1.00 mg/L。

量取 1.00 mL 六价铬标准贮备溶液（4.9）于 100 mL 容量瓶内，加水稀释至标线，混匀。使用当天配制此溶液。

注：可根据实际使用需要确定标准使用溶液浓度，稀释倍数不大于 100 倍。

4.11 尿素溶液[(NH$_2$)$_2$CO]：ρ =200 g/L。

称取 20.0 g 尿素溶于水中，并稀释至 100 mL。

4.12 亚硝酸钠溶液（NaNO$_2$）：ρ =20 g/L。

称取 2.0 g 亚硝酸钠溶于水中，并稀释至 100 mL。

4.13 二苯碳酰二肼（C$_{13}$H$_{14}$N$_4$O）显色剂。

4.13.1 显色剂Ⅰ。

称取 0.2 g 二苯碳酰二肼溶于 50 mL 丙酮（4.1）中，加水稀释至 100 mL，摇匀，贮存于棕色瓶，置于冰箱中。当颜色变深时不能使用。或称取 4.0 g 苯二甲酸酐（C$_6$H$_4$O）加入 80 mL 乙醇中，搅拌溶解（必要时可水浴），加入 0.5 g 二苯碳酰二肼，用乙醇稀释至 100 mL。此溶液可暗处保存 6 个月。使用时加入显色剂后要立即摇匀，以免六价铬被还原。

4.13.2 显色剂Ⅱ。

称取 2.0 g 二苯碳酰二肼溶于 50 mL 丙酮（4.1）中，加水稀释至 100 mL，摇匀，贮存于棕色瓶，置于冰箱中。当颜色变深时不能使用。

5 仪器与设备

5.1 分光光度计。

5.2　一般实验室常用仪器和设备。

6　分析步骤

6.1　校准曲线绘制

校准曲线按以下步骤绘制：取 8 支 50 mL 具塞比色管，分别加入 0 mL、0.50 mL、1.00 mL、2.00 mL、4.00 mL、6.00 mL、8.00 mL、10.00 mL 六价铬标准使用溶液（4.10），用水稀释至标线。加入 0.5 mL 硫酸溶液（4.3）、0.5 mL 磷酸溶液（4.5）摇匀。加入 2 mL 显色剂 I（4.13.1）摇匀。5~10 min 后，在 540 nm 波长处，用 30 mm 光程的比色皿测定吸光度 A_w。用测得的吸光度减去以水做空白的吸光度 A_b 后，以 A_w-A_b 为纵坐标、相应的量（μg）为横坐标，绘制校准曲线。

注 1：根据实际样品的浓度范围，曲线浓度范围可适当调整，至少 6 个点（包含 0 点）。曲线浓度范围不超过两个数量级。

注 2：可根据样品情况选择其他规格比色皿开展校准曲线和样品的分析测试工作，但相关方法需通过实验室方法验证和确认。

6.2　样品前处理

6.2.1　样品已经过现场过滤，当样品色度较低时可直接测定。如样品有检出可按步骤 6.2.2 排除色度干扰。

6.2.2　色度校正：当样品有色但不太深时，同时取两份试样，其中一份以 2 mL 丙酮（4.1）代替显色剂，另一份试样测得的吸光度扣除此色度校正吸光度后再进行计算。

6.2.3　锌盐沉淀分离法：当样品色度较深时用此法预处理。

取适量样品（少于 100 μg 六价铬）于 150 mL 烧杯中，加水至 50 mL。滴加氢氧化钠溶液（4.6）至溶液 pH 为 7~8。在不断搅拌下，滴加氢氧化锌共沉淀剂（4.7）至溶液 pH 为 8~9。将溶液转移至 100 mL 容量瓶中，用水稀释至标线。用慢速滤纸过滤，弃去 10~20 mL 初滤液，取其中 50.0 mL 滤液供测定。

当样品经锌盐沉淀分离法前处理后仍含有机物干扰测定时，可用酸性高锰酸钾氧化法破坏有机物后再测定。即取 50.0 mL 滤液于 150 mL 的锥形瓶中，加入几粒防爆玻璃珠，加入 0.5 mL 硫酸溶液（4.3）和 0.5 mL 磷酸溶液（4.5）后摇匀。加入 2 滴高锰酸钾溶液（4.8），如果紫红色消退，则应添加高锰酸钾溶液（4.8）保持紫红色。加热煮沸至溶液剩余约 20 mL。取下稍冷，用定量中速滤纸过滤，用水洗涤数次，合并滤液和洗液于 50 mL 比色管中。加入 1 mL 尿素溶液（4.11），摇匀，用滴管滴加亚硝酸钠溶液（4.12），至高锰酸钾紫红色刚好褪去。稍停片刻，待溶液内气泡逸尽，转移至 50 mL 比色管中，用水稀释至刻度待用。

6.2.4　二价铁、亚硫酸盐、硫代硫酸钠等还原性物质的消除：取适量样品（少于 50 μg 六价铬）于 50 mL 比色管中，用水稀释至标线，加入 4 mL 显色剂 II（4.13.2），混匀。放置 5 min 后，加入 1 mL 硫酸溶液（4.3）摇匀。5～10 min 后，在 540 nm 波长处，用 30 mm 光程的比色皿，以水作参比，测定吸光度。扣除空白试验测得的吸光度后，从校准曲线查得六价铬含量。用同法做校准曲线。

6.2.5 次氯酸盐等氧化性物质的消除：取适量样品（少于 50 μg 六价铬）于 50 mL 比色管中，用水稀释至标线，加入 0.5 mL 硫酸溶液（4.3）、0.5 mL 磷酸溶液（4.5）、1.0 mL 尿素溶液（4.11）摇匀。逐滴加入 1 mL 亚硝酸钠溶液（4.12），边加边摇匀，以除去由过量的亚硝酸钠与尿素反应生成的气泡，待气泡除尽后测定步骤同试样测定（免去加硫酸溶液和磷酸溶液）。

6.3 样品分析

量取 50 mL 经过前处理的样品于 50 mL 比色管中，按照步骤 6.1 进行测定。如超出校准曲线范围，则取适量样品于 50 mL 比色管中，用水稀释至标线。

6.4 空白实验

量取纯水 50 mL 代替水样，按同样品完全相同的处理步骤进行试验。

7 结果与记录

7.1 计算公式

样品中六价铬浓度按式（1）计算：

$$C = \frac{A_w - A_b - a}{b \times V} \times f \tag{1}$$

式中：C——水样中六价铬的质量浓度，mg/L；

A_w——水样的吸光度；

A_b——空白实验的吸光度；

a——校准曲线的截距；

b——校准曲线的斜率；

V——试样的体积，mL；

f——样品稀释倍数。

7.2 有效数字

测定结果以 mg/L 表示，小数点后位数与方法检出限一致，最多保留 3 位有效数字。

8　质量控制

8.1　空白实验

每批次至少测定 2 个实验室空白，其吸光度应低于 0.010（30 mm 比色皿）。否则应检查实验用水质量、试剂纯度、器皿洁净程度等，查明原因，重新分析直至合格后才能测定样品。全程序空白的吸光度应低于 0.010（30 mm 比色皿）。

8.2　校准曲线

校准曲线的线性回归系数应≥0.999，否则需重新绘制校准曲线。

8.3　精密度控制

采用实验室分析平行样进行精密度控制。每批次样品应至少分析 10%的平行样，样品数量少于 10 个时，至少分析 1 个平行样，平行样测定结果的相对偏差应符合表 1 的要求。当平行样测定结果为 1 个未检出、1 个检出时，不进行精密度评价。当平行样测定结果处于检出限和测定下限之间时，可多取 1 位有效数字计算相对偏差。

表 1　实验室质量控制参考标准

分析结果所在数量级	平行样	加标样	
	相对偏差	加标回收率	
	上限/%	下限/%	上限/%
10^{-4}	1.0	95	105
10^{-5}	2.5	95	110
10^{-6}	5	95	110
10^{-7}	10	90	110
10^{-8}	20	85	115
10^{-9}	30	80	120

8.4　准确度控制

采用有证标准样品或加标回收率测定进行准确度控制，应优先使用与样品基体相同的有证标准样品开展准确度控制。每批样品应至少测定 5%的有证标准样品或加标回收样，样品数量少于 20 个/批时，应至少测定 2 个有证标准样品或加标回收样。

有证标准样品的测定值应在其保证值范围内。样品加标回收率的加标量应控制在实际样品浓度水平的 0.5～3 倍，加标后样品浓度应控制在校准曲线有效范围内，回收率应符合表 1 给出的范围。当样品测定结果低于方法测定下限时，可不进行加标回收率评价，但应同步使用有证标准样品进行准确度控制。

9 注意事项

9.1 玻璃器皿可用硝酸、硫酸混合液或合成洗涤剂洗涤，洗涤后要冲洗干净。玻璃器皿内壁须光洁，以免吸附铬离子，不得用含铬洗液洗涤。

9.2 实验过程中使用的溶剂标准溶液对人体健康有害，操作时应按要求佩戴防护器具，避免直接接触皮肤和衣物。产生的废液应集中存放，并交由有资质的单位处理。

编写人员：

王赛男（国家海洋环境监测中心）

贺琦（福建省厦门环境监测中心站）

兰景权（福建省厦门环境监测中心站）

海水　总铬的测定　无火焰原子吸收分光光度法

本方法依据《海洋监测规范　第4部分：海水分析》（GB 17378.4—2007）10.1 总铬——无火焰原子吸收分光光度法、42 镍——无火焰原子吸收分光光度法编写，作为全国海水水质国控网监测统一方法使用。根据元素前处理方法及化学性质，完善了测定方法的步骤、方法的干扰和消除、质量控制等，补充了相关规定和注意事项。

监测单位在使用本方法前须进行方法验证，明确方法的检出限、精密度和正确度。

警告：实验中使用的硝酸、盐酸、氨水和有机试剂等具有强烈的腐蚀性和刺激性，试剂配制和样品前处理过程应在通风橱内进行；操作时应按要求佩戴防护器具，避免吸入呼吸道或接触皮肤和衣物。

1　适用范围

本方法适用于海水中总铬的测定。

取样体积为 50 mL，总铬的方法检出限为 0.4 μg/L，检测下限为 1.6 μg/L。

2　干扰和去除

无火焰原子吸收分光光度法的干扰主要是光谱干扰、化学干扰等，消除干扰的方法有：
1）合理选择干燥灰化、原子化温度及升温方式；
2）选择适合的基体改进剂，铬元素采用磷酸二氢铵或磷酸氢二铵；
3）石墨管涂覆难熔碳化物涂层；
4）塞曼效应背景校正法。

3　方法原理

在 pH 为 3.8±0.2 的条件下，低价态铬被高锰酸钾氧化后，同二乙氨基二硫代甲酸钠（DDTC）螯合，用甲基异丁基酮（MIBK）萃取，再用硝酸溶液进行反萃取，在铬的特征波长下用石墨炉原子吸收光谱法测定其吸收值。

4　试剂与材料

除另有说明外，分析时均使用符合国家标准的优级纯试剂，实验用水为新制备的超纯水。

4.1　硝酸：ρ（HNO_3）=1.42 g/mL。

4.2　氨水：ρ（$NH_3 \cdot H_2O$）=0.91 g/mL，25%～28%。

4.3 甲基异丁基酮（MIBK，$C_6H_{12}O$）。

如果含干扰杂质，用石英亚沸蒸馏器蒸馏提纯。

4.4 高锰酸钾溶液：$\rho(KMnO_4)$=10 g/L。

称取 1 g 高锰酸钾，溶于水并稀释至 100 mL。

4.5 二乙氨基二硫代甲酸钠（DDTC）溶液：$\rho(C_5H_{10}NS_2Na)$=20 g/L。

根据当天用量，称取适量 DDTC，加水溶解，临用时现配，用定性滤纸滤去浮沫。

4.6 硝酸溶液：1+1。

4.7 硝酸溶液：1+99。

4.8 铬标准溶液：$\rho(Cr)$=1.00 mg/mL。

优先购置市售有证标准物质或标准样品。

4.9 铬标准中间溶液：$\rho(Cr)$=100 μg/mL。

量取 10.0 mL 铬标准溶液（4.8）于 100 mL 量瓶内，用硝酸溶液（4.7）稀释至标线，混匀。

注：所有元素的标准溶液均应在密封的聚乙烯或聚丙烯瓶中保存，4℃冷藏保存，保存期限为 1 年。

4.10 铬标准使用溶液：$\rho(Cr)$=0.020 0 μg/mL。

量取 1.00 mL 铬标准中间溶液（4.9）于 100 mL 量瓶内，用硝酸溶液（4.7）稀释至标线，混匀。再移取此溶液 2.00 mL 于 100 mL 量瓶内，用硝酸溶液（4.7）稀释至标线，混匀。

4.11 二甲基黄乙醇溶液：$\rho(C_{14}H_{15}N_3)$=10 g/L。

称取 1 g 二甲基黄，溶于 95%乙醇并稀至 100 mL。

4.12 缓冲溶液。

称取 50.1 g 苯二甲酸氢钾（$C_8H_5KO_4$）溶于水，加入 7 mL 盐酸溶液（1 mol/L）并用水稀释至 500 mL，最后用盐酸或氨水调节 pH 为 3.8±0.2。

4.13 氩气：纯度≥99.999%。

5 仪器与设备

5.1 无火焰原子吸收分光光度计。

5.2 铬空心阴极灯或连续光源。

5.3 恒温水浴锅。

5.4 石英亚沸蒸馏器。

5.5 移液管：2 mL、10 mL。

5.6 分液漏斗：100 mL。

5.7 量瓶：50 mL。

5.8　具塞比色管：5 mL、50 mL。

5.9　一般实验室常用仪器和设备。

6　分析步骤

6.1　试样的制备

6.1.1　准确量取 50.0 mL 水样置于 50 mL 具塞比色管中，取样时应仔细摇匀。

6.1.2　加 1 滴二甲基黄乙醇溶液（4.11），用氨水（4.2）和硝酸溶液（4.7）调节 pH，使溶液呈浅橙色。

6.1.3　加 1 滴高锰酸钾溶液（4.4），在水浴上加热（控制温度在 70℃±5℃）10 min，溶液保持微紫色。

6.1.4　冷却后转入 100 mL 分液漏斗中，加入 1 mL 缓冲溶液（4.12）和 3 mL DDTC 溶液（4.5），混匀。

6.1.5　加入 10 mL MIBK（4.3）萃取 2 min，静置分层，收集有机相于具塞离心管中。

6.1.6　向有机相中加入 0.20 mL 硝酸（4.1），振荡 1 min，加入 4.80 mL 纯水，再振荡 1 min，静置分层，移除有机相，水相溶液待测。

注 1：样品取样量可根据仪器灵敏度、样品实际浓度情况进行调整。

注 2：pH 调节是萃取实验中的关键步骤，接近变色临界点时，可使用更低浓度的硝酸和氨水调节；尽量使用最少量的硝酸和氨水，以降低试剂空白值；样品、校准曲线以及空白的 pH 尽量保持一致。

注 3：萃取操作时应避免光直射并远离热源，萃取时振摇要充分，分层彻底，除盐干净。

6.2　空白试样的制备

以实验用水代替样品，按照 6.1 制备实验室空白试样。

6.3　测量条件

仪器参数可参考说明书进行选择，表 1 为推荐参考条件。

表 1　原子吸收分光光度法工作条件

名称	条件参数		
波长	232.0 nm	氩气流量	内 0.5 L/min；外 2.5 L/min
狭缝	0.7 nm	干燥温度与时间	110～130℃；30 s
灯电流	10 mA	灰化温度与时间	1 500℃；20 s
进样量	20 μL	原子化温度与时间	2 300～2 400℃；10 s

6.4　校准曲线的建立

校准曲线应在每次分析样品的当天绘制，按以下步骤绘制校准曲线。

6.4.1　取 7 支 50 mL 具塞比色管，分别移入 0 mL、0.50 mL、1.00 mL、1.50 mL、2.00 mL、

2.50 mL、3.00 mL 铬标准使用溶液（4.10），加水稀释至 50.0 mL，混匀。

注：根据实际样品的浓度范围，曲线浓度范围可适当调整，至少 6 个点（包含 0 点）。

6.4.2　按照样品前处理步骤（6.1）进行前处理。

6.4.3　按照选定的仪器工作条件（6.3），测定标准溶液的吸光值 A_i。

6.4.4　以吸光值 A_i–A_0（标准空白）为纵坐标、相应的金属元素浓度（μg/L）为横坐标，绘制校准曲线。若使用计算机控制的石墨炉原子吸收分光光度计，可由计算机绘制出校准曲线。

6.5　试样测定

按照与校准曲线的建立（6.4）相同的步骤（或者相同的仪器条件）进行试样的测定。

6.6　空白试验

按照与试样测定（6.5）相同的步骤（或者相同的仪器条件）进行空白试样（6.2）的测定。

6.7　自控样品试验

按照与试样测定（6.5）相同的步骤（或者相同的仪器条件）进行自控样品的测定。

注：海水自控样品的浓度应与实际样品浓度接近。也可选择样品加标进行试验。

7　结果计算与表示

7.1　结果计算

以（A_w–A_b）由校准曲线查得或用线性回归方程计算得出样品中相应元素的浓度（μg/L），或用线性回归方程公式计算。由计算机控制的原子吸收分光光度计，可直接计算出样品中相应金属元素的浓度（μg/L）。

$$\rho_{Cr} = \frac{(A_w - A_b) - a}{b} \qquad (1)$$

式中：ρ_{Cr}——水样中铬浓度，μg/L；

A_w——水样的吸光度；

A_b——空白实验的吸光度；

a——校准曲线的截距；

b——校准曲线的斜率。

7.2　结果表示

测定结果小数点后位数的保留与方法检出限一致，最多保留 3 位有效数字。

8　质量保证和质量控制

8.1　空白实验

每批样品至少做 2 个实验室空白，空白值应低于方法检出限。

8.2　校准曲线核查

校准曲线的相关系数 $r \geqslant 0.995$。

8.3　精密度控制

采用实验室分析平行样进行精密度控制。每批次样品应至少分析 10%的平行样，样品数量少于 10 个时，至少分析 1 个平行样，平行样测定结果的相对偏差应符合表 2 的要求。当平行样测定结果为 1 个未检出、1 个检出时，不进行精密度评价。当平行样测定结果处于检出限和测定下限之间时，可多取 1 位有效数字计算相对偏差。

表 2　实验室质量控制参考标准

分析结果所在数量级	平行样	加标样	
	相对偏差	加标回收率	
	上限/%	下限/%	上限/%
10^{-4}	1.0	95	105
10^{-5}	2.5	95	110
10^{-6}	5	95	110
10^{-7}	10	90	110
10^{-8}	20	85	115
10^{-9}	30	80	120

8.4　准确度控制

采用有证标准样品或加标回收率测定进行准确度控制，应优先使用与样品基体相同的有证标准样品开展准确度控制。每批样品应至少测定 5%的有证标准样品或加标回收样，样品数量少于 20 个/批时，应至少测定 2 个有证标准样品或加标回收样。

有证标准样品的测定值应在其保证值范围内。样品加标回收率的加标量应控制在实际样品浓度水平的 0.5~3 倍，加标后样品浓度应控制在校准曲线有效范围内，回收率应符合表 2 给出的范围。当样品测定结果低于方法测定下限时，可不进行加标回收率评价，但应同步使用有证标准样品进行准确度控制。

9　注意事项

9.1　所用器皿用硝酸溶液（1+3）浸泡至少 24 h，使用前用去离子水冲洗干净，防止沾污。

9.2　所用试剂，在使用前做空白试验，对空白值高的试剂，应进行提纯处理或使用级别更高的试剂。

9.3　在萃取与反萃取过程中，溶液放出前须用水洗净锥形分液漏斗出口管下端的内外壁，避免沾污。

9.4　水样的萃取体积和进样体积，应与标准系列分析时完全一致。

9.5　根据所用的原子吸收分光光度计，选定最佳仪器工作条件。

9.6　实验过程中产生的废液，应放置于适当的密闭容器中保存，实验结束后，应一并交由有资质的单位处理。

编写人员：
姚振童（国家海洋环境监测中心）
许亚琪（江苏省南通环境监测中心）

海水　砷的测定　原子荧光法

本方法依据《海洋监测规范　第 4 部分：海水分析》（GB 17378.4—2007）11.1 砷——原子荧光法编写，作为全国海水水质国控网监测统一方法使用。本方法在 GB 17378.4—2007 的基础上，结合 HJ 694—2014，补充了相关规定和注意事项。

警告：实验中使用的盐酸、硝酸具有强烈的腐蚀性和刺激性，试剂配制和样品前处理过程应在通风橱内进行；操作时应按要求佩戴防护器具，避免吸入呼吸道或接触皮肤和衣物。

1　适用范围

本方法适用于海水中砷的测定。

本方法砷的检出限为 0.5 μg/L，检测下限为 2.0 μg/L。

2　方法原理

经预处理后的试液进入原子荧光光度计，在酸性介质中，五价砷被硫脲-抗坏血酸还原成三价砷，用硼氢化钾（或硼氢化钠）将三价砷转化为砷化氢气体，砷化氢在氩氢火焰中形成基态原子，以砷空心阴极灯为激发光源，基态原子受激发产生原子荧光，原子荧光强度与试液中待测元素含量在一定范围内成正比。

3　试剂和材料

除非另有说明，分析时均使用符合国家标准的分析纯化学试剂，实验用水为不含目标物新制备的纯水。

3.1　盐酸：ρ（HCl）=1.19 g/mL，优级纯。

3.2　氢氧化钠（NaOH）。

3.3　硫脲（CH$_4$N$_2$S）。

3.4　抗坏血酸（C$_6$H$_8$O$_6$）。

3.5　硼氢化钾（KBH$_4$）。

3.6　氢氧化钾（KOH）：优级纯。

3.7　氢氧化钠溶液：ρ（NaOH）=40 g/L。

称取 4.0 g 氢氧化钠（3.2），溶于 100 mL 水中。

3.8　盐酸溶液：1+1。

分别量取 1 体积盐酸（3.1）和 1 体积水，混匀。

3.9 盐酸溶液：5+95。

分别量取 5 体积盐酸（3.1）和 95 体积水，混匀。

3.10 硫脲-抗坏血酸还原剂。

分别称取 5.0 g 硫脲（3.3）和 3.0 g 抗坏血酸（3.4），用 100 mL 水溶解，混匀，测定当日配制。

3.11 硼氢化钾溶液：ρ（KBH$_4$）=7 g/L。

称取 7 g 硼氢化钾（3.5）溶解于预先溶有 2 g 氢氧化钾（3.6）的水中，用水稀释至 1 000 mL，混匀，临用时现配，存于塑料瓶中。

注：也可以用氢氧化钠、硼氢化钠配制还原剂。

3.12 砷标准贮备液：ρ（As）=100 mg/L。

购买市售砷有证标准溶液，并参照制造商的产品说明书保存。

3.13 砷标准中间液：ρ（As）=1.00 mg/L。

移取 5.00 mL 砷标准贮备液（3.12）于 500 mL 容量瓶中，加入 100 mL 盐酸溶液（3.8），用水稀释至标线，混匀。4℃下可存放 1 年。

3.14 砷标准使用液：ρ（As）=100 μg/L。

移取 10.00 mL 砷标准中间液（3.13）于 100 mL 容量瓶中，加入 10 mL 盐酸溶液（3.8），用水稀释至标线，混匀。4℃下可存放 30 d。

3.15 氩气：纯度≥99.999%。

4 仪器与设备

4.1 原子荧光光谱仪。

4.2 砷高强度空心阴极灯。

4.3 容量瓶：100 mL、1 000 mL。

4.4 微量移液枪或移液管：1 mL、2 mL、5 mL、10 mL。

4.5 烧杯：50 mL、1 000 mL。

4.6 比色管：100 mL。

4.7 分析天平：精度为 0.000 1 g。

4.8 实验室常用器皿：符合国家标准的 A 级玻璃量器和玻璃器皿。

5 分析步骤

5.1 仪器参考条件

依据仪器使用说明书调节仪器至最佳工作状态。参考测量条件见表1。

表 1　参考测量条件

元素	负高压/ A	灯电流/ mA	原子化器预热 温度/℃	载气流量/ （mL/min）	屏蔽气流量/ （mL/min）	积分方式
砷	260～300	40～60	200	400	900～1 000	峰面积

5.2　校准曲线绘制

分别移取 0 mL、0.50 mL、1.00 mL、2.00 mL、4.00 mL、8.00 mL、10.00 mL 砷标准使用液（3.14），移入已加入 10.0 mL 盐酸溶液（3.8）的 7 个 100 mL 容量瓶中，加入 2.0 mL 硫脲-抗坏血酸还原剂（3.10），用水稀释至标线，混匀，对应的砷含量分别为 0 ng、50 ng、100 ng、200 ng、400 ng、800 ng、1 000 ng。室温放置 20 min，参考测量条件（5.1）或采用自行确定的最佳测量条件，以盐酸溶液（3.9）为载流，硼氢化钾溶液（3.11）为还原剂，分别进样 2.0 mL，依次读取标准空白荧光强度（I_0）和标准系列各点的荧光强度（I_i）。以测得的荧光强度（I_i-I_0）为纵坐标，以砷含量（ng）为横坐标，绘制校准曲线，给出线性回归方程，并计算线性回归系数。

注 1：也可以使用仪器自动稀释绘制校准曲线；

注 2：根据实际样品的浓度范围，曲线浓度范围可以适当调整，校准曲线包含空白至少 6 个点。

注 3：每次分析样品应绘制校准曲线。

注 4：室温低于 15℃时，可采用增加放置时间等措施，使溶液中的五价砷充分预还原为三价砷。

5.3　样品前处理

量取 100.0 mL 过滤的水样于 100 mL 比色管中，加入 10.0 mL 盐酸（3.1），2.0 mL 硫脲-抗坏血酸还原剂（3.10），混匀，室温放置 20 min 后，待测。空白试样用纯水代替样品，按照样品前处理的步骤制备空白试样。

5.4　样品分析

分别取 2.0 mL 样品前处理试液（5.3）和空白试样于氢化物发生器中，按照与绘制校准曲线相同的条件测定空白试样荧光强度值（I_b）和样品试液的荧光强度（I_s）。以（I_s-I_b）值，由校准曲线查得砷含量（ng），或用线性回归方程计算得出砷含量（ng）。

6　结果与记录

6.1　计算公式

由 I_s-I_b 值从校准曲线上查得或用线性回归方程计算水样中砷的含量，并按照式（1）计算：

$$\rho = \rho_1 \times f \times k \qquad （1）$$

式中：ρ——样品中砷的质量浓度，µg/L；

ρ_1——由校准曲线上查得的样品中砷的质量浓度，μg/L；

f——样品稀释倍数（样品若有稀释）；

k——样品前处理后体积校正系数，为 1.12；

6.2 有效数字

当测定结果＜10 μg/L 时，保留小数点后一位；当测定结果≥10 μg/L 时，保留 3 位有效数字。

7 质量控制

7.1 空白试验

每批样品至少做 2 个实验室空白，测定结果应低于方法检出限。

7.2 校准

每次样品分析均应绘制校准曲线。校准曲线的相关系数 $r \geq 0.995$。选择曲线的中间浓度点进行连续校准，每测定 20 个样品进行 1 次连续校准，测定结果与实际浓度值相对偏差应在±10%以内，否则应查找原因或重新建立校准曲线。

7.3 精密度控制

采用实验室分析平行样进行精密度控制。每批次样品应至少分析 10%的平行样，样品数量少于 10 个时，至少分析 1 个平行样，平行样测定结果的相对偏差应符合表 2 的要求。当平行样测定结果为 1 个未检出、1 个检出时，不进行精密度评价。当平行样测定结果处于检出限和测定下限之间时，可多取 1 位有效数字计算相对偏差。

表 2　实验室质量控制参考标准

分析结果所在数量级	平行样	加标样	
	相对偏差	加标回收率	
	上限/%	下限/%	上限/%
10^{-4}	1.0	95	105
10^{-5}	2.5	95	110
10^{-6}	5	95	110
10^{-7}	10	90	110
10^{-8}	20	85	115
10^{-9}	30	80	120

7.4 准确度控制

采用有证标准样品或加标回收率测定进行准确度控制，应优先使用与样品基体相同的有证标准样品开展准确度控制。每批样品应至少测定 5%的有证标准样品或加标回收样，样品数量少于 20 个/批时，应至少测定 2 个有证标准样品或加标回收样。

有证标准样品的测定值应在其保证值范围内。样品加标回收率的加标量应控制在实际样品浓度水平的 0.5～3 倍，加标后样品浓度应控制在校准曲线有效范围内，回收率应符合表 2 给出的范围。当样品测定结果低于方法测定下限时，可不进行加标回收率评价，但应同步使用有证标准样品进行准确度控制。

8 注意事项

8.1 所用器皿必须清洁，器皿水洗后要用 15%硝酸浸泡 24 h 以上，再用纯水冲洗干净方可使用，尤其对新玻璃器皿，应做空白实验。

8.2 配制标准溶液和检测样品应用同一瓶盐酸。

8.3 盐酸试剂空白值差别较大，使用前应进行试剂空白测试，以免因空白值过大，造成过大的测定误差。

8.4 由于影响砷的测定的因素较多，如载气流量、负高压等，因此，每次测定均应测定标准系列。

8.5 当测试样品浓度值超出曲线上限，应该利用清洗程序对仪器进行清洗，重测校准曲线零点和中间点浓度，零点值应低于空白值，中间点浓度测试结果的相对偏差参照表 2。样品应经过稀释重新进行测定。

8.6 实验室工作温度应保持恒定，波动范围在 5℃以内。

8.7 硼氢化钾属于强还原剂，极易与空气中的氧气和二氧化碳反应，在中性和酸性溶液中易分解产生氢气，所以配制硼氢化钾还原剂时，要将硼氢化钾固体溶解在氢氧化钠溶液中，并临用现配。

8.8 选用双层结构石英管原子化器，内外两层均通氩气，外面形成保护层隔绝空气，避免待测元素的基态原子与空气中的氧和氮碰撞，降低荧光淬灭对测定的影响。

8.9 实验中产生的废弃物应分类收集、集中保管，并做好相应标识，委托有资质的单位处理。

编写人员：
王赛男（国家海洋环境监测中心）
张临（海南省生态环境监测中心）

海水　锌的测定　火焰原子吸收分光光度法

　　本方法依据《海洋监测规范　第 4 部分：海水分析》（GB 17378.4—2007）9.1 锌——火焰原子吸收分光光度法编写，作为全国海水水质国控网监测统一方法使用。在此基础上，结合 GB 17378.4—2007 6.1 无火焰原子吸收分光光度法（连续测定铜、铅和镉）和GB 17378.4—2007 42 镍——无火焰原子吸收分光光度法，完善了方法干扰与消除、试样制备、质量控制等，补充了相关规定和注意事项。

　　监测单位在使用本方法前须进行方法验证，明确方法的检出限、精密度和正确度。

　　警告：实验中使用的硝酸、氨水和有机试剂等具有强烈的腐蚀性和刺激性，试剂配制和样品前处理过程应在通风橱内进行；操作时应按要求佩戴防护器具，避免吸入呼吸道或接触皮肤和衣物。

1　适用范围

　　本方法规定了测定海水中痕量锌的火焰原子吸收分光光度法。

　　当取样体积为 100 mL，方法检出限为 3.1 μg/L，检测下限为 12.4 μg/L。

2　方法原理

　　在 pH 为 4～6 时，海水中溶解态锌与吡咯烷二硫代甲酸铵（APDC）及二乙氨基二硫代甲酸钠（DDTC）形成螯合物，经甲基异丁基酮（MIBK）-环己烷萃取富集分离后，再用硝酸溶液反萃取，反萃取液中的锌在乙炔-空气火焰中被原子化，在其特征吸收波长处测定原子吸光值。

3　干扰和消除

　　螯合萃取方法将样品中的锌与海水基体（主要是 NaCl）分离，消除了 NaCl 基体的干扰。

4　试剂与材料

　　除另有说明外，分析时均使用符合国家标准的优级纯试剂，实验用水为新制备的超纯水。

4.1　硝酸：ρ（HNO_3）=1.42 g/mL。

4.2　乙酸：ρ（CH_3COOH）=1.05 g/mL。

4.3　氨水：ρ（$NH_3 \cdot H_2O$）=0.91 g/mL，25%～28%。

4.4　吡咯烷二硫代甲酸铵（APDC，$C_5H_{12}N_2S_2$）。

4.5　二乙氨基二硫代甲酸钠（DDTC，$C_5H_{10}NS_2$）。

4.6　溴甲酚绿：分析纯。

4.7　甲基异丁基酮［MIBK，$CH_3COCH_2CHC(CH_3)_2$］：色谱纯。

4.8　环己烷（C_6H_{12}）：色谱纯。

4.9　乙醇（C_2H_6O）：色谱纯。

4.10　硝酸溶液：$c(HNO_3)$=6 mol/L。

　　移取 75 mL 硝酸（4.1）与 125 mL 水混合。

4.11　硝酸溶液：φ=50%。

　　取 1 体积硝酸（4.1）与 1 体积水混匀。

4.12　硝酸溶液：φ=1%。

　　用 1 体积硝酸（4.1）与 99 体积水混匀。

4.13　乙醇溶液：φ=20%。

　　用乙醇（4.9）和水按照 2∶8 的体积比混合。

4.14　甲基异丁基酮-环己烷（MIBK-环己烷）混合液。

　　将 240 mL 甲基异丁基酮（4.7）和 60 mL 环己烷（4.8）在分液漏斗中混合，加入 3 mL 硝酸（4.1），振荡 1 min，用水洗涤有机相两次，收集有机相。按此步骤重复 3 次。最后用水洗涤至水相 pH 为 6～7，收集有机相。

4.15　APDC-DDTC 混合液。

　　分别称取吡咯烷二硫代甲酸铵（APDC）和二乙氨基二硫代甲酸钠（DDTC）各 1.0 g 溶于水中，经滤纸过滤后稀释至 100 mL。于分液漏斗内，加入 10 mL MIBK-环己烷混合液（4.14）萃取提纯，收集下层水溶液，重复提纯 3 次。配制好的溶液盛于棕色瓶中，0～4℃冷藏保存，1 周内有效。

4.16　乙酸铵溶液。

　　量取 100 mL 乙酸（4.2）于分液漏斗中，用氨水（4.3）调节 pH=5，加入 2.0 mL APDC-DDTC 混合液（4.15）、10.0 mL MIBK-环己烷混合液（4.14），振摇 1 min，弃去有机相。重复提纯 3 次，贮存于试剂瓶中。

4.17　锌标准贮备溶液：ρ=1.00 mg/mL。

　　直接购买市售有证标准溶液。

4.18　锌标准中间溶液：ρ=100.0 μg/mL。

　　量取 10.0 mL 锌标准贮备溶液（4.17）于 100 mL 容量瓶中，用硝酸溶液（4.12）稀释至标线，混匀。贮存于聚乙烯瓶中，4℃以下冷藏保存，有效期 1 年。

4.19　锌标准使用溶液：ρ=1.00 μg/mL。

　　量取 1.00 mL 锌标准中间溶液（4.18）于 100 mL 容量瓶中，用硝酸溶液（4.12）稀释至标线，混匀，可稳定 7 d。

4.20 溴甲酚绿指示溶液：ρ =1 g/L。

称取 0.1 g 溴甲酚绿（4.6）溶于 100 mL 10%（体积分数）乙醇溶液（4.13）中，混匀，过滤后使用。

4.21 燃气：乙炔，纯度≥99.5%。

4.22 助燃气：空气。

注 1：实验用水为超纯水（电阻率≥18.2 MΩ·cm）。

注 2：所用硝酸和氨水须检查空白，必要时进行提纯或使用更高纯度的。

注 3：APDC+DDTC 混合液、乙酸铵溶液等配制试剂均应萃取净化。

5 仪器与设备

5.1 火焰原子分光光度计。

5.2 光源：锌空心阴极灯或连续光源。

5.3 分液漏斗：250 mL。

5.4 一般实验室常用器皿和设备。

6 分析步骤

6.1 试样的制备

6.1.1 准确量取 100.0 mL 过滤样品（0.45 μm 滤膜）于 250 mL 分液漏斗中，加入 1 滴溴甲酚绿指示溶液（4.20），分别用硝酸溶液（4.12）和氨水（4.3）调至溶液呈蓝色（pH 为 5～6）。

6.1.2 加入 1.0 mL 乙酸铵溶液（4.16）和 3.0 mL APDC-DDTC 混合液（4.15），混匀。

6.1.3 准确加入 10.0 mL MIBK-环己烷混合液（4.14），塞紧塞子，振荡萃取 2 min，静置分层（至少 20 min），弃去水相。

6.1.4 加入 10 mL 水洗涤有机相，静置约 5 min，仔细弃尽水相。

6.1.5 准确加入 0.40 mL 硝酸（4.1），振荡 1 min，继续准确加入 9.60 mL 水，再振荡 1 min，静置分层，将硝酸反萃取液收集于 10 mL 比色管中，待测。

注 1：pH 调节是萃取实验中相当关键的步骤，须仔细调节。接近变色临界点时，可使用更低浓度的硝酸和氨水调节；尽量使用最少量的硝酸和氨水，以降低空白值；尽量使样品、工作曲线以及空白的 pH 保持一致。

注 2：萃取操作时应避免阳光直射并远离热源。

注 3：萃取时振摇要充分，分层彻底，除盐干净。

注 4：在萃取与反萃取过程中，溶液放出前须用水洗净锥形分液漏斗出口管下端的内外壁，避免沾污。

注 5：对于锌含量较低的样品，可以适当增加取样体积以提高富集倍数。

6.2　空白试样的制备

量取 100.0 mL 实验用水，按照与试样制备相同的步骤进行至少 2 个实验室空白试样的制备。

6.3　仪器测量条件

根据仪器操作说明书调节仪器至最佳工作状态。参考测量条件见表 1。

表 1　仪器参考测量条件

名称	条件参数	名称	条件参数
光源	锌空心阴极灯或连续光源	狭缝/nm	0.7
波长/nm	213.8	火焰高度/mm	—
灯电流/mA	10	乙炔流量/（L/min）	—
火焰类型	贫燃性	空气流量/（L/min）	—

6.4　工作曲线的绘制

取 7 个 250 mL 分液漏斗，分别加入 100.0 mL 实验用水，依次加入 0 mL、0.20 mL、0.50 mL、1.00 mL、2.00 mL、4.00 mL、5.00 mL 锌标准使用溶液（4.19），混匀。按照步骤 6.1.1～6.1.5 进行制备，按照仪器测量条件（6.3），以扣除实验室空白的吸光度为纵坐标、相应的锌含量（μg）为横坐标绘制工准曲线。

注 1：根据实际样品的浓度范围以及仪器的灵敏度，曲线浓度范围可适当调整，空白至少 6 个点。

注 2：工作曲线应在每次分析样品时绘制。

6.5　试样测定

按照与工作曲线的建立相同的仪器条件进行试样（6.1）的测定。

6.6　空白试样测定

按照与工作曲线的建立相同的仪器条件进行空白试样（6.2）的测定。

7　结果与记录

7.1　计算公式

海水中锌的含量（μg/L）按式（1）进行计算：

$$\rho_{Zn} = \frac{m}{V} \times 1\,000 \tag{1}$$

式中：ρ_{Zn}——海水中锌的浓度，μg/L；

m——海水中锌的质量，μg；

V——海水样品的取样量，mL。

7.2 有效数字

测定结果小数点后位数的保留与方法检出限保持一致,最多保留 3 位有效数字。

8 质量控制

8.1 空白实验

每批次至少做 2 个实验室空白样,测定结果应低于方法检出限。

8.2 校准曲线

工作曲线相关系数 $r \geqslant 0.995$。

8.3 精密度控制

采用实验室分析平行样进行精密度控制。每批次样品应至少分析 10%的平行样,样品数量少于 10 个时,至少分析 1 个平行样,平行样测定结果的相对偏差应符合表 2 的要求。当平行样测定结果为 1 个未检出、1 个检出时,不进行精密度评价。当平行样测定结果处于检出限和测定下限之间时,可多取 1 位有效数字计算相对偏差。

表 2   实验室质量控制参考标准

分析结果所在数量级	平行样	加标样	
	相对偏差	加标回收率	
	上限/%	下限/%	上限/%
10^{-4}	1.0	95	105
10^{-5}	2.5	95	110
10^{-6}	5	95	110
10^{-7}	10	90	110
10^{-8}	20	85	115
10^{-9}	30	80	120

8.4 准确度控制

采用有证标准样品或加标回收率测定进行准确度控制,应优先使用与样品基体相同的有证标准样品开展准确度控制。每批样品应至少测定 5%的有证标准样品或加标回收样,样品数量少于 20 个/批时,应至少测定 2 个有证标准样品或加标回收样。

有证标准样品的测定值应在其保证值范围内。样品加标回收率的加标量应控制在实际样品浓度水平的 0.5~3 倍,加标后样品浓度应控制在校准曲线有效范围内,回收率应符合表 2 给出的范围。当样品测定结果低于方法测定下限时,可不进行加标回收率评价,但应同步使用有证标准样品进行准确度控制。

9　注意事项

9.1　实验所用器皿先用 1+3 硝酸溶液浸泡 24 h，再用硝酸溶液反复荡洗，超纯水清洗，必要时可用萃取剂荡洗。

9.2　锌容易受到污染，环境水质中的锌一般高于海水中几个数量级，极易沾污样品。实验室环境要防尘、防环境污染，在操作中要避免人体和环境对样品的污染。

9.3　分析时尽量使用同一批次的酸和氨水。

9.4　空白样品、工作曲线、质控样品与样品萃取条件一致，同批次进行萃取操作。各种试剂的加入量保持一致。

9.5　吸管、移液器等尽量专用，防止交叉污染。

编写人员：

姚振童（国家海洋环境监测中心）

张婷婷（山东省青岛生态环境监测中心）

海水　硒的测定　原子荧光法

本方法依据《近岸海域环境监测技术规范　第三部分　近岸海域水质监测》（HJ 442.3—2020）附录 G 原子荧光法测定近岸海域海水中硒编写，作为全国海水水质国控网监测统一方法使用。在此基础上，结合《生活饮用水标准检验方法　第 3 部分　水质分析质量控制》（GB/T 5750.3—2023）和《水质　汞、砷、硒、铋和锑的测定　原子荧光法》（HJ 694—2014），完善了试样的制备、分析步骤和质量控制等，补充了相关规定和注意事项。

监测单位在使用本方法前须进行方法验证，明确方法的检出限、精密度和正确度。

警告：实验中使用的盐酸、硝酸等具有强烈的腐蚀性和刺激性，试剂配制和样品前处理过程应在通风橱内进行；操作时应按要求佩戴防护器具，避免吸入呼吸道或接触皮肤和衣物。

1　适用范围

本方法规定了测定河口和近岸海域海水中硒的原子荧光法。

本方法适用于河口、近岸海域中海水的测定。

本方法检出限为 0.2 μg/L，测定下限为 0.8 μg/L。

2　方法原理

经预处理后的试液进入原子荧光仪，在酸性条件的硼氢化钾（或硼氢化钠）还原作用下，生成硒化氢气体，硒化氢在氩氢火焰中形成基态原子，其基态原子受硒元素空心阴极灯发射光的激发产生原子荧光，原子荧光强度与试液中待测元素含量在一定范围内成正比。

3　试剂和材料

除非另有说明，分析时均使用符合国家标准的分析纯试剂，实验用水为新制备的纯水。

3.1　盐酸：ρ（HCl）=1.19 g/mL，优级纯。

3.2　硝酸：ρ（HNO$_3$）=1.42 g/mL，优级纯。

3.3　氢氧化钾（KOH）：优级纯。

3.4　硼氢化钾（KBH$_4$）：优级纯。

3.5　盐酸溶液：5+95。

量取 50 mL 盐酸（3.1）溶于约 500 mL 水中，再用水稀释并定容至 1 L。

3.6　盐酸溶液：1+1。

量取 500 mL 盐酸（3.1）溶于约 400 mL 水中，再用水稀释并定容至 1 L。

3.7　硼氢化钾溶液：ρ（KBH$_4$）=20 g/L。

称取 0.5 g 氢氧化钾（3.3）溶于 100 mL 水中，玻璃棒搅拌至完全溶解后，再加入 2.0 g 硼氢化钾（3.4），搅拌溶解，临用现配。

注：也可以用氢氧化钠、硼氢化钠配制硼氢化钠溶液。

3.8　硒标准溶液

3.8.1　硒标准贮备液：ρ（Se）=100 mg/L。

购买市售有证标准溶液。

注：标准溶液中硒为四价硒。

3.8.2　硒标准中间液：ρ（Se）=1.00 mg/L。

移取 5.00 mL 硒标准贮备液（3.8.1）于 500 mL 容量瓶中，加入 150 mL 盐酸溶液（3.6），用水定容至标线，混匀。4℃下可存放 100 d。

3.8.3　硒标准使用液：ρ（Se）=100 μg/L。

移取 10.00 mL 硒标准中间液（3.8.2）于 100 mL 容量瓶中，加入 30 mL 盐酸溶液（3.6），用水定容至标线，混匀。临用现配。

3.9　氩气：纯度≥99.999%。

4　仪器和设备

4.1　原子荧光光谱仪。

4.2　硒高强度空心阴极灯。

4.3　分析天平：精度为 0.000 1 g。

4.4　实验室常用器皿：符合国家标准的 A 级玻璃量器和玻璃器皿。

5　分析步骤

5.1　仪器调试

不同型号的仪器其最佳工作条件不同，依据仪器使用说明书调节仪器至最佳工作状态。参考条件见表 1。

表 1　参考测量条件

元素	负高压/A	灯电流/mA	原子化器预热温度/℃	载气流量/（mL/min）	屏蔽气流量/（mL/min）	积分方式
Se	260～300	80～100	200	400	900～1 000	峰面积

5.2　校准曲线绘制

校准曲线应在样品分析当天绘制。

分别移取 0 mL、1.00 mL、2.00 mL、4.00 mL、8.00 mL、10.00 mL 硒标准使用液（3.8.3）于 100 mL 容量瓶中，分别加入 20 mL 盐酸溶液（3.6），用水稀释定容，混匀。采用自行确定的最佳测量条件，以盐酸溶液（3.5）为载流，硼氢化钾溶液（3.7）为还原剂，浓度由低到高依次测定硒的标准系列的原子荧光强度，记录相对的荧光强度，绘制校准曲线。

表 2　硒校准系列溶液浓度

元素	标准系列溶液浓度/（μg/L）					
硒	0.0	1.0	2.0	4.0	8.0	10.0

注 1：以标准系列点与标准空白荧光强度的差为纵坐标，硒的质量浓度为横坐标，绘制校准曲线；

注 2：可根据表 2 中标准溶液浓度设定仪器自动稀释绘制校准曲线；

注 3：根据实际样品的浓度范围，曲线浓度范围可适当调整，至少 6 个点（包含 0 点）。

5.3　样品分析

5.3.1　试样的制备

移取 5.0 mL 水样于 50 mL 锥形瓶中，加入 2.5 mL 盐酸（3.1），于电热板上加热至冒白烟，冷却。

5.3.2　试样的测定

将试样（5.3.1）转移至 10 mL 比色管中，加入 2 mL 盐酸溶液（3.6），用水稀释定容。通过蠕动泵进样按照与绘制校准曲线相同的条件进行测定。超过校准曲线高浓度点的样品，对其消解液稀释后再进行测定，稀释倍数为 f。

5.3.3　空白试样测定

以实验用纯水代替水样，按照与试样相同的制备步骤（5.3.1）和测定步骤（5.3.2）进行空白试样的测定。

6　结果与记录

6.1　计算公式

样品中待测元素的质量浓度按式（1）计算：

$$\rho = \frac{\rho_1 \times f \times V_1}{V} \tag{1}$$

式中：ρ——样品中待测元素的质量浓度，μg/L；

$\quad\quad\rho_1$——由校准曲线上查得的试样中待测元素的质量浓度，μg/L；

$\quad\quad f$——试样稀释倍数（样品若有稀释）；

$\quad\quad V_1$——分取后测定试样的定容体积，mL；

$\quad\quad V$——分取试样的体积，mL。

6.2 有效数字

测定结果小数点后位数的保留与方法检出限一致，最多保留 3 位有效数字。

7 质量保证和质量控制

7.1 空白实验

每批样品至少测定 2 个实验室空白，空白测定结果应小于方法检出限。

7.2 校准曲线

每批次样品分析均应绘制校准曲线，校准曲线的相关系数 $r \geq 0.995$。每测定 20 个样品应测定 1 个曲线中间浓度点作为连续校准，测定结果与该点浓度的相对偏差 $\leq 10\%$，否则应查找原因或建立新的校准曲线。

7.3 精密度控制

采用实验室分析平行样进行精密度控制。每批次样品应至少分析 10%的平行样，样品数量少于 10 个时，至少分析 1 个平行样，平行样测定结果的相对偏差应符合表 3 的要求。当平行样测定结果为 1 个未检出、1 个检出时，不进行精密度评价。当平行样测定结果处于检出限和测定下限之间时，可多取 1 位有效数字计算相对偏差。

表 3 实验室质量控制参考标准

分析结果所在数量级	平行样	加标样	
	相对偏差	加标回收率	
	上限/%	下限/%	上限/%
10^{-4}	1.0	95	105
10^{-5}	2.5	95	110
10^{-6}	5	95	110
10^{-7}	10	90	110
10^{-8}	20	85	115
10^{-9}	30	80	120

7.4 准确度控制

采用有证标准样品或加标回收率测定进行准确度控制，应优先使用与样品基体相同的有证标准样品开展准确度控制。每批样品应至少测定 5%的有证标准样品或加标回收样，样品数量少于 20 个/批时，应至少测定 2 个有证标准样品或加标回收样。

有证标准样品的测定值应在其保证值范围内。样品加标回收率的加标量应控制在实际样品浓度水平的 0.5～3 倍，加标后样品浓度应控制在校准曲线有效范围内，回收率应符合表 3 给出的范围。当样品测定结果低于方法测定下限时，可不进行加标回收率评价，但应同步使用有证标准样品进行准确度控制。

8 注意事项

8.1 硼氢化钾属于强还原剂，极易与空气中的氧气和二氧化碳反应，在中性和酸性溶液中易分解产生氢气，所以配制硼氢化钾还原剂时，要将硼氢化钾固体溶解在氢氧化钠溶液中，并临用现配。

8.2 实验室所用玻璃器皿需用硝酸溶液（1+3）浸泡 24 h，或用热硝酸荡洗。清洗时依次用自来水、去离子水清洗。

8.3 对所用的每一瓶试剂都应做相应的空白实验。配制标准溶液与样品应尽可能使用同一瓶试剂。

8.4 实验所用的标准系列必须每次配制，与样品在相同条件下测定。

8.5 实验过程产生的标准溶液、溶剂等实验废液应集中收集，统一委托有资质的单位集中处理。

编写人员：

王赛男（国家海洋环境监测中心）

杨书东（辽宁省大连生态环境监测中心）

海水　氰化物的测定　异烟酸-吡唑啉酮分光光度法

本方法依据《海洋监测规范　第 4 部分：海水分析》（GB 17378.4—2007）20.1 异烟酸-吡唑啉酮分光光度法编写，作为全国海水水质国控网监测统一方法使用。本方法在 GB 17378.4—2007 的基础上，完善了操作细节、质控要求和注意事项等相关规定。

监测单位可根据实际情况选用其他规格比色皿进行分析测试工作，但需对使用该规格比色皿的方法进行方法验证，明确方法的检出限、精密度和正确度。

1　适用范围

本方法规定了测定海水中氰化物的异烟酸-吡唑啉酮分光光度法。

本方法适用于大洋、近岸、河口及工业排污口水体中氰化物的测定。

当取样体积为 500 mL，使用 3 cm 比色皿测定时，本方法检出限为 0.000 5 mg/L，检测下限为 0.002 0 mg/L。

2　方法原理

蒸馏出的氰化物在中性（pH 为 7～8）条件下，与氯胺 T 反应生成氯化氢，后者和异烟酸反应并经水解生成戊烯二醛，与吡唑啉酮缩合，生成稳定的蓝色化合物，在波长 639 nm 处测定吸光值。

3　干扰和消除

3.1　试样中存在活性氯等氧化物干扰测定，可点一滴水样于稀盐酸浸过的碘化钾-淀粉试纸上，如出现蓝色斑点，可在水样中加入计量的 $Na_2S_2O_3$ 晶体，搅拌均匀，重复试验，直至无蓝色斑点出现，然后每升加入 0.1 g 过量的硫代硫酸钠晶体。

3.2　试样中存在硫化物干扰测定，可点一滴水样于预先用乙酸盐缓冲液（pH=4）浸过的醋酸铅试纸上，如试纸变黑，表示有硫离子，可加入醋酸铅或柠檬酸铅除去。重复这一操作，直至醋酸铅试纸不再变黑。

3.3　高浓度的碳酸盐，在加酸时可释放出较多的二氧化碳气体，影响蒸馏。而二氧化碳消耗吸收剂中的氢氧化钠。当采集的水样含较高的碳酸盐（如炼焦废水等）时，其碳酸盐含量较高，可使用熟石灰 [$Ca(OH)_2$]，使 pH 提高至 12～12.5。在沉淀生成分层后，量取上清液测定。

4 试剂与材料

4.1 氢氧化钠溶液：ρ（NaOH）=2 g/L。

称取 2 g 氯氧化钠（NaOH）加水溶解并稀释至 1 000 mL，贮存于聚乙烯容器中。

4.2 氢氧化钠溶液：ρ（NaOH）=0.01 g/L。

称取 5 mL 氢氧化钠溶液（4.1）稀释至 1 000 mL，贮存于聚乙烯容器中。

4.3 氢氧化钠溶液：ρ（NaOH）=20 g/L。

称取 20 g 氢氧化钠溶于水中，并稀释至 1 000 mL，贮存于聚乙烯容器中。

4.4 对二甲氨基亚苄基罗丹宁（试银灵）-丙酮溶液。

溶解 20 mg 试银灵 [(CH$_3$)$_2$NC$_6$H$_4$CH：CCONH：SS] 于 100 mL 丙酮（CH$_3$COCH$_3$）中，搅匀，转入 125 mL 棕色滴瓶中。

4.5 丙酮（CH$_3$COCH$_3$）。

4.6 氯胺 T 溶液：ρ（CH$_3$C$_6$H$_4$SO$_2$NClNa·3H$_2$O）=10 g/L。

称取 1 g 氯胺 T（CH$_3$C$_6$H$_4$SO$_2$NClNa·3H$_2$O）加水溶解并稀释至 100 mL，盛于 125 mL 棕色试剂瓶中，低温避光保存，有效期为 1 周。

4.7 N,N-二甲基甲酰胺 [DMF，HCON(CH$_3$)$_2$]。

4.8 异烟酸-吡唑啉酮溶液。

4.8.1 异烟酸溶液：ρ（C$_6$H$_6$NO$_2$）=15 g/L。

称取 1.5 g 异烟酸（C$_6$H$_6$NO$_2$）溶于 25 mL 氢氧化钠溶液（4.3），加水稀释定容至 100 mL。

4.8.2 吡唑啉酮溶液：ρ（C$_{10}$H$_{10}$ON$_2$）=12.5 g/L。

称取 0.50 g 吡唑啉酮（3-甲基-1-苯基-5-吡唑啉酮，C$_{10}$H$_{10}$ON$_2$）溶于 40 mL N,N-二甲基甲酰胺（4.7）中。

4.8.3 异烟酸-吡唑啉酮溶液：将吡唑啉酮溶液（4.8.2）和异烟酸溶液（4.8.1）1：5 混合，临用现配。

4.9 甲基橙指示液：ρ（C$_{14}$H$_{14}$N$_2$NaO$_3$S）=2 g/L。

称取 0.2 g 甲基橙（C$_{14}$H$_{14}$N$_2$NaO$_3$S）溶解于 100 mL 水中，转入 125 mL 棕色滴瓶中。

4.10 磷酸盐缓冲溶液：pH=7。

分别称取 34.0 g 磷酸二氢钾（KH$_2$PO$_4$）和 89.4 g 磷酸氯二钠（Na$_2$HPO$_4$·12H$_2$O）溶于水中并稀释至 1 000 mL，贮存于小口试剂瓶中。

4.11 醋酸锌溶液：ρ[Zn(CH$_3$COO)$_2$]=100 g/L。

称取 50 g 醋酸锌 [Zn(CH$_3$COO)$_2$] 加水溶解并稀释至 500 mL，转入小口试剂瓶中。

4.12 酒石酸溶液：ρ（C$_4$H$_6$O$_6$）=200 g/L。

称取 100 g 酒石酸（C$_4$H$_6$O$_6$）加水溶解并稀释至 500 mL，转入小口试剂瓶中。

4.13 氰化钾标准贮备溶液（购买市售有证标准物质）：ρ（KCN）=1 g/L。

4.14 氰化钾标准中间溶液：ρ（KCN）=10.0 μg/mL。

量取 2.00 mL 氰化钾标准贮备溶液（4.13）放入 200 mL 容量瓶中，用氢氧化钠溶液（4.1）稀至标线，混匀。

4.15 氰化钾标准使用溶液：ρ（KCN）=1.00 μg/mL。

量取 10.00 mL 氰化钾标准中间溶液（4.14）于 100 mL 容量瓶中，加入氢氧化钠溶液（4.2）稀释至标线，当天配制。

4.16 乙酸铅试纸。

称取 5 g 乙酸铅［$Pb(C_2H_3O_2)_2 \cdot 3H_2O$］溶于水中，并稀释至 100 mL。将滤纸条浸入上述溶液中，1 h 后，取出晾干，贮存于广口瓶中，密封保存。

5 仪器与设备

5.1 分光光度计。

5.2 高温炉。

5.3 带蛇形冷凝管的全玻璃磨口蒸馏器：1 000 mL。

5.4 电炉。

5.5 聚乙烯容器：1 000 mL。

5.6 棕色酸式滴定管：25 mL。

5.7 棕色瓶：1 000 mL。

5.8 移液吸管：10 mL、25 mL。

5.9 棕色小口试剂瓶：1 000 mL。

5.10 棕色滴瓶：125 mL。

5.11 具塞比色管：50 mL。

5.12 沸石。

5.13 一般实验室常备仪器和设备。

6 分析步骤

6.1 标准曲线绘制

标准曲线按以下步骤绘制：

a）取 6 支 50 mL 具塞比色管，分别加入 0 mL、0.50 mL、1.00 mL、2.00 mL、4.00 mL、8.00 mL 氰化钾标准使用溶液（4.15），加水至 25 mL，混匀；

b）加入 5 mL 磷酸盐缓冲溶液（4.10），混匀；

c）加入 0.5 mL 氯胺 T 溶液（4.6），混匀；

d）加入 5 mL 异烟酸-吡唑啉酮溶液（4.8.3），混匀；

e）加水至标线混匀，在（40±1）℃的水浴中加热 15 min，取出，冷却至室温；

f）用 3 cm 比色皿，以水调零，于波长 639 nm 处测定吸光 A_i，须 1 h 内测完；

g）以扣除试剂空白的吸光度 $A_i - A_0$ 为纵坐标、氰化物含量（μg）为横坐标，绘制标准曲线。

注：根据实际样品的浓度范围，曲线浓度范围可适当调整，至少 5 个点（不包含 0 点）。曲线浓度范围不超过两个数量级。

6.2 样品前处理

a）取 500 mL 混匀水样于 1 000 mL 蒸馏瓶中，依次加入 7 滴甲基橙指示液（4.9）、20 mL 醋酸锌溶液（4.11）、10 mL 酒石酸溶液（4.12），如水样不显红色则继续加入酒石酸溶液（4.12）直至水样保持红色，再过量 5 mL；

b）放入少许沸石，立即盖上瓶塞，接好蒸馏装置；

c）移取 10 mL 氢氧化钠溶液（4.2）置于 100 mL 容量瓶中（吸收液），并将冷凝管出口浸没于吸收液中开通冷却水，接通电源进行蒸馏；

d）当馏出液接近 100 mL 时，停止蒸馏，取下容量瓶，加水至标线，混匀，此为馏出液 B。

6.3 样品分析

a）量取 25 mL 馏出液 B 置于 50 mL 具塞比色管中，按照步骤 6.1 b）～f）测定其吸光值 A_w。

b）量取纯水 500 mL 代替水样作为实验室空白，按照步骤 6.1 b）～f）测定吸光值 A_b。

7 结果计算和表示

7.1 计算公式

由（$A_w - A_b$）值从标准曲线中查得相应的氰化物含量（μg）。按式（1）计算：

$$\rho_{CN} = \frac{m_{CN} V_1}{V_2 V} \tag{1}$$

式中：ρ_{CN}——样品中氰化物的浓度，mg/L；

m_{CN}——查标准曲线或由回归方程计算得到的氰化物含量，μg；

V_1——馏出液定容后的体积，mL；

V_2——用于测定的馏出液的体积，mL；

V——量取水样的体积，mL。

7.2 有效数字

当样品含量＜1 mg/L 时，结果保留至小数点后 3 位；当样品含量≥1 mg/L 时，结果保留 3 位有效数字。

8 质量控制

8.1 空白实验

每批样品应至少分析 2 个实验室空白，测定结果应低于方法检出限。

8.2 校准曲线

校准曲线回归方程相关系数 $r \geqslant 0.999$。

8.3 精密度控制

采用实验室分析平行样进行精密度控制。每批次样品应至少分析 10%的平行样，样品数量少于 10 个时，至少分析 1 个平行样，平行样测定结果的相对偏差应符合表 1 的要求。当平行样测定结果为 1 个未检出、1 个检出时，不进行精密度评价。当平行样测定结果处于检出限和测定下限之间时，可多取 1 位有效数字计算相对偏差。

表 1 实验室质量控制参考标准

分析结果所在数量级	平行样	加标样	
	相对偏差	加标回收率	
	上限/%	下限/%	上限/%
10^{-4}	1.0	95	105
10^{-5}	2.5	95	110
10^{-6}	5	95	110
10^{-7}	10	90	110
10^{-8}	20	85	115
10^{-9}	30	80	120

8.4 准确度控制

采用有证标准样品或加标回收率测定进行准确度控制，应优先使用与样品基体相同的有证标准样品开展准确度控制。每批样品应至少测定 5%的有证标准样品或加标回收样，样品数量少于 20 个/批时，应至少测定 2 个有证标准样品或加标回收样。

有证标准样品的测定值应在其保证值范围内。样品加标回收率的加标量应控制在实际样品浓度水平的 0.5～3 倍，加标后样品浓度应控制在校准曲线有效范围内，回收率应符合表 1 给出的范围。当样品测定结果低于方法测定下限时，可不进行加标回收率评价，但应同步使用有证标准样品进行准确度控制。

9 注意事项

9.1 除另有说明外，本方法所用试剂均为分析纯，水为不含氰化物的蒸馏水。

9.2 水样进行蒸馏时应防止倒吸，发现倒吸较严重时，可轻轻敲一下蒸馏器。

9.3 须经常检查氯胺 T 溶液是否失效，检查方法为：取配成的氯胺 T 溶液若干毫升，加入邻甲联苯胺，若呈血红色，则游离氯（Cl_2）含量充足，如呈淡黄色，则游离氯（Cl_2）不足，应重新配制。

9.4 接触氰化物时务必小心，要防止喷溅在任何物体上，严禁氰化物与酸接触，不可用嘴直接吸取氰化物溶液，若操作者手上有破伤或溃烂，必须戴上胶皮手套保护。

9.5 比色管和蒸馏器使用完毕后应浸泡在稀硝酸中。

9.6 水样中加氢氧化钠固体，直至 pH 为 12～12.5，贮存于棕色玻璃瓶中。因氰化物不稳定，水样加碱固定后，也应尽快测定。

9.7 实验过程中产生的氰化物废液，应集中存放于有适量硫代硫酸钠和硫酸亚铁的废液桶中，并交由有资质的单位处理。

编写人员：

赵仕兰（国家海洋环境监测中心）

王晓雯（辽宁省大连生态环境监测中心）

海水　硫化物的测定　亚甲基蓝分光光度法

本方法依据《海洋监测规范　第 4 部分：海水分析》（GB 17378.4—2007）18.1 亚甲基蓝分光光度法编写，作为全国海水水质国控网监测统一方法使用。本方法在 GB 17378.4—2007 的基础上，完善了操作细节、质控要求和注意事项等相关规定。

警告：实验中所使用的硫酸、盐酸有较强的腐蚀性，N,N-二甲基对苯二胺盐酸盐和硫化氢有一定的毒性，操作时应按规定要求佩戴防护器具，避免直接接触，样品前处理过程应在通风橱中进行。

1　适用范围

本方法适用于大洋、近岸、河口水体中硫化物浓度为 10 μg/L 以下的水样。

取样体积为 2 000 mL，使用 1 cm 比色皿测定时，方法检出限为 0.003 mg/L，测定下限为 0.012 mg/L。

2　方法原理

水样中硫化物同盐酸反应，生成的硫化氢随着氮气进入乙酸锌-乙酸钠混合溶液中被吸收。吸收液中硫离子在酸性条件和三价铁离子存在下，同对氨基二甲基苯胺二盐酸盐和硫酸铁铵反应生成亚甲基蓝，在 650 nm 波长处测定其吸光值。

3　干扰和消除

水样中 CN^- 浓度达到 500 mg/L 时，对测定有干扰。NO_2^- 可与亚甲基蓝反应，使测定结果偏低，NO_2^- 浓度（以 N 计）高于 2.0 mg/L 时，本方法不适用。

4　试剂和材料

除非另有说明，分析时均使用符合国家标准的分析纯试剂，实验用水为新制备的去离子水或蒸馏水。

4.1　硫酸（H_2SO_4）：ρ =1.84 g/mL。

4.2　抗坏血酸（$C_6H_8O_6$）。

4.3　盐酸溶液：（1+2）（V/V）。

量取 333 mL 盐酸（HCl，ρ =1.19 g/mL），在搅拌下缓缓加入 667 mL 水中。冷却后，盛于试剂瓶中。

4.4　乙酸锌-乙酸钠混合溶液。

称取 50 g 乙酸锌 [$Zn(CH_3COO)_2 \cdot 2H_2O$] 和 12.5 g 乙酸钠（$CH_3COONa \cdot 3H_2O$）溶于

少量水中，稀释至 1 L，混匀。如浑浊，应过滤。

4.5 硫酸铁铵溶液。

称取 25 g 硫酸铁铵 [Fe(NH$_4$)(SO$_4$)$_2$·12H$_2$O] 于 250 mL 烧杯中，加入水 100 mL、浓硫酸（4.1）5 mL 溶解（可稍加热），加水稀释至 200 mL，混匀。如浑浊，应过滤。

4.6 对氨基二甲基苯胺二盐酸盐溶液。

取 1 g 对氨基二甲基苯胺二盐酸盐 [NH$_2$C$_6$H$_4$N(CH$_3$)$_2$·2HCl] 溶于 700 mL 水中，在不断搅拌下，缓缓加入 200 mL 硫酸（4.1），冷却后，稀释至 1 L，混匀，盛于棕色试剂瓶中，常温可稳定保存 3 个月。

4.7 硫化物标准贮备溶液。

直接购买市售有证标准物质。

4.8 硫化物标准使用溶液：ρ（S^{2-}）=2.00 mg/L。

取一定量的硫化物标准贮备溶液（4.7），将其质量浓度调整为 2.00 mg/L。

4.9 氮气：纯度≥99.999%。

5 仪器和设备

5.1 硫化物酸化-吹气-吸收装置（图 1）。

5.2 分光光度计。

5.3 砂芯漏斗：直径 60 mm。

5.4 一般实验室常备仪器和设备。

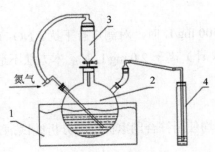

1—水浴；2—反应瓶；3—加酸分液漏斗；4—吸收管

图 1 硫化物酸化-吹气-吸收装置

6 分析步骤

6.1 标准曲线的建立

取 6 支 25 mL 具塞比色管，各加入 10 mL 乙酸锌-乙酸钠混合溶液（4.4），分别加入

0 mL、0.20 mL、0.40 mL、0.60 mL、0.80 mL、1.00 mL 硫化物标准使用溶液（4.8）。加入 5 mL 对氨基二甲基苯胺二盐酸盐溶液（4.6），立即密塞并缓慢倒转一次，加入 1 mL 硫酸铁铵溶液（4.5），混匀。加水定容至 25 mL，混匀。放置 10 min 后，使用 1 cm 比色皿，以水作参比，在波长 650 nm 处测定其吸光值 A_i。未加硫化物标准使用溶液者为标准空白 A_0。以 A_i–A_0 为纵坐标，相应的硫化物浓度（μg/L）为横坐标，绘制标准曲线。

注：根据实际样品的浓度范围，曲线浓度范围可适当调整，至少 6 个点（包含 0 点）。

6.2 样品前处理

取水样 2 000 mL 于反应瓶中，加入 2 g 抗坏血酸（4.2），安装好酸化-吹气-吸收装置。量取乙酸锌-乙酸钠混合溶液（4.4）10 mL 于吸收管中，安放在固定架上，与反应瓶的出口相接；通氮气（4.9）10 min（200～300 mL/min），将反应瓶置于 50～60℃的水浴中；当反应瓶中水样温度达到 50～60℃后，取 30 mL 盐酸溶液（4.3）加于反应瓶上端的加酸分液漏斗中，打开加酸分液漏斗，一次加完盐酸溶液（4.3），以 300 mL/min 的速度继续吹氮气（4.9）30 min，及时关闭加酸分液漏斗的旋塞，以免空气进入曝气瓶中。用少量水冲洗导气管，并入吸收液中，取下吸收管，待测。

6.3 样品分析

往吸收管中加入 5 mL 对氨基二甲基苯胺二盐酸盐溶液（4.6），立即密塞并缓慢倒转一次，加入 1 mL 硫酸铁铵溶液（4.5），充分混匀；全量转移入 25 mL 具塞比色管中，用水稀释至标线。静置 10 min 后，使用 1 cm 比色皿，以水作参比，在波长 650 nm 处测定其吸光值 A_w。以 2 000 mL 纯水代替水样，按照与样品前处理（6.2）相同的步骤测定实验室空白，得吸光值 A_b。

7　结果与记录

7.1　计算公式

$$\rho_s = \rho_1 \cdot \frac{V_2}{V_1} \qquad （1）$$

式中：ρ_s——水样中硫化物的浓度，μg/L；

ρ_1——标准曲线上与 A_w–A_b 值对应的硫化物的浓度，μg/L；

V_2——吸收液定容体积，mL；

V_1——水样体积，mL。

7.2　有效数字

测定结果最多保留 3 位有效数字，小数点位数与检出限保持一致。

8 质量控制

8.1 空白实验

每批次至少分析 2 个实验室空白，其测定结果应低于方法检出限。

8.2 校准

每批样品分析均需绘制校准曲线，校准曲线的相关系数 $r \geqslant 0.999$。

8.3 精密度控制

采用实验室分析平行样进行精密度控制。每批次样品应至少分析 10%的平行样，样品数量少于 10 个时，至少分析 1 个平行样，平行样测定结果的相对偏差应符合表 1 的要求。当平行样测定结果为 1 个未检出、1 个检出时，不进行精密度评价。当平行样测定结果处于检出限和测定下限之间时，可多取一位有效数字计算相对偏差。

表 1　实验室质量控制参考标准

分析结果所在数量级	平行样	加标样	
	相对偏差	加标回收率	
	上限/%	下限/%	上限/%
10^{-4}	1.0	95	105
10^{-5}	2.5	95	110
10^{-6}	5	95	110
10^{-7}	10	90	110
10^{-8}	20	85	115
10^{-9}	30	80	120

8.4 准确度控制

采用有证标准样品或加标回收率测定进行准确度控制，应优先使用与样品基体相同的有证标准样品开展准确度控制。每批样品应至少测定 5%的有证标准样品或加标回收样，样品数量少于 20 个/批时，应至少测定 2 个有证标准样品或加标回收样。

有证标准样品的测定值应在其保证值范围内。样品加标回收率的加标量应控制在实际样品浓度水平的 0.5～3 倍，加标后样品浓度应控制在校准曲线有效范围内，回收率应符合表 1 给出的范围。当样品测定结果低于方法测定下限时，可不进行加标回收率评价，但应同步使用有证标准样品进行准确度控制。

9　注意事项

9.1　水样不能立即分析时，每升水中加入 1.0 mL 乙酸锌溶液（50 g/L）和 2 mL 40 g/L NaOH，予以固定。

9.2　测定水样与绘制标准曲线，条件必须一致，重新配制试剂或室温变化超过 5℃时，要重新绘制标准曲线。

9.3　氮气中如有微量氧，可安装洗气瓶（内装亚硫酸钠饱和溶液）予以除去。

9.4　样品前处理过程中，应注意检查酸化-吹气-吸收装置的气密性，以防止发生漏气导致硫化氢挥发。若发生漏气，应重新取样分析。

9.5　实验过程中产生的废液，应放置于适当的密闭容器中保存，实验结束后，应一并交由有资质的单位处理。

编写人员：
张骁（国家海洋环境监测中心）
彭晓（辽宁省大连生态环境监测中心）

海水 硫化物的测定 亚甲基蓝分光光度法

本方法依据《水质 硫化物的测定 亚甲基蓝分光光度法》（HJ 1226—2021）编写，作为全国海水水质国控网监测统一方法使用。本方法在 HJ 1226—2021 基础上，完善了操作细节、质控要求和注意事项等相关规定。

监测单位可根据实际情况选用其他规格比色皿进行分析测试工作，但需对使用该规格比色皿的方法进行方法验证，明确方法的检出限、精密度和正确度。

警告： 实验中所使用的硫酸、盐酸有较强的腐蚀性，N,N-二甲基对苯二胺盐酸盐和硫化氢有一定的毒性，操作时应按规定要求佩戴防护器具，避免直接接触，样品前处理过程应在通风橱中进行。

1 适用范围

本方法规定了测定海水中硫化物的亚甲基蓝分光光度法。

本方法适用于海水中硫化物的测定。

当取样体积为 200 mL，使用 3 cm 光程比色皿时，前处理法应采用"酸化-蒸馏-吸收"法，方法检出限为 0.003 mg/L，测定下限为 0.012 mg/L。

2 方法原理

样品中的硫化物经酸化、蒸馏后，产生的硫化氢用氢氧化钠溶液吸收，生成的硫离子在硫酸铁铵酸性溶液中与 N,N-二甲基对苯二胺反应，生成亚甲基蓝，于 665 nm 波长处测定其吸光度，硫化物含量与吸光度值成正比。

3 干扰和消除

主要干扰物为 SO_3^{2-}、$S_2O_3^{2-}$、SCN^-、NO_3^-、I^-、NO_2^-、CN^- 和部分重金属离子。硫化物含量为 0.3 mg/L 时，样品中干扰物质的最高允许含量分别为 SO_3^{2-} 700 mg/L、$S_2O_3^{2-}$ 900 mg/L、SCN^- 900 mg/L、NO_3^- 200 mg/L、I^- 400 mg/L、CN^- 5 mg/L、Cu^{2+} 2 mg/L、Pb^{2+} 25 mg/L、Hg^{2+} 4 mg/L。NO_2^- 可与亚甲基蓝反应，使测定结果偏低，NO_2^- 浓度（以 N 计）高于 2.0 mg/L 时，本方法不适用。

4 试剂和材料

除另有说明外，分析时均使用符合国家标准的分析纯试剂，实验用水为新制备的去离子水或蒸馏水。

4.1　除氧去离子水。

通过离子交换柱制得去离子水，以 200～300 mL/min 的速度通氮气约 20 min，使水中氮气饱和，以除去水中溶解氧。制备的除氧去离子水应立即密封，并存放于玻璃瓶内。临用现制。

4.2　硫酸（H_2SO_4）：ρ=1.84 g/mL。

4.3　盐酸（HCl）：ρ=1.19 g/mL。

4.4　氢氧化钠（NaOH）。

4.5　N,N-二甲基对苯二胺盐酸盐［$NH_2C_6H_4N(CH_3)_2 \cdot 2HCl$］。

4.6　硫酸铁铵［$Fe(NH_4)(SO_4)_2 \cdot 12H_2O$］。

4.7　乙酸锌［$Zn(CH_3COO)_2 \cdot 2H_2O$］。

4.8　抗坏血酸（$C_6H_8O_6$）。

4.9　乙二胺四乙酸二钠（$C_{10}H_{14}O_8N_2Na_2 \cdot 2H_2O$）。

4.10　盐酸溶液。

量取 250 mL 盐酸（4.3）缓慢注入 250 mL 水中，冷却。

4.11　乙酸锌溶液：c［$Zn(CH_3COO)_2$］=1 mol/L。

称取 220 g 乙酸锌（4.7），溶于 1 000 mL 水中，若浑浊需过滤后使用。

4.12　氢氧化钠溶液：ρ（NaOH）=10 g/L。

称取 10.0 g 氢氧化钠（4.4）溶于 1 000 mL 水中，摇匀。

4.13　抗氧化剂溶液。

称取 4.0 g 抗坏血酸（4.8）、0.2 g 乙二胺四乙酸二钠（4.9）、0.6 g 氢氧化钠（4.4）溶于 100 mL 水中，摇匀并贮存于棕色试剂瓶中。临用现制。

4.14　N,N-二甲基对苯二胺溶液：ρ［$NH_2C_6H_4N(CH_3)_2 \cdot 2HCl$］=2 g/L。

称取 2.0 g N,N-二甲基对苯二胺盐酸盐（4.5）溶于 700 mL 水中，缓慢加入 200 mL 硫酸（4.2），冷却后用水稀释至 1 000 mL，摇匀。此溶液室温下贮存于密闭的棕色瓶内，可稳定 3 个月。

4.15　硫酸铁铵溶液：ρ［$Fe(NH_4)(SO_4)_2 \cdot 12H_2O$］=100 g/L。

称取 25.0 g 硫酸铁铵（4.6）溶于 100 mL 水中，缓慢加入 5.0 mL 硫酸（4.2），冷却后用水稀释至 250 mL，摇匀。溶液如出现不溶物，应过滤后使用。

4.16　硫化物标准溶液。

购买市售有证标准物质。

4.17　硫化物标准使用溶液：ρ（S^{2-}）=2.00 mg/L。

将一定量硫化物标准溶液（4.16）移入已加入 2.0 mL 氢氧化钠溶液（4.12）和适量除氧去离子水（4.1）的 100 mL 棕色容量瓶中，用除氧去离子水（4.1）定容，配制成含硫离子浓度为 2.00 mg/L 的硫化物标准使用溶液。临用现制。

4.18　氮气：纯度≥99.999%。

5　仪器和设备

5.1　样品瓶：200 mL，棕色具塞磨口玻璃瓶。

5.2　分光光度计：具 3 cm 光程比色皿。

5.3　酸化-蒸馏-吸收装置（图 1）。

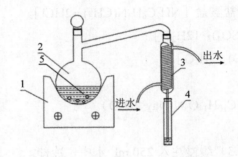

1—加热装置；2—500 mL 蒸馏瓶；3—冷凝管；4—100 mL 吸收管；5—防爆玻璃珠

图 1　硫化物"酸化-蒸馏-吸收"装置示意图

5.4　吸收管：100 mL 具塞比色管。

5.5　一般实验室常用仪器和设备。

6　分析步骤

6.1　标准曲线的建立

取 6 支吸收管（5.4），各加入 20 mL 氢氧化钠溶液（4.12），分别量取 0 mL、1.00 mL、2.50 mL、5.00 mL、7.50 mL、10.00 mL 硫化物标准使用溶液（4.17）移入吸收管（5.4），加入除氧去离子水（4.1）至约 60 mL，沿吸收管壁缓慢加入 10 mL N,N-二甲基对苯二胺溶液（4.14），立即盖塞并缓慢倒转一次。拔塞，沿吸收管壁缓慢加入 1 mL 硫酸铁铵溶液（4.15），立即盖塞并充分摇匀。放置 10 min 后，用除氧去离子水（4.1）定容至标线，摇匀。使用 3 cm 光程比色皿，以除氧去离子水（4.1）作参比，在波长 665 nm 处测量吸光度。以硫化物的含量（μg）为横坐标，以扣除零浓度点后的吸光度值为纵坐标，建立标准曲线。

注：根据实际样品的浓度范围，曲线浓度范围可适当调整，至少 5 个点（不包含 0 点）。曲线浓度范围不超过两个数量级。

6.2　样品前处理

量取 200 mL 混匀的水样，或适量样品加入除氧去离子水（4.1）稀释至 200 mL，迅速转移至 500 mL 蒸馏瓶中，再加入 5 mL 抗氧化剂溶液（4.13），轻轻摇动，加数粒防爆玻璃珠。量取 20.0 mL 氢氧化钠溶液（4.12）于 100 mL 吸收管（5.5）中作为吸收液，插入馏出液导管至吸收液液面以下，以保证吸收完全。打开冷凝水，向蒸馏瓶中迅速加入 10 mL 盐酸溶液（4.10），立即盖紧塞子，打开温控电炉，调节到适当的加热温度，以 2～4 mL/min 的馏出速度蒸馏。当吸收管中的溶液体积达到约 60 mL 时，撤下蒸馏瓶，取下吸收管，停止蒸馏。用少量除氧去离子水（4.1）冲洗馏出液导管，并入吸收液中，待测。

用实验用水代替实际样品，按照与试样的制备相同的步骤进行实验室空白试样的制备。

6.3 样品分析

沿吸收管壁缓慢加入 10 mL N,N-二甲基对苯二胺溶液（4.14），立即盖塞并缓慢倒转一次。拔塞，沿吸收管壁缓慢加入 1 mL 硫酸铁铵溶液（4.15），立即盖塞并充分摇匀。放置 10 min 后，用除氧去离子水（4.1）定容至标线，摇匀。使用 3 cm 光程比色皿，以除氧去离子水（4.1）作参比，在波长 665 nm 处测量吸光度 A。

按照与试样的测定相同的步骤测定实验室空白试样的吸光度 A_0。

7 结果计算与表示

7.1 结果计算

样品中硫化物的浓度 $\rho(S^{2-})$ 按照式（1）进行计算：

$$\rho(S^{2-}) = \frac{A - A_0 - a}{b \times V} \tag{1}$$

式中：$\rho(S^{2-})$——样品中硫化物的浓度，mg/L；

$\quad A$ ——试样的吸光度；

$\quad A_0$——空白试样的吸光度；

$\quad a$ ——标准曲线的截距；

$\quad b$ ——标准曲线的斜率，μg^{-1}；

$\quad V$——试样体积，mL。

7.2 有效数字

测定结果最多保留 3 位有效数字，小数点后位数与检出限一致。

8 准确度

8.1 精密度

当取样体积为 200 mL，使用 3 cm 光程比色皿，6 家实验室分别对加标浓度为 0.01 mg/L、0.05 mg/L、0.09 mg/L 的 2 种实际样品（地下水和海水）进行 6 次重复测定，实验室内相对标准偏差分别为 11%～14%、6.2%～12%、3.8%～9.8%。

8.2 正确度

当取样体积为 200 mL，使用 3 cm 光程比色皿，6 家实验室分别对加标浓度为 0.01 mg/L、0.05 mg/L、0.09 mg/L 的 2 种实际样品（地下水和海水）进行 6 次重复测定，加标回收率分别为 63.2%～69.8%、75.7%～85.3%、87.2%～94.8%。

9 质量保证和质量控制

9.1 空白实验

每批样品应至少采集 1 个全程序空白样品和制备 1 个实验室空白样品，其测定结果应低于方法检出限。

9.2 校准曲线

标准曲线的相关系数 $r \geqslant 0.999$。

9.3 精密度控制

采用实验室分析平行样进行精密度控制。每批次样品应至少分析 10%的平行样，样品数量少于 10 个时，至少分析 1 个平行样，平行样测定结果的相对偏差应符合表 1 的要求。当平行样测定结果为 1 个未检出、1 个检出时，不进行精密度评价。当平行样测定结果处于检出限和测定下限之间时，可多取 1 位有效数字计算相对偏差。

表 1 实验室质量控制参考标准

分析结果所在数量级	平行样	加标样	
	相对偏差	加标回收率	
	上限/%	下限/%	上限/%
10^{-4}	1.0	95	105
10^{-5}	2.5	95	110
10^{-6}	5	95	110
10^{-7}	10	90	110
10^{-8}	20	85	115
10^{-9}	30	80	120

9.4 准确度控制

采用有证标准样品或加标回收率测定进行准确度控制，应优先使用与样品基体相同的有证标准样品开展准确度控制。每批样品应至少测定 5%的有证标准样品或加标回收样，样品数量少于 20 个/批时，应至少测定 2 个有证标准样品或加标回收样。

有证标准样品的测定值应在其保证值范围内。样品加标回收率的加标量应控制在实际样品浓度水平的 0.5～3 倍，加标后样品浓度应控制在校准曲线有效范围内，回收率应符合表 1 给出的范围。当样品测定结果低于方法测定下限时，可不进行加标回收率评价，但应同步使用有证标准样品进行准确度控制。

10　注意事项

10.1　玻璃器皿的接口均应采用磨口设计，各连接管最好采用玻璃管连接。当采用硅胶管连接时，若加标回收率明显降低，应立即更换。

10.2　试样制备过程中，应注意检查吹气或蒸馏装置的气密性，以防止发生漏气导致硫化氢挥发。若发生漏气，应重新取样分析。

10.3　实验中产生的废物应分类收集，集中保管，并做好相应标识，依法委托有资质的单位处理。

附录 A

（资料性附录）

方法的准确度

A.1　精密度

当取样体积为 200 mL，使用 30 mm 光程比色皿测定硫化物的精密度数据参见表 A.1。

表 A.1　30 mm 光程比色皿测定硫化物精密度数据汇总

前处理方法	样品类型	加标浓度/（mg/L）	实验室内相对标准偏差/%
酸化-蒸馏-吸收	实际样品（海水）	0.01	11～14
		0.05	6.2～12
		0.09	3.8～9.8

注 1：海水的实际样品中硫化物均未检出。

注 2：实际样品有 3 家实验室参加方法验证。

A.2　正确度

当取样体积为 200 mL，使用 30 mm 光程比色皿测定硫化物的正确度数据参见表 A.2。

表 A.2　30 mm 光程比色皿测定硫化物正确度数据汇总

前处理方法	样品类型	加标浓度/（mg/L）	加标回收率/%
酸化-蒸馏-吸收	实际样品（海水）	0.01	63.2～69.8
		0.05	75.7～85.3
		0.09	87.2～94.8

注 1：海水的实际样品中硫化物均未检出。

注 2：实际样品有 3 家实验室参加方法验证。

编写人员：

张骁（国家海洋环境监测中心）

彭晓（辽宁省大连生态环境监测中心）

海水　挥发性酚的测定　4-氨基安替比林分光光度法

本方法依据《海洋监测规范　第 4 部分：海水分析》（GB 17378.4—2007）19 挥发性酚——4-氨基安替比林分光光度法编写，作为全国海水水质国控点位监测统一方法使用。本方法在 GB 17378.4—2007 的基础上，完善了操作细节、质控要求和注意事项等相关规定。

监测单位可根据实际情况选用其他规格比色皿进行分析测试工作，但需对使用该规格比色皿的方法进行方法验证，明确方法的检出限、精密度和正确度。

1　适用范围

本方法适用于海水及工业排污口水体中酚含量低于 10 mg/L 的测定，酚含量超过此值，可用溴化滴定法。

取样体积为 200 mL，使用 2 cm 比色皿测定时，方法检出限为 0.001 1 mg/L，检测下限为 0.004 4 mg/L。

2　方法原理

被蒸馏出的挥发酚类在 pH 为 10.0±0.2 和以铁氰化钾为氧化剂的溶液中，与 4-氨基安替比林反应形成有色的安替比林染料。此染料的最大吸收波长在 510 nm 处，颜色在 30 min 内稳定，用三氯甲烷萃取，可稳定 4 h 并能提高灵敏度，但最大吸收波长移至 460 nm。本方法不能区别不同类型的酚，而在每份试样中各种酚类化合物的百分组成是不确定的，因此，不能提供含有混合酚的通用标准参考物，本方法用苯酚作为参比标准。

3　干扰和消除

来自水体的干扰可能有分解酚的细菌、氧化及还原物质和样品的强碱性条件。在分析前除去干扰化合物的过程中，可能有一部分挥发酚类被除去或损失。因此，对一些高污染海水，为消除干扰和定量回收挥发酚类，需要较严格的操作技术，具体步骤如下。

3.1　水样中的氧化剂能将酚类氧化而使结果偏低。采样后取一滴酸化了的水样与淀粉-碘化钾于试纸上，若试纸变蓝则说明水中有氧化剂。采样后应立即加入硫酸亚铁溶液或抗坏血酸溶液，以除去所有的氧化性物质。过剩的硫酸亚铁或抗坏血酸在蒸馏步骤中被除去。

3.2　水样中含有石油制品，如油类和焦油等低沸点污染物，可使蒸馏液浑浊，某些酚类化合物还能溶于这些物质中。采样后用分液漏斗分离出浮油，在没有硫酸铜（$CuSO_4$）存在的条件下，先用粒状氢氧化钠（NaOH）将 pH 调节至 12～12.5，使酚成为酚钠，以避免萃取酚类化合物。尽快用四氯化碳（CCl_4）从水相中提出杂质（每升废水用 40 mL 四氯化碳萃取两次），并将 pH 调至 4.0。

3.3 用三氯甲烷萃取时，须用无酚水做一试剂空白，或先用 1 g/L 氢氧化钠溶液洗涤三氯甲烷，以除去可能存在的酚。二氯甲烷可代替三氯甲烷，尤其在用氢氧化钠提纯三氯甲烷溶液形成乳浊液时。

3.4 硫的化合物，酸化时释放出硫化氢能干扰酚的测定，用磷酸将水样酸化至 pH 为 4.0，短时间搅拌曝气即可除去硫化氢及二氧化硫的干扰。然后加入足够的硫酸铜溶液（4.4），使样品呈淡蓝色或不再有硫化铜沉淀产生。然后将 pH 调至 4.0。铜（Ⅱ）离子抑制了生物降解，酸化保证了铜（Ⅱ）离子的存在并消除样品为强碱性时的化学变化。

4 试剂与材料

除另有说明外，分析时均使用符合国家标准的分析纯化学试剂，实验用水均为无酚水或现用现制的超纯水。

4.1 无酚水。

将普通蒸馏水放置于全玻璃蒸馏器中，加氢氧化钠至强碱性，滴入高锰酸钾溶液至深紫红色，放入少许无釉瓷片，加热蒸馏。弃去初馏分，收集无酚水于硬质玻璃瓶中，或于每升蒸馏水中加入 0.2 g 经 280℃ 活化 4 h 的活性碳粉末，充分振摇后用 0.45 μm 滤膜过滤。

4.2 磷酸溶液。

用水稀释 10 mL 磷酸（H_3PO_4，$\rho = 1.69$ g/mL）至 100 mL。

4.3 甲基橙指示液：$\rho = 2$ g/L。

4.4 硫酸铜溶液：$\rho = 100$ g/L。

称取 10 g 硫酸铜（$CuSO_4 \cdot 5H_2O$）溶解于水中，并稀释至 100 mL。

4.5 三氯甲烷（$CHCl_3$）或二氯甲烷（CH_2Cl_2）。

4.6 苯酚标准贮备溶液。

购买市售有证标准物质。

4.7 酚标准中间溶液：$\rho = 10.0$ mg/L。

量取 10.00 mL 酚标准贮备溶液（4.6）于 1 000 mL 容量瓶中，用无酚水（4.1）稀释至标线。当天配制。

4.8 酚标准使用溶液：$\rho = 1.00$ mg/L。

量取 10.00 mL 酚标准中间溶液（4.7）于 100 mL 容量瓶中，用无酚水（4.1）稀释至标线。临用时配制。

4.9 缓冲溶液：称取 20 g 氯化铵（NH_4Cl）溶于 100 mL 浓氨水（$NH_3 \cdot H_2O$，$\rho = 0.90$ g/mL）中，此溶液 pH 为 9.8。

4.10 4-氨基安替比林溶液（20 g/L）：称取 2 g 4-氨基安替比林溶于水中，并稀释至 100 mL，贮存于棕色瓶中，置冰箱内，有效期为 1 周。

4.11　铁氰化钾溶液（80 g/L）：称取 8 g 铁氰化钾溶于水，溶解后移入 100 mL 容量瓶中，用水稀释至标线。置冰箱内冷藏，可稳定 1 周，颜色变深时，应重新配制。

5　仪器与设备

5.1　分光光度计：具 460 nm 波长，并配有相应光程的比色皿。

5.2　蒸馏装置：全玻璃蒸馏器和蛇形冷凝管。

5.3　锥形分液漏斗：250 mL。

5.4　蒸馏瓶：100 mL。

5.5　空气冷凝管（可用玻璃管自弯制）。

5.6　水银温度计：250℃。

5.7　棕色量瓶：100 mL。

5.8　棕色试剂瓶：125 mL、500 mL。

5.9　比色管：棕色，50 mL。

5.10　一般实验室常用仪器和设备。

6　分析步骤

6.1　标准曲线绘制

标准曲线应当在每批样品分析当天绘制。

6.1.1　吸取 0 mL、0.50 mL、1.00 mL、2.00 mL、4.00 mL、7.00 mL、10.00 mL、15.00 mL 酚标准使用溶液（4.8），分别置于预先盛有 100 mL 无酚水（4.1）的 250 mL 分液漏斗中，最后加入无酚水（4.1）至 200 mL，混匀。

6.1.2　向各分液漏斗内加入 1.00 mL 缓冲溶液（4.9）混匀。再各加入 1.0 mL 4-氨基安替比林溶液（4.10），混匀，加入 1.0 mL 铁氰化钾溶液（4.11），混匀，放置 10 min。加入 10.0 mL 三氯甲烷（4.5），振摇 2 min，静置分层，接取三氯甲烷提取液于 3 cm 比色皿中，在波长 460 nm 处，用三氯甲烷（4.5）作参比，测定吸光值（A_i）。以吸光值 $A_i - A_0$（标准空白）为纵坐标、酚浓度为横坐标绘制标准曲线。

注：根据实际样品的浓度范围，曲线浓度范围可适当调整，至少 5 个点（不包含 0 点）；曲线浓度范围不超过两个数量级。

6.2　样品前处理

量取 200 mL 水样，若酚量高可少取水样，记下体积 V，加入无酚水（4.1）至 200 mL，置于 500 mL 全玻璃蒸馏器中，蒸馏前，向蒸馏瓶内再多加入 50 mL 左右无酚水（4.1）。用磷酸溶液（4.2）调节 pH 至 4.0 左右［用甲基橙指示液（4.3），使水样由橘色变为橙红色。加入 5 mL 硫酸铜溶液（4.4），放入少许无釉瓷片，加热。直到收集馏出液（D）≥200 mL 为止。若样品已加入磷酸和硫酸铜保存，则可直接蒸馏。

6.3 样品分析

6.3.1 试样测定

将馏出液（D）全量转入 250 mL 分液漏斗中，按步骤 6.1.2 测定吸光值 A_w。

6.3.2 自控样品分析

a）实验室空白：以无酚水代替水样，做实验室空白测定 A_b，空白试剂的选择应与标准曲线系列溶液保持一致。

b）自控样品：能够获得海水标样时，应将质控样与实际样品一同处理和分析，检查分析结果的准确性。在不能获得海水质控样时，可通过样品加标来检查分析结果的准确性。检查分析结果的精密性采用平行样控制方式进行。

海水自控样的浓度应与实际样品浓度接近。样品加标浓度范围一般为实际样品浓度的 0.5～3 倍，低于测定下限的样品不进行精密度评价。

7   结果计算和表示

7.1   计算公式

记录测得数据，由 A_w-A_b 查标准曲线或用线性回归方程计算水样中挥发酚的浓度。若是经稀释后再蒸馏的水样，则按式（1）计算酚浓度：

$$\rho_f = \frac{c \times V_1}{V} \tag{1}$$

式中：ρ_f ——样品中酚浓度，μg/L；

　　　c ——查标准曲线得酚浓度，μg/L；

　　　V_1 ——馏出液（D）体积，mL；

　　　V ——量取水样体积，mL。

7.2 有效数字

当测定结果 <1.00 mg/L 时，保留到小数点后 3 位；当测定结果 ≥1.00 mg/L 时，一般保留 3 位有效数字。

8   质量控制

8.1   空白实验

每个分析批次至少测定 2 个实验室空白，测定结果应低于方法检出限。

8.2   校准

每批样品分析均需绘制校准曲线，校准曲线的相关系数 r≥0.999，否则应重新绘制校准曲线。

8.3　精密度控制

　　采用实验室分析平行样进行精密度控制。每批次样品应至少分析 10%的平行样，样品数量少于 10 个时，至少分析 1 个平行样，平行样测定结果的相对偏差应符合表 1 的要求。当平行样测定结果为 1 个未检出、1 个检出时，不进行精密度评价。当平行样测定结果处于检出限和测定下限之间时，可多取 1 位有效数字计算相对偏差。

表 1　实验室质量控制参考标准

分析结果所在数量级	平行样	加标样	
	相对偏差	加标回收率	
	上限/%	下限/%	上限/%
10^{-4}	1.0	95	105
10^{-5}	2.5	95	110
10^{-6}	5	95	110
10^{-7}	10	90	110
10^{-8}	20	85	115
10^{-9}	30	80	120

8.4　准确度控制

　　采用有证标准样品或加标回收率测定进行准确度控制，应优先使用与样品基体相同的有证标准样品开展准确度控制。每批样品应至少测定 5%的有证标准样品或加标回收样，样品数量少于 20 个/批时，应至少测定 2 个有证标准样品或加标回收样。

　　有证标准样品的测定值应在其保证值范围内。样品加标回收率的加标量应控制在实际样品浓度水平的 0.5～3 倍，加标后样品浓度应控制在校准曲线有效范围内，回收率应符合表 1 给出的范围。当样品测定结果低于方法测定下限时，可不进行加标回收率评价，但应同步使用有证标准样品进行准确度控制。

9　注意事项

9.1　将水样蒸馏，馏出液清亮，无色，从而消除浑浊和颜色的干扰，铁（Ⅲ）能与铁氰酸根生成棕色产物而干扰测定，蒸馏可排除这一干扰。pH 在 8.0～10.0 范围内显示的颜色都可以，但为了防止芳香胺（苯胺、甲苯胺、乙酰苯胺）的干扰，以 pH 为 9.8～10.2 最适合，因为此范围内 20 mg/L 苯胺所产生的颜色仅相当于 0.1 mg/L 酚的颜色。

9.2　游离氯能氧化 4-氨基安替比林，还能与酚发生取代反应生成氯酚。

9.3　主试剂在空气中易变质而使底色加深，此外，4-氨基安替比林的纯度越高，灵敏度越高，如配制的 4-氨基安替比林溶液颜色较深时，可用活性炭处理脱色。

9.4 过硫酸铵［$(NH_4)_2S_2O_8$］可替代铁氰化钾［$K_3Fe(CN)_6$］。

9.5 测定酚的水样必须用全玻璃蒸馏器蒸馏，如用橡皮塞、胶皮管等连接蒸馏烧瓶及冷凝管，都能使结果偏离和出现假阳性而产生误差。

9.6 应严格按照分析步骤的顺序加入各种试剂，不得随意更改。

9.7 停止蒸馏时，须防电炉预热引起的爆沸，以免将瓶塞冲起砸碎或沾污冷凝管。

9.8 比色槽在连续使用过程中，宜用氯仿荡洗，蒸发至干。

9.9 本方法所使用的试剂和标准溶液为有毒化合物，配制过程应在通风柜中进行。

9.10 实验过程中产生的废液，应放置于适当的密闭容器中保存，实验结束后，应一并交由有资质的单位处理。

编写人员：

姚文君（国家海洋环境监测中心）

张蕾（河北省秦皇岛生态环境监测中心）

刘志远（河北省秦皇岛生态环境监测中心）

海水　石油类的测定　荧光分光光度法

本方法依据《海洋监测规范　第 4 部分：海水分析》（GB 17378.4—2007）13.1 荧光分光光度法编写，作为全国海水水质国控网监测统一方法使用。本方法在 GB 17378.4—2007 的基础上，完善了操作细节、质控要求和注意事项等相关规定。

1　适用范围

本方法规定了测定大洋、近海、河口等水体中油类的荧光分光光度法。

本方法适用于海水、河口水及入海排污口污水样品中油类的测定。

取样体积为 500 mL，使用 1 cm 荧光比色皿测定时，方法检出限为 0.001 mg/L，检测下限为 0.004 mg/L。

2　方法原理

用石油醚萃取海水中油类的芳烃组分，在荧光分光光度计上，以 310 nm 为激发波长，测定 360 nm 发射波长的荧光强度，其相对荧光强度与石油醚中芳烃的浓度成正比。

3　试剂与材料

除另有说明外，分析时均使用符合国家标准的分析纯化学试剂，水为去离子水或等效纯水。

3.1　活性炭：层析用粒状活性炭，60 目（250 μm）。

3.2　硫酸：ρ（H_2SO_4）=1.84 g/mL。

3.3　石油醚。

沸点为 60～90℃，当其荧光强度小于标准油品（0.1 mg/mL）相对荧光强度的 1%时，可直接使用，否则应进行脱芳处理。

3.4　盐酸：ρ（HCl）=1.19 g/mL。

3.5　氢氧化钠（NaOH）：分析纯。

3.6　盐酸溶液：c（HCl）=2.0 mol/L。

在搅拌下将 10 mL 盐酸（3.4）与 500 mL 蒸馏水混匀。

3.7　氢氧化钠溶液：c（NaOH）=2.0 mol/L。

称取 40 g 氢氧化钠（3.5）溶于水中，加水至 500 mL。

3.8　活性炭处理。

称取 1 000 g 活性炭（3.1）于烧杯中，用盐酸溶液（3.6）浸泡 2 h，依次用自来水、蒸馏水冲洗至中性。倾出水分后，用氢氧化钠溶液（3.7）浸泡 2 h，依次用自来水、蒸馏水冲洗至中性，于 100℃烘干。将烘干的活性炭放入瓷坩埚中，盖好盖子，于 500℃高温炉内活化 2 h，炉温降至 50℃左右时，取出放入干燥器中，备用。

3.9 活性炭层析柱。

将玻璃层析柱清洗干净后，自然干燥，柱头先装入少许玻璃毛或脱脂棉。将处理过的活性炭（3.8）放入烧杯中，用石油醚（3.3）充分浸泡，排尽活性炭中的空气，边搅拌边倒入玻璃层析柱中，装柱时注意避免出现气泡。

3.10 脱芳处理。

可购置市售免脱芳石油醚，并经验收合格后直接使用。或按下述步骤对需脱芳石油醚进行脱芳处理：

将石油醚（3.3）倾入活性炭层析柱（3.9）中，初始流出的石油醚质量较差，注意检查流出石油醚的相对荧光强度，当其荧光强度小于标准油品（0.1 mg/mL）相对荧光强度的 1%时，以 60～100 滴/min 的流速收集石油醚于清洁容器中，混匀后分装于试剂瓶中，待用。

3.11 硫酸溶液（1+3）。

在搅拌下将 1 体积的硫酸（3.2）与 3 体积蒸馏水混合。

3.12 油标准贮备溶液：ρ=1 000 μg/mL。

准确称取 1.000 g 标准油于 5 mL 称量瓶中，用少量石油醚（3.3）溶解，用吸管移入 1 000 mL 容量瓶中，称量瓶用石油醚（3.3）洗涤数次，洗涤液均移入容量瓶中，用石油醚（3.3）稀释至标线，混匀。或直接购买市售有证标准溶液。

3.13 油标准使用溶液：ρ=100 μg/mL。

移取 5.00 mL 油标准贮备溶液（3.12）于 50 mL 容量瓶中，用石油醚（3.3）稀释至标线，混匀。

4 仪器与设备

4.1 荧光分光光度计：具 1 cm 荧光比色皿。

4.2 容量瓶：10 mL、50 mL、1 000 mL。

4.3 移液管：10 mL、20 mL。

4.4 烧杯：50 mL、1 000 mL。

4.5 带刻度比色管：20 mL。

4.6 锥形分液漏斗：500 mL。

4.7 称量瓶：5 mL、100 mL。

4.8 瓷坩埚：100 mL、200 mL。

4.9 玻璃层析柱：直径 25 mm，长度 900 mm。

4.10　一般实验室常用仪器和设备。

5　分析步骤

5.1　校准曲线绘制

在 6 个 10 mL 容量瓶中，分别加入 0 mL、0.1 mL、0.2 mL、0.3 mL、0.4 mL、0.5 mL 油标准使用溶液（3.13），用石油醚（3.3）稀释至标线，混匀，此时其所对应的油类浓度分别为 0 μg/mL、1.0 μg/mL、2.0 μg/mL、3.0 μg/mL、4.0 μg/mL、5.0 μg/mL［根据实际样品的浓度范围，曲线浓度范围可适当调整，至少 6 个点（包含 0 点）］；将系列各点从低浓度向高浓度依次加入 1 cm 石英测量池中，以相同溶剂作参比，于激发波长 310 nm、发射波长 360 nm 测定相对荧光强度 I_0 和 I_i，以 I_i–I_0 为纵坐标、相应的浓度（μg/mL）为横坐标，绘制标准曲线。

5.2　样品分析

将酸化后的约 500 mL 水样全量转入分液漏斗中，准确加入 10.0 mL 石油醚（3.3）振荡 2 min（其间注意放气），静置分层，将水相放入原水样瓶中，石油醚萃取液收集于 20 mL 带刻度比色管中。用相同的步骤再萃取一次，合并两次石油醚萃取液，用石油醚（3.3）定容至标线（V_1）。测量水样体积，减去硫酸溶液用量得出水样实际体积 V_2。将石油醚萃取液移入 1 cm 石英测定池中，测定激发波长 310 nm、发射波长 360 nm 处的荧光强度 I_w。由 I_w–I_b 查标准曲线或用线性回归计算得浓度 Q。

如果不能及时测定，应将石油醚萃取液密封避光贮存于 0℃ 左右的冰箱中，于 20 d 之内测定。

5.3　分析空白

以 500 mL 实验用水代替水样做全程序空白测定 I_b。

6　结果与记录

6.1　结果计算

水样中油类的质量浓度按式（1）计算：

$$\rho_{oil} = Q \cdot \frac{V_1}{V_2} \tag{1}$$

式中：ρ_{oil}——水样中油类的质量浓度，mg/L；

　　　Q——由标准曲线得到石油醚萃取液的质量浓度，mg/L；

　　　V_1——萃取剂石油醚的体积，mL；

　　　V_2——实际水样体积，mL。

6.2　结果表示

当样品含量＜1 mg/L 时，结果保留至小数点后 3 位；当样品含量≥1 mg/L 时，结果保留 3 位有效数字。

7 准确度

重复性相对标准偏差 4.6%；再现性相对标准偏差 9.3%；相对误差 5.0%。

8 质量保证和质量控制

8.1 空白样品

每个分析批次至少分析 2 个实验室空白，测定结果应低于方法检出限。

8.2 标准曲线

校准曲线的相关系数 $r \geq 0.999$，否则应重新绘制校准曲线。

8.3 精密度控制

采用实验室分析平行样进行精密度控制。每批次样品应至少分析 10%的平行样，样品数量少于 10 个时，至少分析 1 个平行样，平行样测定结果的相对偏差应符合表 1 的要求。当平行样测定结果为 1 个未检出、1 个检出时，不进行精密度评价。当平行样测定结果处于检出限和测定下限之间时，可多取 1 位有效数字计算相对偏差。

表 1 实验室质量控制参考标准

分析结果所在数量级	平行样	加标样	
	相对偏差	加标回收率	
	上限/%	下限/%	上限/%
10^{-4}	1.0	95	105
10^{-5}	2.5	95	110
10^{-6}	5	95	110
10^{-7}	10	90	110
10^{-8}	20	85	115
10^{-9}	30	80	120

8.4 准确度控制

采用有证标准样品进行准确度控制。每批样品应至少测定 5%的有证标准样品，样品数量少于 20 个/批时，应至少测定 2 个有证标准样品。有证标准样品的测定值应在其保证值范围内。

9 注意事项

9.1 现场取样及实验室处理，应仔细认真，严防沾污。

9.2　用过的玻璃器皿，应及时用硝酸溶液（1+1）浸泡、洗净、烘干。

9.3　所使用的石油醚，其荧光强度与最大的瑞利散射峰强度比应≤2%。

9.4　样品分析过程中产生的废液应存放于密闭容器中，妥善处理。

9.5　荧光分光光度计使用前，可通过调节光栅宽度、光源强度，使荧光分光光度计处于最佳状态。使用前用荧光分光光度计对校准曲线第一个浓度点进行多次平行测定，其信号值波动稳定。

编写人员：

王艳洁（国家海洋环境监测中心）

郭晶晶（天津市生态环境监测中心）

海水 六六六、滴滴涕的测定 气相色谱法

本方法依据《海洋监测技术规范 第1部分：海水》（HY/T 147.1—2013）编写，作为全国海水水质国控网监测统一方法使用。本方法在 HY/T 147.1—2013 的基础上，优化了操作细节、质控要求和注意事项等相关规定。

监测单位可根据实际情况选用不同前处理进行分析测试工作，但需对使用不同前处理的方法进行方法验证，明确方法的检出限、精密度和正确度。

1 适用范围

本方法适用于海水、河口水及入海排污口污水样品中六六六、滴滴涕的测定。

本方法适用于海水、河口水及入海排污口污水样品中六六六、滴滴涕的测定。

当取样量为 1 000 mL 时，六六六、滴滴涕的检出限分别为 2 ng/L、4 ng/L。

2 方法原理

海水中六六六、滴滴涕经正己烷萃取、净化和浓缩，用毛细管柱气相色谱、电子捕获检测器（ECD）测定其各异构体含量，总含量为各异构体含量之和。

3 试剂和材料

3.1 硫酸（H_2SO_4）：ρ=1.84 g/mL，优级纯。

3.2 无水硫酸钠（Na_2SO_4）：550℃灼烧 8 h 以上，冷却后密闭保存，有效期为 1 个月。

3.3 正己烷（C_6H_{14}）：色谱纯。

3.4 丙酮（C_3H_6O）：色谱纯。

3.5 丙酮/正己烷：（1+9）。

3.6 六六六、滴滴涕标准贮备溶液：ρ=1 000 mg/L，溶剂为正己烷。

3.7 六六六、滴滴涕标准使用溶液：ρ=1.0 mg/L，溶剂为正己烷。

取 20.0 μL 六六六、滴滴涕标准贮备溶液（3.6），用正己烷稀释至 1.0 mg/L。

3.8 载气氮气：纯度≥99.999%。

4 仪器和设备

4.1 气相色谱仪：具电子捕获检测器（ECD）。

4.2 色谱柱1：石英毛细管柱：长 30 m，内径 0.32 mm，膜厚 0.25 μm，固定相为 5% 的聚二苯基硅氧烷和 95% 的聚二甲基硅氧烷，或其他等效的色谱柱。

4.3　色谱柱 2：石英毛细管柱：30 m×0.32 mm，膜厚 0.25 μm，固定相为 14%的聚苯基氰丙基硅氧烷和 86%的聚二甲基硅氧烷，或其他等效的色谱柱。

4.4　浓缩装置。

4.5　分液漏斗：2 000 mL。

4.6　微量注射器：10 μL、50 μL、100 μL。

4.7　佛罗里（Florisil）硅土柱：500 mg/6 mL，粒径 40 μm，市售。也可购买硅藻土自制硅土柱，但必须通过实验验证，满足方法特性指标要求。

4.8　一般实验室常备仪器和设备。

5　样品

5.1　样品采集和保存

样品采集后加固定剂保存，4℃下保存，7 d 内完成萃取，40 d 内完成分析。

5.2　样品接收及检查

分析人员在接收样品时，应对照样品交接记录，检查每个样品是否在有效保存期内；观察并记录样品的状态，包括样品保存容器是否破损，样品是否出现泄漏（或有泄漏痕迹），样品的颜色及样品是否有沉淀物等。对出现问题的样品，应做好记录并请实验室负责人核对，并按照实际情况确定是否需要测试。对确认存在问题将影响样品分析结果的，应提出样品作废建议，并经单位技术负责人审定后，按样品作废重新采集、样品作废无法重新采集等方式处理，并与其他样品的分析结果一同上报。

5.3　样品前处理

量取 1 000 mL 左右经沉降 24 h 以上的水样上清液于 2 L 锥形分液漏斗中，加入 60 mL 正己烷，剧烈振荡 10 min，注意放气，静置 15 min 分层，萃取液经无水硫酸钠脱水后收集至浓缩瓶；继续向分液漏斗中加入 50 mL 正己烷重复萃取一次，萃取液经无水硫酸钠脱水后合并至浓缩瓶中，使用氮吹或者旋转蒸发浓缩至 2 mL。

5.4　净化

5.4.1　佛罗里硅藻土净化

用 8 mL 正己烷（3.3）浸润佛罗里硅藻土，在液面消失前，将萃取液转移至小柱上，用 1～2 mL 正己烷洗涤浓缩管，洗涤液一并上柱，洗脱流速应控制在约 5 mL/min。应始终保持填料上方留有液面，用 10 mL 丙酮/正己烷（1+9）洗脱，收集所有洗脱液。

5.4.2　浓硫酸净化

将 2～2.5 mL 硫酸（3.1）注入正己烷浓缩液中，开始轻轻振荡分液漏斗（注意随时放气，以防受热不均引起爆裂），然后激烈振荡 5～10 s，静置分层后弃去下层硫酸。重复上述操作数次，至硫酸层无色为止。向净化后的有机相中加入 25 mL 无水硫酸钠（3.2），洗涤有机相两次（振荡分液漏斗时注意放气），弃去水相，收集有机相，并用少量正己烷（3.3）分两次洗涤分液漏斗，洗涤液与有机相合并后经无水硫酸钠（3.2）干燥柱脱水，收集到浓缩瓶内。

注：对于较为清洁的海水样品可省略净化步骤。

5.5 浓缩

收集全部浓缩液，使用氮吹或旋转蒸发，浓缩至近干，正己烷定容至 0.5 mL，转入进样小瓶中，待测。

6 分析步骤

6.1 气相色谱分析条件

——进样口温度：220℃。

——检测器温度：300℃。

——色谱柱流速：2.0 mL/min。

——柱箱：80℃（1 min）$\xrightarrow{20℃/min}$ 200℃（1 min）$\xrightarrow{4℃/min}$ 250℃（2 min）$\xrightarrow{30℃/min}$ 280℃（5 min）。

——进样体积：1.0 μL。

——进样方式：不分流。

6.2 标准曲线

配制六六六、滴滴涕校准曲线，标准系列浓度为 5.0 μg/L、10.0 μg/L、20.0 μg/L、50.0 μg/L、100.0 μg/L 的标准系列。以标准溶液系列浓度（μg/L）为横坐标，对应的色谱峰响应值峰面积为纵坐标，绘制校准曲线。

注：根据实际样品的浓度范围，曲线浓度范围可适当调整，确保待测样品浓度在校准曲线范围之内。

6.3 仪器校准

由于 ECD 的灵敏度高，在分析之前应确保进样口和色谱柱清洁无污染。开机后，打开 ECD 检测器，待基线平稳后，测定基线斜率，确保在要求范围之内方可分析。在样品分析之前，应先分析标准物，以校准保留时间和标准曲线。

7 结果计算与表示

7.1 定性分析

通过比较样品与标准溶液的色谱峰的保留时间进行目标化合物的定性。六六六、滴滴涕的出峰顺序可参考图 1。

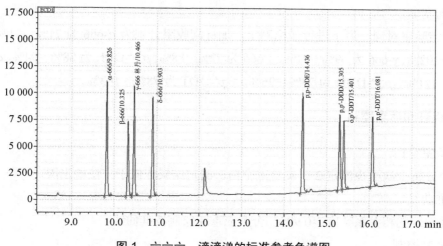

图 1　六六六、滴滴涕的标准参考色谱图

目标组分的出峰顺序为：1：α-666、2：β-666、3：γ-666、4：δ-666、5：*p,p′*-DDE、6：*o,p′*-DDT、7：*p,p′*-DDD、8：*p,p′*-DDT。

7.2　定量分析

样品中六六六、滴滴涕的浓度（μg/L）按照式（1）计算。

$$\rho = \frac{\rho_1 \times V_2}{V_1} \tag{1}$$

式中：ρ ——水样中有机氯农药质量浓度，μg/L；

ρ_1——根据校准曲线计算出待测样品中 666、DDT 的浓度，μg/L；

V_1——水样体积，mL；

V_2——试样体积，mL。

7.3　结果表示

当测定结果＜1.00 μg/L 时，数据保留到小数点后 3 位；当测定结果≥1.00 μg/L 时，数据保留 3 位有效数字。

8　准确度

8.1　精密度

5 家实验室测定同一海水样品，实验室内相对标准偏差分别为：α-666 为 0.9%、β-666 为 1.6%、γ-666 为 1.1%、δ-666 为 2.0%、*p,p′*-DDE 为 1.5%、*o,p′*-DDT 为 2.6%、*p,p′*-DDD 为 4.4%、*p,p′*-DDT 为 3.6%；实验室间相对标准偏差分别为：α-666 为 6.4%、β-666 为 4.8%、γ-666 为 7.2%、δ-666 为 6.6%、*p,p′*-DDE 为 6.4%、*o,p′*-DDT 为 7.1%、*p,p′*-DDD 为 12.1%、*p,p′*-DDT 为 7.9%。

8.2 准确度

5 家实验室对同一海水进行加标测定，加标回收率分别为 α-666 为 71%～81%、β-666 为 85%～102%、γ-666 为 69%～91%、δ-666 为 72%～88%、p,p'-DDE 为 88%～94%、o,p'-DDT 为 86%～111%、p,p'-DDD 为 73%～96%、p,p'-DDT 为 78%～103%。

9 质量保证和质量控制

9.1 实验室空白

每个分析批次至少测定 2 个实验室空白，测定结果应低于方法检出限。

9.2 校准曲线

校准曲线的相关系数应≥0.995，否则应重新绘制校准曲线。

9.3 精密度控制

采用实验室分析平行样进行精密度控制。每批次样品应至少分析 10%的平行样，样品数量少于 10 个时，至少分析 1 个平行样，平行样测定结果的相对偏差应符合表 1 的要求。当平行样测定结果为 1 个未检出、1 个检出时，不进行精密度评价。当平行样测定结果处于检出限和测定下限之间时，可多取 1 位有效数字计算相对偏差。

表 1 实验室质量控制参考标准

分析结果所在数量级	10^{-4}	10^{-5}	10^{-6}	10^{-7}	10^{-8}	10^{-9}	10^{-10}
相对偏差容许限/%	1.0	2.5	5	10	20	30	50

9.4 准确度控制

每个分析批次（最多 20 个样品）至少测定 1 对基体加标样品，基体加标的回收率一般控制在 60%～130%。

9.5 滴滴涕的降解率

样品分析前以及每运行 12 h，应对气相色谱系统进行检查，注入 1.0 μL p,p'-DDT（1.0 mg/L）测定其降解率，计算式见式（2）。如果滴滴涕的降解率≥20%，则应对进样口和色谱柱进行维护，系统检查合格后方可进行测定。

$$p,p'\text{-DDT}\% = \frac{\rho_{p,p'\text{-DDD}} + \rho_{p,p'\text{-DDE}}}{\rho_{p,p'\text{-DDT}} + \rho_{p,p'\text{-DDD}} + \rho_{p,p'\text{-DDE}}} \times 100 \qquad (2)$$

式中：p,p'-DDT%——p,p'-DDT 的降解率，%；

$\rho_{p,p'\text{-DDD}}$——p,p'-DDD 的浓度，μg/L；

$\rho_{p,p'\text{-DDE}}$——p,p'-DDE 的浓度，μg/L；

$\rho_{p,p'\text{-DDT}}$——p,p'-DDT 的浓度，μg/L。

10 注意事项

10.1 海水样品容易乳化，若萃取过程中乳化现象严重，宜采用机械手段完成两相分离，包括离心、用玻璃棉过滤等方法破乳，也可采用冷冻的方法破乳。

10.2 实验中采用浓硫酸进行净化，能较好地减少有机质的干扰。若水样有机质含量较高，可增加硫酸净化次数。

10.3 在样品制备的浓缩步骤中，采用氮吹的方式时应注意不能吹干。

10.4 样品预处理过程中引入的邻苯二甲酸酯类会对农药测定造成很大的干扰。实验过程中应避免接触任何塑料物品，检查所有溶剂和试剂的沾污情况。

10.5 本方法所使用的试剂和标准溶液为易挥发的有毒化合物，配制过程应在通风柜中进行操作，避免接触皮肤和衣服。

10.6 实验过程中产生的大量废液，应放置于适当的密闭容器中保存，实验结束后，应一并交由有资质的单位处理。

10.7 所用的玻璃器皿必须认真清洗，如有必要可使用铬酸洗液清洗和高温灼烧，并使用高纯度（99.999%）的载气，尽可能避免仪器及其部件本身产生的干扰。

10.8 新安装的毛细管色谱柱需在通氮气条件下老化数小时，此时应断开与检测器接口。

10.9 滴滴涕在进样口处容易降解。进样口衬管和进样垫受到以前注射的高沸点残留物污染，都会造成滴滴涕的分解。若滴滴涕分解超过 20%，则应及时更换补管，清洁进样口。

10.10 可采用双柱或者质谱法进行样品中六六六、滴滴涕的准确定性。

10.11 定容 0.5 mL 时，转移至进样小瓶中，可使用内插管以保证进样针能够吸取到试剂。

编写人员：
王艳洁（国家海洋环境监测中心）
王明丽（山东省青岛生态环境监测中心）

海水 六六六、滴滴涕的测定 气相色谱-质谱法

本方法依据《海洋监测技术规范 第 1 部分：海水》（HY/T 147.1—2013）和《水质 有机氯农药和氯苯类化合物的测定 气相色谱-质谱法》（HJ 699—2014）编写，作为全国海水水质国控网监测统一方法使用。本方法在 HY/T 147.1—2013 和 HJ 699—2014 的基础上，优化了操作细节、质控要求和注意事项等相关规定。

监测单位可根据实际情况选用不同前处理进行分析测试工作，但需对使用不同前处理的方法进行方法验证，明确方法的检出限、精密度和正确度。

1 适用范围

本方法规定了测定海水中六六六、滴滴涕的液液萃取或固相萃取/气相色谱-质谱法。

本方法适用于海水、河口水及入海排污口污水样品中六六六、滴滴涕的测定。

本方法测定的目标物及其方法检出限和测定下限，见附录 A。

2 方法原理

采用液液萃取或固相萃取方法，萃取样品中六六六、滴滴涕，萃取液经脱水、浓缩、净化、定容后经气相色谱分离、质谱检测。根据标准物质质谱图、保留时间、碎片离子质荷比及其丰度定性。内标法定量。

3 试剂与材料

除另有说明外，分析时均使用符合国家标准的分析纯试剂，试验用水为新制备的超纯水或蒸馏水。

3.1 正己烷（C_6H_{14}）：色谱纯。

3.2 二氯甲烷（CH_2Cl_2）：色谱纯。

3.3 甲醇（CH_3OH）：色谱纯。

3.4 乙酸乙酯（C_4H_8O）：色谱纯。

3.5 丙酮（C_3H_6O）：色谱纯。

3.6 六六六、滴滴涕标准溶液：$\rho = 10.0\ \mu g/mL$，溶剂为正己烷，市售有证标准溶液，包括 α-666、β-666、γ-666、δ-666、p,p'-DDE、p,p'-DDD、o,p'-DDT、p,p'-DDT。

3.7 内标贮备液（氘代 1,4-二氯苯，氘代菲，氘代䓛）：$\rho = 4\,000\ \mu g/mL$，溶剂为甲醇，市售有证标准溶液。

3.8 内标使用液：$\rho = 20.0\ \mu g/mL$，溶剂为正己烷。

微量注射器移取 50 μL 内标贮备液（3.7）于 10 mL 容量瓶中，用正己烷（3.1）定容混匀。

3.9 替代物（2,4,5,6-四氯间二甲苯或十氯联苯）标准溶液：$\rho = 10.0$ μg/mL，溶剂为甲醇。

3.10 十氟三苯基膦（DFTPP）溶液：$\rho = 50.0$ μg/mL，市售有证标准溶液。

其他质量浓度用正己烷（3.1）稀释定容至 50.0 μg/mL。标准溶液使用后应密封，置于暗处 4℃以下保存。

3.11 盐酸溶液（HCl）：1+1。

3.12 氯化钠（NaCl）。

于 400 ℃下灼烧 4 h，冷却后装入磨口玻璃瓶中，置于干燥器中保存。

3.13 无水硫酸钠（Na₂SO₄）。

于 400℃下灼烧 4 h，冷却后装入磨口玻璃瓶中，置于干燥器中保存。

3.14 硫酸钠溶液（20 g/L）。

将 20 g 无水硫酸钠（3.13）溶于水中，稀释至 1 000 mL。

3.15 硫酸（H₂SO₄）：$\rho = 1.84$ g/mL。

3.16 固相萃取小柱。

填料为 C₁₈ 或等效类型填料或组合型填料，市售，根据样品中有机物含量决定填料的使用量。

注：若通过实验证实能够满足本方法性能要求，也可使用其他填料的固相萃取小柱或固相萃取圆盘。

3.17 氦气：纯度≥99.999%。

3.18 氮气：纯度≥99.999%。

4 仪器与设备

4.1 气相色谱-质谱仪：EI 源。

4.2 色谱柱：石英毛细管柱，长 30 m，内径 0.25 mm，膜厚 0.25 μm，固定相为 35%苯基-甲基聚硅氧烷（DB-35），或等效色谱柱。也可选用固定相为 5%苯基-甲基聚硅氧烷石英毛细管柱（DB-5），或等效色谱柱。

4.3 固相萃取装置：可通过真空泵调节流速，流速为 1～20 mL/min。

4.4 振荡器：振荡频率至少达到 240 次/min。

4.5 箱式电炉。

4.6 分液漏斗：2 000 mL。

4.7 佛罗里（Florisil）硅土柱：500 mg/6 mL，粒径 40 μm，市售。也可购买硅藻土自制硅土柱，但必须通过实验验证，满足方法特性指标要求。

4.8 干燥柱：长 250 mm，内径 20 mm，玻璃活塞不涂润滑油的玻璃柱。在柱的下端，放入少量玻璃毛或玻璃纤维滤纸。加入 10 g 无水硫酸钠（3.13）。或选择其他类似的干燥设备。

4.9 微量注射器：10 μL、50 μL、200 μL、250 μL、1 000 μL。

4.10 一般实验室常用仪器和设备。

5 样品

5.1 样品采集和保存

样品采集后加入固定剂，4℃下保存，7 d 内完成萃取，40 d 内完成分析。

5.2 样品接收及检查

分析人员在接收样品时，应对照样品交接记录，检查每个样品是否在有效保存期内；观察并记录样品的状态，包括样品保存容器是否破损，样品是否出现泄漏（或有泄漏痕迹），样品的颜色及样品是否有沉淀物等。对出现问题的样品，应做好记录并请实验室负责人核对，并按照实际情况确定是否需要测试。对确认存在问题将影响样品分析结果的，应提出样品作废建议，并经单位技术负责人审定后，按样品作废重新采集、样品作废无法重新采集等方式处理，并与其他样品的分析结果一同上报。

5.3 样品前处理

5.3.1 液液萃取

5.3.1.1 量取 1 000 mL 左右经沉降 24 h 以上的水样上清液至 2 000 mL 分液漏斗中，加入 20.0 μL 替代物标准溶液（3.9），充分振荡混匀；加入 20 mL 正己烷（3.1），剧烈振荡 10 min（注意放气），静置分层；收集正己烷相，水相再重复萃取一次，合并萃取液并经无水硫酸钠（3.13）干燥柱脱水后转移至旋转蒸发瓶；使用 5 mL 正己烷淋洗无水硫酸钠干燥柱并全量转移至旋转蒸发瓶中，萃取液浓缩成约 2 mL 的浓缩液，待净化。

注 1：样品预处理时使用的正己烷易挥发燃烧，操作时应注意通风。

注 2：其他浓缩装置经方法验证也可使用。

注 3：对于成分比较复杂的海水，如果萃取过程中乳化现象严重，宜采用机械手段完成两相分离，包括搅动、离心、用玻璃棉过滤等方法破乳，也可采用冷冻的方法破乳；海水样品可不加或加入少量氯化钠。

5.3.1.2 净化

a）佛罗里硅藻土净化

用 8 mL 正己烷（3.1）浸润佛罗里硅藻土净化柱，在液面消失前，将萃取液转移至小柱上，用 1~2 mL 正己烷洗涤浓缩管，洗涤液一并上柱，洗脱流速应控制在约 5 mL/min。应始终保持填料上方留有液面，用 10 mL 丙酮/正己烷（1∶9）洗脱，收集所有洗脱液。

b）浓硫酸净化

将 2~2.5 mL 硫酸（3.15）注入正己烷浓缩液中，开始轻轻振荡分液漏斗（注意随时放气，以防受热不均引起爆裂），然后激烈振荡 5~10 s，静置分层后弃去下层硫酸。重复上述操作数次，至硫酸层无色为止。向净化后的有机相中加入 25 mL 硫酸钠溶液（3.14）

洗涤有机相两次（振荡分液漏斗时注意放气），弃去水相，收集有机相，并用少量正己烷（3.1）分两次洗涤分液漏斗，洗涤液与有机相合并后经无水硫酸钠（3.13）干燥柱脱水，收集到浓缩瓶内。

注：对于较为清洁的海水样品可省略净化步骤。

5.3.1.3　定容

收集全部浓缩液，使用氮吹或旋转蒸发，浓缩至近干，正己烷定容至 0.5 mL，加入 5 μL 内标使用液（3.8），转入进样小瓶中，待测。

5.3.2　固相萃取

量取 1 000 mL 左右经沉降 24 h 以上的水样上清液，加入 10 mL 甲醇（3.3），加入 20.0 μL 替代物标准溶液（3.9），混匀。

5.3.2.1　活化

依次用 5 mL 乙酸乙酯（3.4）、5 mL 甲醇（3.3）和 10 mL 水，活化固相萃取小柱，流速约为 5 mL/min。

注：活化过程中，应避免固相萃取小柱填料上方的液面被抽干，否则需重新活化。

5.3.2.2　上样

使水样以 10 mL/min 的流速通过固相萃取小柱，上样完毕后，用 10 mL 水淋洗固相萃取小柱，抽干小柱。

5.3.2.3　洗脱

依次用 2.5 mL 乙酸乙酯（3.4）、5 mL 二氯甲烷（3.2）洗脱固相萃取小柱，流速约为 5 mL/min，收集洗脱液至浓缩管中。

5.3.2.4　浓缩

收集全部浓缩液，使用氮吹或旋转蒸发，浓缩至近干，正己烷定容至 0.5 mL，加入 5 μL 内标使用液（3.8），转入进样小瓶中，待测。

6　分析步骤

6.1　仪器参考条件

气相色谱参考条件：

——进样口温度：250℃，不分流进样。

——柱箱温度：80℃（1 min）$\xrightarrow{20℃/min}$ 150℃ $\xrightarrow{5℃/min}$ 300℃（5 min）。

——柱流量：1.0 mL/min。

——离子源温度：230℃或 300℃，具体根据仪器厂家推荐使用。

——离子源电子能量：70 eV。

——质量范围：45～550 amu。

——数据采集方式：选择离子扫描（SIM）。

6.2 校准

6.2.1 仪器性能检查

仪器使用前用十氟三丁胺对质谱仪进行调谐。样品分析前以及每运行 12 h 需注入 1.0 μL 十氟三苯基膦（DFTPP）溶液（3.10），对仪器整个系统进行检查，所得质量离子的丰度应满足表 1 的要求。

表 1　DFTPP 关键离子及离子丰度评价

质量离子（m/z）	丰度评价	质量离子（m/z）	丰度评价
51	强度为 198 碎片的 30%～60%	199	强度为 198 碎片的 5%～9%
68	强度小于 69 碎片的 2%	275	强度为 198 碎片的 10%～30%
70	强度小于 69 碎片的 2%	365	强度大于 198 碎片的 1%
127	强度为 198 碎片的 40%～60%	441	存在但不超过 443 碎片的强度
197	强度小于 198 碎片的 1%	442	强度大于 198 碎片的 40%
198	基峰，相对强度 100%	443	强度为 442 碎片的 17%～23%

6.2.2 标准曲线

标准曲线应在每次分析样品的当天绘制。

配制有六六六、滴滴涕和替代物的标准溶液系列，标准系列浓度为：10.0 μg/L、20.0 μg/L、50.0 μg/L、100 μg/L、200 μg/L，分别加入内标使用液（3.8），使其浓度均为 200 μg/L。按照仪器参考条件（6.1.1）进行分析，得到不同浓度各目标化合物的质谱图。以目标化合物浓度与内标化合物浓度的比值为横坐标、以目标化合物定量离子的响应值与内标化合物定量离子响应值的比值为纵坐标，绘制标准曲线。

注：根据实际样品的浓度范围，曲线浓度范围可适当调整。

6.3 样品分析

6.3.1 样品测定

取待测试样，按照与绘制校准曲线相同的仪器分析条件进行测定。

6.3.2 自控样品分析

6.3.2.1 空白实验

以无目标化合物的纯水作为空白。在分析样品的同时，取相同体积的纯水，按照试样的制备（5.3.1 或 5.3.2）制备空白试样，按照与绘制校准曲线相同的仪器分析条件进行测定。

6.3.2.2 自控样品

能够获得海水标样时，应将质控样与实际样品一同处理和分析，检查分析结果的准确性。在不能获得海水质控样时，可通过样品加标来检查分析结果的准确性。检查分析结果的精密性采用平行样控制方式进行。

海水自控样的浓度应与实际样品浓度接近。样品加标浓度范围一般为实际样品浓度的0.5～3 倍，对于高出检出限 20 倍的加标样品才进行准确性评价，低于检出限 10 倍的样品不进行精密度评价。

7　结果计算与表示

7.1　定性分析

根据样品中目标化合物的保留时间（RT）、碎片离子质荷比以及不同离子丰度比（Q）定性。六六六、滴滴涕的保留时间和特征离子，见附录 B。

样品中目标化合物的保留时间与期望保留时间（标准溶液中的平均相对保留时间）的相对偏差应控制在±3%以内；样品中目标化合物的不同碎片离子丰度比与期望 Q 值（标准溶液中碎片离子的平均离子丰度比）的相对偏差应控制在±30%以内。

有机氯农药、氯苯类化合物标准物质的选择离子扫描总离子流图，见图 1。

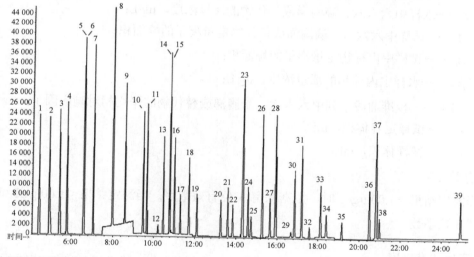

化合物按保留时间排列依次为：1-氘代 1,4-二氯苯，2-1,3,5-三氯苯，3-1,2,4-三氯苯，4-1,2,3-三氯苯，5-1,2,4,5-四氯苯，6-1,2,3,5-四氯苯，7-1,2,3,4-四氯苯，8-五氯苯，9-四氯间二甲苯，10-六氯苯，11-α-666，12-五氯硝基苯，13-γ-666，14-氘代菲，15-β-666，16-七氯，17-δ-666，18-艾氏剂，19-三氯杀螨醇，20-外环氧七氯，21-环氧七氯，22-γ-氯丹，23-o,p'-DDE，24-α-氯丹，25-硫丹 1，26-p,p'-DDE，27-狄氏剂，28-o,p-DDD，29-异狄氏剂，30-p,p'-DDD，31-o,p'-DDT，32-硫丹 2，33-p,p'-DDT，34-异狄氏剂醛，35-硫丹硫酸酯，36-甲氧滴滴涕，37-氘代菌，38-异狄氏剂酮，39-十氯联苯。

图 1　有机氯农药、氯苯类化合物标准物质的选择离子扫描总离子流图

各化合物保留时间参见表 B.1。

7.2　定量分析

以选择离子扫描方式采集数据，内标法定量。

7.2.1　校准曲线计算法

水样中目标物的质量浓度ρ（μg/L）按照式（1）计算。

$$\rho = \frac{\rho_1}{V_1} \times V_2 \tag{1}$$

式中：ρ——样品中六六六、滴滴涕或替代物的质量浓度，μg/L；

ρ_1——根据校准曲线计算出待测样品中六六六、滴滴涕或替代物的质量浓度，μg/L；

V_1——水样体积，mL；

V_2——试样体积，mL。

7.2.2　平均相对响应因子计算法

水样中目标物质量浓度ρ（μg/L）按照式（2）计算。

$$\rho = \frac{A_x \times \rho_{IS} \times V_i}{A_{IS} \times \overline{RRF} \times V_x} \tag{2}$$

式中：ρ——水样中六六六、滴滴涕或替代物的质量浓度，μg/L；

A_x——试样中六六六、滴滴涕或替代物定量离子的峰面积；

A_{IS}——试样中内标物定量离子的峰面积；

ρ_{IS}——水样中内标物的质量浓度，μg/L；

$\overline{RRF}$——校准曲线系列中六六六、滴滴涕或替代物的平均相对响应因子；

V_i——试样定容体积，mL；

V_x——试样体积，mL。

7.3　有效数字

当测定结果＞1.00 μg/L 时，数据保留 3 位有效数字；当测定结果＜1.00 μg/L 时，数据保留 3 位小数。

8　精密度和准确度

8.1　精密度

液液萃取：6 家实验室分别对含六六六、滴滴涕化合物浓度为 0.050 μg/L、0.200 μg/L、0.800 μg/L 的统一样品进行了测定，实验室内相对标准偏差 0.30%～7.8%、实验室间相对标准偏差 0.04%～17%、重复性限 0.031～0.80 μg/L、再现性限 0.017～1.1 μg/L。

固相萃取：6 家实验室分别对含六六六、滴滴涕化合物浓度为 0.025 μg/L、0.100 μg/L、0.400 μg/L 的统一样品进行了测定，实验室内相对标准偏差 0.50%～13%、实验室间相对标准偏差 0.78%～8.1%、重复性限 0.015～0.54 μg/L、再现性限 0.021～0.69 μg/L。

8.2　准确度

液液萃取：6 家实验室分别对含六六六、滴滴涕化合物浓度为 0.050 μg/L、0.200 μ/L、0.800 μg/L 的统一样品进行了分析测定，加标回收率为 73.6%～116%。

固相萃取：6 家实验室分别对含六六六、滴滴涕化合物浓度为 0.025 μg/L、0.100 μg/L、0.400 μg/L 的统一样品进行了分析测定，加标回收率为 36.6%～124%。

9　质量控制和质量保证

9.1　仪器性能检测

样品分析前以及每运行 12 h，应对气相色谱系统进行检查，注入 1.0 μL p,p'-DDT（1.0 mg/L）测定其降解率，计算式见式（3）。如果滴滴涕的降解率≥20%，则应对进样口和色谱柱进行维护，系统检查合格后方可进行测定。

$$p,p'\text{-DDT}\% = \frac{C_{p,p'\text{-DDE}} + C_{p,p'\text{-DDD}}}{C_{p,p'\text{-DDE}} + C_{p,p'\text{-DDD}} + C_{p,p'\text{-DDT}}} \times 100\% \tag{3}$$

式中：p,p'-DDT%——p,p'-DDT 的降解率，%；

$C_{p,p'\text{-DDD}}$——p,p'-DDD 的浓度，μg/L；

$C_{p,p'\text{-DDE}}$——p,p'-DDE 的浓度，μg/L；

$C_{p,p'\text{-DDE}}$——p,p'-DDT 的浓度，μg/L。

9.2　校准

校准系列至少需要 5 个浓度水平（不含零浓度点）。

9.2.1　采用校准曲线法校准

采用校准曲线法校准时，校准曲线的相关系数 $r>0.995$。

连续分析时，每 12 h 利用标准曲线中间浓度点进行标准曲线核查，目标化合物的测定值与标准值间的偏差应在±20%以内，否则应重新绘制标准曲线。p_c 与初始校准曲线 p_i 的偏差（$D\%$）按照式（4）计算。

$$D\% = \frac{p_c - p_i}{p_i} \times 100\% \tag{4}$$

式中：$D\%$——校准物的计算浓度与标准浓度的相对偏差；

p_i——校准物的标准浓度，μg/L；

p_c——用所选择的定量方法测定的该校准物浓度，μg/L。

9.2.2　采用平均相对响应因子法校准

采用平均相对响应因子法校准时，标准系列各点目标化合物的相对响应因子（RRF）的相对标准偏差≤20%。

连续分析时，每 12 h 分析一次校准曲线中间浓度点，其测定结果与理论浓度值相对误差应在±20%，否则应重新绘制标准曲线。

其中平均相对响应因子按式（5）计算：

$$RRF_i = \frac{A_i}{A_{IS_i}} \times \frac{\rho_{IS_i}}{\rho_i} \qquad (5)$$

式中：RRF_i——校准曲线系列中第 i 点目标化合物的相对响应因子；

　　　　A_i——校准曲线系列中第 i 点目标化合物定量离子的响应值；

　　　　A_{IS_i}——校准曲线系列中第 i 点与目标化合物相对应的内标的定量离子的响应值；

　　　　ρ_{IS_i}——校准曲线系列中第 i 点内标化合物的质量浓度；

　　　　ρ_i——校准曲线系列中第 i 点目标化合物的质量浓度。

校准系列中目标化合物的平均相对响应因子 $\overline{RRF}$ 按式（6）计算。

$$\overline{RRF} = \frac{\sum_{i=1}^{n} RRF_i}{n} \qquad (6)$$

式中：$\overline{RRF}$——校准曲线系列中目标化合物的平均相对响应因子；

　　　　RRF_i——校准系列中第 i 点目标化合物的相对响应因子；

　　　　n——校准曲线系列点数。

9.3　空白实验

每个分析批次至少分析 2 个实验室空白，其测定结果应低于方法检出限。

9.4　平行样测定

采用实验室分析平行样进行精密度控制。每批次样品应至少分析 10%的平行样，样品数量少于 10 个时，至少分析 1 个平行样，平行样测定结果的相对偏差应符合表 2 的要求。当平行样测定结果为 1 个未检出、1 个检出时，不进行精密度评价。当平行样测定结果处于检出限和测定下限之间时，可多取 1 位有效数字计算相对偏差。

表 2　实验室质量控制参考标准

分析结果所在数量级	10^{-4}	10^{-5}	10^{-6}	10^{-7}	10^{-8}	10^{-9}	10^{-10}
相对偏差容许限/%	1.0	2.5	5	10	20	30	50

9.5　样品加标回收率或有证标准样品测定

每个分析批次（最多 20 个样品）至少测定一个加标样品或者有证标准样品，加标回收率在 60%～120%，有证标准样品应在保证值范围内。

9.6　替代回收物测定

9.6.1　液液萃取

四氯间二甲苯和十氯联苯的回收率应为 80%～120%，否则应重新处理样品。

9.6.2　固相萃取

四氯间二甲苯的回收率应为 30%～120%，十氯联苯的回收率应为 60%～120%，否则应重新处理样品。

10　注意事项

10.1　滴滴涕在进样口处容易降解。进样口衬管和进样隔垫受到以前注射的高沸点残留物污染，都会造成滴滴涕的降解。若滴滴涕降解率超过 20%，应及时更换进样口衬管和隔垫，维护进样口（及时更换进样口衬管、隔垫和分流平板）和色谱柱（老化色谱柱或进样口端色谱柱割去 5 cm）。

10.2　气相色谱用的衬管应优先选用不填玻璃棉的不分流衬管，以减少暴露的活性点，从而降低滴滴涕的降解。

10.3　样品预处理过程中引入的邻苯二甲酸酯类会对有机氯农药测定产生很大的干扰。实验过程中应避免接触任何塑料制品，检查所有溶剂和试剂的沾污情况。

10.4　有机氯容易吸附在玻璃瓶壁上，因此样品前处理尤其是在进行高浓度样品加标时，最好用二氯甲烷或乙酸乙酯清洗瓶壁，并合并洗脱液，以减小瓶壁吸附的影响。

10.5　样品在制备浓缩过程中，应注意试液不能蒸干或吹干，否则有机氯农药会有较大的损失。

10.6　标准系列浓度进样时应按低浓度到高浓度的顺序，样品浓度较高的样后面应插入空白样或试剂空白，防止沾污低浓度样品。

10.7　本实验所用器皿必须严格清洗。

10.8　本方法实验操作过程中需接触大量有机溶剂，且标准物质或溶液均具有高毒性，因此实验应在通风橱内进行，并按规定要求佩戴防护器具，避免接触皮肤和衣服。

10.9　实验过程中产生的大量废液，应放置于适当的密闭容器中保存。实验过程中使用过的硅胶、佛罗里硅藻土等为危险废物，实验结束后，应一并交由有资质的单位处理。

10.10　定容 0.5 mL 时，转移至进样小瓶中，可使用内插管以保证进样针能够吸取到试剂。

附录 A

（规范性附录）

方法检出限和测定限

表 A.1 给出了目标化合物的检出限、测定下限。

表 A.1　方法检出限及测定下限

序号	目标化合物	液液萃取（取样量为 1 000 mL）		固相萃取（取样量为 1 000 mL）	
		方法检出限/（μg/L）	测定下限/（μg/L）	方法检出限/（μg/L）	测定下限/（μg/L）
1	α-666	0.003	0.012	0.003	0.012
2	γ-666	0.004	0.016	0.004	0.016
3	β-666	0.003	0.012	0.003	0.012
4	δ-666	0.004	0.016	0.004	0.016
5	p,p'-DDE	0.006	0.024	0.003	0.012
6	p,p'-DDD	0.004	0.016	0.003	0.012
7	o,p'-DDT	0.003	0.012	0.004	0.016
8	p,p'-DDT	0.006	0.024	0.004	0.016

注：《海水水质标准》（GB 3097—1997）中滴滴涕的一类限值为 0.05 μg/L，二至四类海水中限值为 0.1 μg/L，本方法滴滴涕的检出限虽能满足限值要求，但是存在一检出既超标的风险，应通过增加采样体积或增加浓缩倍数的方法来降低方法的检出限。

附录 B

（资料性附录）
目标化合物的保留时间和特征离子

表 B.1 给出了目标化合物出峰顺序、保留时间、目标离子和辅助离子等测定参数。

表 B.1 目标化合物的测定参数

序号	化合物名称	保留时间	目标离子	辅助离子	备注
1	四氯间二甲苯	8.858	207	244，136	替代回收物
2	α-666	9.660	181	219，109	目标化合物
3	γ-666	10.453	181	111	目标化合物
4	氘代菲	10.781	188	80	内标
5	β-666	10.989	181	109	目标化合物
6	δ-666	11.706	220	181，111	目标化合物
7	p,p'-DDE	15.278	246	318，176	目标化合物
8	p,p'-DDD	16.875	235	165	目标化合物
9	o,p'-DDT	17.184	235	165，199	目标化合物
10	p,p'-DDT	18.124	235	165	目标化合物
11	十氯联苯	24.941	498	214	替代回收物

编制人员：

武子澜（国家海洋环境监测中心）

张庆红（浙江省海洋生态环境监测中心）

海水　甲基对硫磷、马拉硫磷的测定　气相色谱法

本方法依据《海洋监测技术规范　第1部分：海水》（HY/T 147.1—2013）编写，作为全国海水水质国控网监测统一方法使用。本方法在 HY/T 147.1—2013 的基础上，优化了操作细节、质控要求和注意事项等相关规定。

监测单位可根据实际情况选用不同前处理进行分析测试工作，但需对使用不同前处理的方法进行方法验证，明确方法的检出限、精密度和正确度。

1　适用范围

本方法规定了测定海水中甲基对硫磷和马拉硫磷的气相色谱法。

本方法适用于海水、河口水及入海排污口污水样品中甲基对硫磷和马拉硫磷的测定。

当取样体积为 1 000 mL 时，甲基对硫磷的检出限为 0.003 μg/L，测定下限为 0.012 μg/L；马拉硫磷的检出限为 0.005 μg/L，测定下限为 0.020 μg/L。

2　方法原理

在中性条件下，用二氯甲烷萃取水样中有机磷农药，萃取液经浓缩定容后，用毛细管柱气相色谱仪进行分离，火焰光度检测器（FPD）进行检测，根据保留时间定性，外标法定量。

3　试剂与材料

除另有说明外，所用试剂均为色谱纯。实验用水为正己烷充分洗涤过的蒸馏水或超纯水或相当纯度的水。

3.1　二氯甲烷（CH_2Cl_2）：色谱纯。

3.2　正己烷（C_6H_{14}）：色谱纯。

3.3　无水硫酸钠（Na_2SO_4）：分析纯，550℃灼烧 8 h，于干燥器内保存。

3.4　甲基对硫磷、马拉硫磷混合标准溶液（1 000 mg/L）：4℃冰箱中避光保存，有效期为1 年，可直接购买市售有证标准溶液。

3.5　甲基对硫磷、马拉硫磷混合标准使用溶液（1.00 mg/L）：用正己烷稀释甲基对硫磷、马拉硫磷混合标准溶液（3.4），配制成浓度为 1.00 mg/L 的混合标准使用溶液。4℃冰箱中避光保存，有效期为 2 个月，可直接购买市售有证标准溶液。

4 仪器与设备

4.1 气相色谱仪：具毛细管柱分流/不分流进样口，可程序升温，具火焰光度检测器（FPD）。

4.2 毛细管色谱柱：DB-5（5%苯基+95%聚二甲基硅氧烷）或等效色谱柱，长 30 m，内径 0.25 mm，固定相液膜厚度 0.25 μm。

4.3 旋转蒸发装置。

4.4 恒温烘箱。

4.5 分液漏斗：2 L。

4.6 氮吹仪。

4.7 一般实验室常用仪器和设备。

5 样品

5.1 试样的制备

5.1.1 量取 1 000 mL 左右经沉降 24 h 以上的水样上清液至分液漏斗中，加入 50 mL 二氯甲烷（3.1），充分振荡 10 min，注意不断放气，静置分层，萃取液经无水硫酸钠（3.3）脱水并收集至旋转蒸发瓶。

5.1.2 继续向分液漏斗中加入 50 mL 二氯甲烷（3.1）重复萃取，萃取液经无水硫酸钠（3.3）脱水合并至第一步操作的旋转蒸发瓶中。

5.1.3 用 15 mL 二氯甲烷（3.1）分 3 次淋洗无水硫酸钠（3.3），辅助萃取液全量转移至旋转蒸发瓶，萃取液浓缩至约 1 mL，加入 5 mL 正己烷（3.2），氮吹至近干后，正己烷（3.2）定容至 0.5 mL，待测。

5.2 空白试样的制备

用实验用水代替样品，按照与试样的制备（5.1）相同的步骤进行实验室空白试样的制备。

6 分析步骤

6.1 测量条件

——进样口温度：200℃。

——进样方式：分流进样，分流比 10∶1。

——柱箱温度：120℃ $\xrightarrow{10℃/min}$ 240℃（2 min）。

——柱流量：1.0 mL/min。

——进样量：1.0 μL。

——检测器温度：250℃。

——氢气流量：75 mL/min。

——空气流量：100 mL/min。

——载气：氮气（纯度≥99.999%）。

6.2 校准曲线的建立

在 5 个 10 mL 棕色容量瓶中，分别加入 50.0 μL、100.0 μL、200.0 μL、500.0 μL、1 000 μL 有机磷农药混合标准使用溶液（3.5），用正己烷（3.2）定容，混匀，分别配制成浓度为 5.00 μg/L、10.0 μg/L、20.0 μg/L、50.0 μg/L、100 μg/L 的标准系列溶液，待测。

6.3 平行样品测定

按照与校准曲线的建立相同的步骤及仪器条件进行试样（5.1）的测定。

6.4 空白试验

按照与试样测定（6.3）相同的步骤及仪器条件进行空白试样（5.2）的测定。

7 结果计算与表示

7.1 定性分析

以待测物保留时间与标准物质的保留时间相比较进行定性分析。当样品基质复杂时，可借助质谱进行定性。按照 6.1 给出的分析参考条件进行测定，得到甲基对硫磷和马拉硫磷的色谱分离图，如图 1 所示。

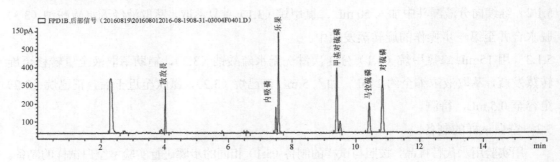

图 1 甲基对硫磷和马拉硫磷的色谱图

7.2 结果计算

以外标法定量，样品中目标化合物的质量浓度 ρ_i 按照式（1）计算：

$$\rho_i = \frac{\rho_f \times V_c}{V} \tag{1}$$

式中：ρ_i——样品中组分的浓度，μg/L；

ρ_f——根据标准曲线查得的萃取液的浓度，μg/L；

V_c——萃取液定容的体积，mL。

V——萃取样品的体积，mL。

7.3　结果表示

当测定结果＞1.00 μg/L 时，数据保留 3 位有效数字；当测定结果＜1.00 μg/L 时，保留至小数点后 3 位（与检出限保留位数一致）。

8　准确度

8.1　精密度

甲基对硫磷和马拉硫磷重复性相对标准偏差分别为 4.2%和 3.3%；再现性相对标准偏差分别为 3.8%和 5.1%。

8.2　正确度

甲基对硫磷和马拉硫磷加标回收率分别为 86%～100%和 90%～94%。

9　质量保证和质量控制

9.1　空白试验

每个分析批次至少测定 2 个实验室空白，测定结果中目标化合物的浓度应低于方法检出限。

9.2　校准

校准曲线相关系数 $r \geq 0.995$，否则，应查找原因并重新绘制标准曲线。

9.3　精密度控制

采用实验室分析平行样进行精密度控制。每批次样品应至少分析 10%的平行样，样品数量少于 10 个时，至少分析 1 个平行样，平行样测定结果的相对偏差应符合表 1 的要求。当平行样测定结果为 1 个未检出、1 个检出时，不进行精密度评价。当平行样测定结果处于检出限和测定下限之间时，可多取 1 位有效数字计算相对偏差。

表 1　实验室质量控制参考标准

分析结果所在数量级	10^{-4}	10^{-5}	10^{-6}	10^{-7}	10^{-8}	10^{-9}	10^{-10}
相对偏差容许限/%	1.0	2.5	5	10	20	30	50

9.4　准确度控制

每个分析批次（最多 20 个样品）应至少测定一个基体加标样品，目标物加标回收率为 60%～130%。

10　废物处置

实验中产生的所有废液和废物（包括检测后的残液）应分类收集，置于密闭容器中密封保存，粘贴明显标志，并委托有资质的单位处理。

11 注意事项

11.1 实验中所有器皿，使用前用二氯甲烷冲洗；

11.2 实验中所有试剂，使用前做空白检验；

11.3 有机磷农药较易降解，采集后样品需在 7 d 内完成萃取，30 d 内完成仪器测定；

11.4 对于清洁海水中有机磷农药的测定，可增大取样体积；

11.5 萃取过程中乳化现象严重时，可采用加入氯化钠、离心法或者冷冻法破乳。

11.6 定容 0.5 mL 时，转移至进样小瓶中，可使用内插管以保证进样针能够吸取到试剂。

编写人员：
王艳洁（国家海洋环境监测中心）
崔连喜（天津市生态环境监测中心）

海水　甲基对硫磷、马拉硫磷的测定　气相色谱-质谱法

本方法依据《海洋监测技术规范　第 1 部分：海水》（HY/T 147.1—2013）和《水质　28 种有机磷农药的测定　气相色谱-质谱法》（HJ 1189—2021）编写，作为全国海水水质国控网监测统一方法使用。本方法在 HY/T 147.1—2013 的基础上，优化了操作细节、质控要求和注意事项等相关规定。

监测单位可根据实际情况选用不同前处理进行分析测试工作，但需对使用不同前处理的方法进行方法验证，明确方法的检出限、精密度和正确度。

1　适用范围

本方法适用于远洋及近岸海域海水、河口、入海排污口及其邻近海域水体中甲基对硫磷、马拉硫磷的测定。

取样体积为 1 000 mL，定容体积为 0.5 mL 时采用液液萃取/气相色谱-质谱联用测定时，马拉硫磷检出限为 0.25 μg/L，测定下限为 1.0 μg/L；甲基对硫磷检出限为 0.2 μg/L，测定下限为 0.8 μg/L。

2　方法原理

水样中有机磷农药经三氯甲烷萃取、浓缩、定容后，用气相色谱分离，质谱检测。通过保留时间和特征离子丰度比进行定性，内标法定量。

3　干扰与消除

当样品中存在基质干扰时，可通过优化色谱条件、稀释样品、减少进样体积及对样品进行预处理等方式降低或消除。采用固相萃取法时，还可以通过减少取样体积或增加试样的稀释位数降低基质干扰。

4　试剂与材料

除另有说明外，分析时均使用符合国家标准的分析纯试剂，实验用水为新制备不含目标物的纯水。

4.1　三氯甲烷（$CHCl_3$）：色谱纯。

4.2　丙酮（CH_3COCH_3）：色谱纯。

4.3　正己烷（C_6H_{14}）：色谱纯。

4.4　丙酮-正己烷混合溶液：$\phi=50\%$。

用丙酮（4.2）和正己烷（4.3）按 1∶1 的体积比混合。

4.5 浓硫酸（H₂SO₄）：优级纯，ρ=1.84 g/mL。

4.6 硫酸溶液：ϕ=50%。

用浓硫酸（4.5）和水按 1∶1 的体积比混合。

4.7 氢氧化钠（NaOH）。

4.8 氢氧化钠溶液：ρ（NaOH）=10 g/L。

称取 1.0 g 氢氧化钠（4.7），溶于 100 mL 水中，混匀，贮存于具螺口的塑料试剂瓶中。

4.9 无水硫酸钠（Na₂SO₄）。

经 450℃灼烧 4 h，置于干燥器中冷却至室温后，放入试剂瓶中密封保存。

4.10 有机磷农药标准贮备液：ρ=100 mg/L。

可直接购买有证标准溶液，目标化合物包括甲基对硫磷、马拉硫磷的贮备液，溶剂为甲醇。贮备液参照产品说明书保存。

4.11 内标标准贮备液：ρ=1 000 mg/L。

宜选用菲-d_{10} 作为内标。可直接购买市售有证标准溶液。市售有证标准物质按照说明书要求保存。

4.12 替代物标准贮备液：ρ=1 000 mg/L。

宜选用磷酸三丁酯-d_{27} 作为替代物。可直接购买市售有证标准溶液。市售有证标准物质按照说明书要求保存。

4.13 替代物标准使用液：ρ=100 mg/L。

移取适量的替代物标准贮备液（4.12），用丙酮-正己烷混合溶液（4.4）稀释，临用现配。

4.14 十氟三苯基膦（DFTPP）溶液：ρ=50.0 mg/L。

可直接购买市售有证标准溶液。自行配制标准溶液在 −18℃下冷冻保存。

5 仪器与设备

5.1 气相色谱仪：具分流/不分流进样口。

5.2 质谱仪：电子轰击（EI）离子源。

5.3 毛细管柱：DB-50 石英毛细管柱，长 30 m，内径 0.25 mm，膜厚 0.25 μm，固定相为 50%苯基/50%甲基聚硅氧烷，或使用其他等效性能的毛细管柱。

5.4 浓缩装置：KD 浓缩器、旋转蒸发器或其他浓缩装置。

5.5 石墨化炭黑小柱：250 mg/3 mL。

5.6 微量注射器：5 μL、10 μL、50 μL、100 μL 和 1 000 μL。

5.7 一般实验室常用仪器和设备。

5.8 棕色采样瓶：1 000 mL 带聚四氟乙烯衬垫的螺旋盖玻璃瓶或具塞磨口瓶。

5.9 氦气：纯度≥99.999%。

5.10 氦气：纯度≥99.999%。

6 样品

6.1 样品采集和保存

按照 GB 17378.3 和 HJ 442.3 的要求进行样品采集。

采集样品后，若水样 pH 不在 5～8 内，用硫酸溶液（4.6）或氢氧化钠溶液（4.8）在采水器中调节水样 pH 至 5～8，转移至棕色采样瓶（5.8）中。

样品采集后应于 4℃冷藏、避光运输，及时分析。若不能及时分析，应置于 4℃冷藏避光保存，保存期为 7 d。萃取液可置于−18℃下冷冻保存，保存期为 30 d。

6.2 试样的制备

6.2.1 萃取和浓缩

量取 1 L 左右经沉降 24 h 以上的水样上清液至分液漏斗中，加入 10.0 μL 替代物标准贮备液（4.12），混匀。加入 25 mL 三氯甲烷（4.1），振摇 2 min，注意放气。静置分层，将萃取液转移至锥形瓶中。重复萃取 2 次，合并萃取液。萃取液经无水硫酸钠（4.9）脱水后收集于浓缩瓶中，浓缩至 1.0 mL 左右，再加入 3～5 mL 丙酮-正己烷混合溶液（4.4）荡洗浓缩瓶，继续浓缩至萃取液体积小于 0.5 mL，用丙酮-正己烷混合溶液（4.4）定容至 0.5 mL，加入适量内标标准贮备液（4.11），待测。

注：如果萃取过程中乳化现象严重，宜采用机械手段完成两相分离，包括搅动、离心、用玻璃棉过滤等方法破乳，也可采用冷冻的方法破乳。

6.2.2 净化和浓缩

三氯甲烷萃取液颜色较深时，应对萃取液进行净化。

预先用 5 mL 丙酮-正己烷混合溶液（4.4）活化石墨化炭黑小柱（5.5），再将三氯甲烷萃取液浓缩至 1.0 mL 左右，将该萃取液加入活化后的石墨化炭黑小柱中，接着用 10 mL 丙酮-正己烷混合溶液（4.4）洗脱，收集全部洗脱液，继续浓缩至 1.0 mL 左右，再加入 3～5 mL 丙酮-正己烷混合溶液（4.4）荡洗浓缩瓶，继续浓缩至萃取液体积小于 0.5 mL，用丙酮-正己烷混合溶液（4.4）定容至 0.5 mL，加入适量内标标准贮备液（4.11），使内标化合物的浓度为 5.0 mg/L，待测。

6.3 空白试样的制备

以实验用水代替水样，按照与试样的制备（6.2）相同的步骤，制备空白试样。

7 分析步骤

7.1 仪器参考条件

7.1.1 气相色谱参考条件

进样口温度：220℃，不分流进样。

柱箱温度：80℃（2 min）$\xrightarrow{15℃/min}$ 260℃（4 min）。

柱流量：1.0 mL/min。

7.1.2 质谱参考条件

传输线温度：270℃。

离子源温度：250℃。

离子源电子能量：70 eV。

质量范围：45～550 amu。

数据采集方式：选择离子扫描（SIM）。

有机磷农药、替代物和内标物的主要特征离子参见表1。

溶剂延迟时间：5 min。

其余参数参照仪器使用说明书进行设定。

表 1　目标化合物测定参考参数

化合物名称	定量离子	辅助离子	化合物类型
甲基对硫磷	109	263，125	目标化合物
马拉硫磷	173	158	目标化合物
菲-d_{10}	188	—	内标
磷酸三丁酯-d_{27}	103	167，231	替代物

7.2 校准

7.2.1 仪器性能检查

仪器使用前用全氟三丁胺对质谱仪进行调谐。样品分析前以及每运行 12 h 需注入 1.0 μL 十氟三苯基膦（DFTPP）溶液（4.14），对仪器整个系统进行检查，所得质量离子的丰度应满足表 2 的要求。

表 2　DFTPP 关键离子及离子丰度评价

质量离子（m/z）	丰度评价	质量离子（m/z）	丰度评价
51	强度为 198 碎片的 30%～60%	199	强度为 198 碎片的 5%～9%
68	强度小于 69 碎片的 2%	275	强度为 198 碎片的 10%～30%

质量离子（m/z）	丰度评价	质量离子（m/z）	丰度评价
70	强度小于 69 碎片的 2%	365	强度大于 198 碎片的 1%
127	强度为 198 碎片的 40%～60%	441	存在但不超过 443 碎片的强度
197	强度小于 198 碎片的＜1%	442	强度大于 198 碎片的 40%
198	基峰，相对强度 100%	443	强度为 442 碎片的 17%～23%

7.2.2　标准曲线绘制

标准曲线应在每次分析样品的当天绘制。

用微量注射器分别取适量有机磷农药标准贮备液（4.10）和替代物标准使用液（4.13），用丙酮-正己烷混合溶液（4.4）配制浓度分别为 0.2 mg/L、0.5 mg/L、1.0 mg/L、2.0 mg/L、5.0 mg/L、10.0 mg/L 和 20.0 mg/L 的溶液（此为参考浓度）。向标准曲线中各浓度点溶液加入适量内标标准贮备液（4.11），使内标化合物的浓度为 5.0 mg/L。

注：针对海水低浓度的现实情况，可以降低校准曲线浓度范围。

按照仪器参考条件（7.1），由低浓度到高浓度依次对标准系列溶液进行测定。以标准系列溶液中目标组分的质量浓度（mg/L）为横坐标，以其对应的峰面积（或峰高）与内标物峰面积（或峰高）的比值和内标物浓度的乘积为纵坐标，建立标准曲线。

在本方法规定的色谱条件下，目标化合物的总离子流色谱图见图 1。

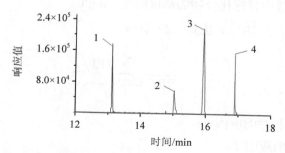

1—磷酸三丁酯-d_{27}（替代物）；2—菲-d_{10}（内标）；3—甲基对硫磷；4—马拉硫磷

图 1　有机磷农药总离子色谱图

8　结果与记录

8.1　定性分析

通过样品中目标物与标准系列中目标物的保留时间、质谱图、碎片离子质荷比及其丰度等信息相比较，对目标物进行定性。应多次分析标准溶液得到目标物的保留时间均值，以平均保留时间±3 倍的标准偏差为保留时间窗口，样品中目标物的保留时间应在其范围内。

目标物标准质谱图中相对丰度高于 30%的所有离子应在样品质谱图中存在，样品质谱图和标准质谱图中上述特征离子的相对丰度偏差要在±30%之内。一些特殊的离子如分子离子峰，即使其相对丰度低于30%，也应该作为判别化合物的依据。如果实际样品存在明显的背景干扰，比较时应扣除背景影响。

8.2 定量分析

在对目标物定性判断的基础上，根据定量离子的峰面积，采用内标法进行定量。当样品中目标化合物的定量离子有干扰时，可使用辅助离子定量。

8.3 平均相对响应因子的计算

按式（1）、式（2）计算标准系列目标化合物定量离子的相对响应因子及平均相对响应因子，并计算相对响应因子的相对标准偏差。

相对响应因子（RRF_i）按式（1）计算。

$$RRF_i = \frac{A_S \rho_{iS}}{A_{iS} \rho_S} \tag{1}$$

式中：RRF_i——相对响应因子；

A_S——标准溶液中目标化合物的定量离子峰面积；

ρ_{iS}——内标的质量浓度，mg/L；

A_{iS}——内标定量离子的峰面积；

ρ_S——标准溶液中目标化合物的质量浓度，mg/L。

平均相对响应因子（$\overline{RRF_i}$）按式（2）计算。

$$\overline{RRF_i} = \frac{\sum_{i=1}^{n} RRF_i}{n} \tag{2}$$

式中：$\overline{RRF_i}$——平均相对响应因子；

RRF_i——相对响应因子；

n——标准系列点数。

8.4 定量计算

8.4.1 用平均相对响应因子法计算

当目标物（或替代物）采用平均相对响应因子法进行计算时，试样中目标物的质量浓度（ρ）按式（3）计算。

$$\rho = \frac{A_{ex} \times \rho_{IS} \times V_2}{A_{IS} \times \overline{RRF} \times V_1} \tag{3}$$

式中：ρ——样品中目标物（或替代物）化合物的浓度，μg/L；

A_{ex}——目标物（或替代物）定量离子的峰面积；

ρ_{IS}——内标物的浓度，mg/L；

V_2——试样体积，mL；

A_{IS}——与目标物（或替代物）相对应内标定量离子的峰面积；

$\overline{RRF}$——目标物（或替代物）的平均相对响应因子；

V_1——样品体积，L。

8.4.2 用标准曲线法计算

当目标物（或替代物）采用标准曲线法进行计算时，从标准曲线上查到试样中目标物浓度 ρ_i，样品中目标物的质量浓度 ρ（μg/L）按式（4）计算。

$$\rho = \frac{\rho_i \times V}{V_S} \qquad (4)$$

式中：ρ——样品中目标化合物的浓度，μg/L；

ρ_i——根据标准曲线查得目标化合物的浓度，mg/L；

V——试样体积，mL；

V_S——水样体积，L。

8.5 结果表示及有效数字

当测定结果≥1.00 μg/L 时，数据保留 3 位有效数字；当测定结果＜1.00 μg/L 时，保留至小数点后 3 位（与检出限保留位数一致）。

9 准确度

9.1 精密度

实验室内对加标浓度分别为 0.5 μg/L、5.0 μg/L 和 18.0 μg/L 的海水样品进行了 6 次重复测定，实验室内相对标准偏差分别为 5.0%～12%、7.2%～12%和 5.2%～10%。

9.2 正确度

实验室内对加标浓度为 0.5 μg/L、5.0 μg/L 和 18.0 μg/L 的海水样品进行了 6 次重复测定，加标回收率分别为 37.5%～98.1%、43.1%～99.3%和 59.4%～107%。

10 质量控制

10.1 空白试验

每个分析批次至少测定 2 个实验室空白，测定结果应低于方法检出限。

10.2 校准

目标物相对响应因子（RRF）的相对标准偏差（RSD）应≤20%，或目标物校准曲线的相关系数 r≥0.995，否则应重新绘制校准曲线。

10.3 精密度控制

采用实验室分析平行样进行精密度控制。每批次样品应至少分析 10%的平行样，样品数量少于 10 个时，至少分析 1 个平行样，平行样测定结果的相对偏差应符合表 3 的要求。当平行样测定结果为 1 个未检出、1 个检出时，不进行精密度评价。当平行样测定结果处于检出限和测定下限之间时，可多取 1 位有效数字计算相对偏差。

表 3　实验室质量控制参考标准

分析结果所在数量级	10^{-4}	10^{-5}	10^{-6}	10^{-7}	10^{-8}	10^{-9}	10^{-10}
相对偏差容许限/%	1.0	2.5	5	10	20	30	50

10.4　准确度控制

10.4.1　每个分析批次（最多 20 个样品）应至少测定一个基体加标样品，目标物加标回收率为 60%～130%。

10.4.2　替代物的回收率为 60%～130%。

11　注意事项

11.1　在分析完高浓度样品后，应分析一个或多个空白试验样品检查仪器残留。

11.2　实验中所有器皿，使用前用二氯甲烷冲洗。

11.3　实验中所有试剂，使用前做空白检验。

11.4　有机磷农药较易降解，采集后样品需在 3 d 内完成萃取，30 d 内完成仪器测定。

11.5　对于清洁海水中有机磷农药的测定，可增大取样体积。

11.6　萃取过程中乳化现象严重时，可采用加入氯化钠、离心法或者冷冻法破乳。

11.7　实验过程中产生的废液和废物应分类收集，集中保管，依法委托有资质的单位处理。

11.8　定容 0.5 mL 时，转移至进样小瓶中，可使用内插管以保证进样针能够吸取到试剂。

武子澜（国家海洋环境监测中心）
吴艳（海南省生态环境监测中心）

海水 阴离子洗涤剂的测定 亚甲基蓝分光光度法

本方法依据《海洋监测规范 第 4 部分：海水分析》（GB 17378.4—2007）23 阴离子洗涤剂——亚甲基蓝分光光度法编写，作为全国近岸海域水质监测统一方法适用。本方法在 GB 17378.4—2007 的基础上，完善了操作细节、质控要求和注意事项等相关规定。

监测单位可根据实际情况选用其他规格比色皿进行分析测试工作，但需对使用该规格比色皿的方法进行方法验证，明确方法的检出限、精密度和正确度。

1 适用范围

本方法适用于海水中阴离子洗涤剂的测定。

取样体积为 100 mL，使用 2 cm 比色皿测定时，方法检出限为 0.010 mg/L，检测下限为 0.040 mg/L。

2 方法原理

阴离子洗涤剂与亚甲基蓝反应，生成蓝色的离子对化合物，用氯仿萃取后，在 650 nm 波长处测定吸光值。测定结果以十二烷基苯磺酸钠（LAS，烷基平均碳原子数为 12）的表观浓度表示，实际上测定了亚甲基蓝活性物质（MBAS）。

3 干扰和消除

3.1 对有较深颜色的水样本法受干扰。

3.2 有机的硫酸盐、磺酸盐、羧酸盐、酚类以及无机的氰酸盐、硝酸盐和硫氰酸盐等引起正干扰。通过洗涤液反洗可消除这些正干扰（有机硫酸盐、磺酸盐除外），其中氯化物和硝酸盐的干扰大部分被去除。

3.3 有机胺类引起负干扰，可采用阳离子交换树脂（适当条件下）去除。

4 试剂与材料

除另有说明外，分析时均使用符合国家标准的分析纯试剂，实验室用水为蒸馏水或等效纯水。

4.1 十二烷基苯磺酸钠标准溶液（$C_{18}H_{29}NaO_3S$，LAS）。

4.2 亚甲基蓝指示剂（$C_{16}H_{18}N_3ClS \cdot 3H_2O$）。

4.3 氯化钠（NaCl）。

4.4 磷酸二氢钠（$NaH_2PO_4 \cdot H_2O$）。

4.5 酚酞（$C_{20}H_{14}O_4$）。

4.6 无水乙醇（C_2H_5OH）。

4.7 氢氧化钠（NaOH）。

4.8 丙酮（CH_3COCH_3）。

4.9 氯仿（$CHCl_3$）。

4.10 硫酸：ρ（H_2SO_4）=1.84 g/mL。

4.11 氯化钠溶液：ρ（NaCl）=300 g/L。

　　称取 30.0 g 氯化钠（4.3）溶解于水中，加水稀释至 100 mL，混匀。

4.12 亚甲基蓝溶液。

　　称取 50.0 g 磷酸二氢钠（4.4）溶解于 500 mL 水中，搅拌下缓缓加入 6.8 mL 硫酸（4.10），冷却后加入 50.0 mg 亚甲基蓝指示剂（4.2），搅拌溶解，加水至 1 000 mL，混匀。转入棕色试剂瓶保存。

4.13 洗涤液。

　　称取 50.0 g 磷酸二氢钠（4.4）溶解于 500 mL 水中，搅拌下缓缓加入 6.8 mL 硫酸，冷却，加水至 1 000 mL，混匀。

4.14 氢氧化钠溶液：c（NaOH）=1 mol/L。

　　称取 10.0 g 氢氧化钠（4.7）溶于 100 mL 水中，冷却后加水稀至 250 mL，混匀。保存于聚乙烯瓶中。

4.15 硫酸溶液：c（H_2SO_4）=0.5 mol/L。

　　移取 2.7 mL 硫酸（4.10）于 100 mL 容量瓶中，加水稀释至标线。

4.16 十二烷基苯磺酸钠标准贮备溶液：ρ（$C_{18}H_{29}NaO_3S$）=1.000 g/L。

　　称取 0.100 0 g 十二烷基苯磺酸钠标准溶液（4.1）溶于 50 mL 水中，全量转入 100 mL 容量瓶，加水至标线，混匀。在冰箱内保存，至少可稳定 6 个月。也可购买市售有证标准溶液。

4.17 十二烷基苯磺酸钠标准使用溶液：ρ（$C_{18}H_{29}NaO_3S$）=10.0 mg/L。

　　量取 10.0 mL 十二烷基苯磺酸钠标准贮备溶液（4.16）于 100 mL 容量瓶中，加水至标线，混匀。再量取 10.0 mL 此溶液于 100 mL 容量瓶中，加水至标线，混匀。在冰箱中保存，可稳定 7 d。

4.18 酚酞指示液。

　　称取 0.25 g 酚酞（4.5）溶解于 40 mL 无水乙醇（4.6），加水 10 mL，混匀。

4.19 脱脂棉：用丙酮（4.8）浸泡后干燥。

5　仪器与设备

5.1　紫外可见分光光度计：20 mm 比色皿。

5.2　分析天平：精度为 0.000 1 g。

5.3　锥形分液漏斗：125 mL、250 mL。

5.4　具塞比色管：25 mL。

5.5　一般实验室常备仪器及设备。

6　分析步骤

6.1　标准曲线绘制

标准曲线应当在每批样品分析当天绘制。

6.1.1　在 6 个 250 mL 锥形分液漏斗中，分别加入 100 mL、99.5 mL、99.0 mL、98.0 mL、97.0 mL、95.0 mL 水，分别准确加入 0 mL、0.50 mL、1.00 mL、2.00 mL、3.00 mL、5.00 mL 十二烷基苯磺酸钠标准使用溶液（4.17），混匀，得到标准系列溶液浓度分别为 0 mg/L、0.050 mg/L、0.100 mg/L、0.200 mg/L、0.300 mg/L、0.500 mg/L。各加入 10 mL 氯化钠溶液（4.11）和 1 滴酚酞指示液（4.18），滴加氢氧化钠溶液（4.14）至刚显红色，滴加硫酸溶液（4.15）至红色刚褪去。加入 10 mL 亚甲基蓝溶液（4.12），混。加入 10 mL 氯仿（4.9），振摇半分钟（其间放气 2 次。振摇不要过于激烈，以免形成乳浊液），静置分层，倾斜转动分液漏斗让水面线扫过内壁，即可使壁上的氯仿液滴汇集到下层萃取液中。

注：根据实际样品的浓度范围，曲线浓度范围可适当调整，至少 5 个点（不包含 0 点）。曲线浓度范围不超过两个数量级。

6.1.2　在 6 个 125 mL 锥形分液漏斗中各加入 50 mL 洗涤液（4.13），然后将上述萃取液分别放入；在原来的 250 mL 锥形分液漏斗中各加入 10 mL 氯仿（4.9）再萃取一次，萃取液分别并入上述 125 mL 锥形分液漏斗中；振摇 125 mL 锥形分液漏斗半分钟（其间放气 2 次），静置分层。用小玻璃棒把少许脱脂棉塞入分液漏斗颈管内贴近活塞处，放出氯仿萃取液到 25 mL 比色管中。再加入 5 mL 氯仿（4.9），振摇半分钟（不用放气）。放出氯仿萃取液并入比色管，加入氯仿（4.9）至标线，混匀。在 650 nm 波长处，用氯仿（4.9）参比调零，用 2 cm 测定池测定萃取液的吸光值 A_i，同时测定标准空白吸光值 A_0。以（A_i-A_0）为纵坐标、相应的十二烷基苯磺酸钠浓度（mg/L）为横坐标，绘制标准曲线。

6.2　样品前处理

澄清水样可直接取样分析，若水样中含有藻类等物质或水样含泥沙浑浊，应经离心分离后再取样分析。

6.3 样品分析

6.3.1 量取 100 mL 试样（若水样中阴离子洗涤剂浓度较高，可适当少取水样体积，加水稀释至 100 mL），置于 250 mL 锥形分液漏斗中，按步骤 6.1.1～6.1.2 测定吸光值 A_w。

6.3.2 量取 100 mL 水代替试样做实验室空白实验，测定吸光度 A_b。

6.3.3 自控样品：能够获得海水标样时，应将质控样与实际样品一同处理和分析，检查分析结果的准确性。在不能获得海水质控样时，可通过样品加标来检查分析结果的准确性。检查分析结果的精密性采用平行样控制方式进行。

7 结果计算和表示

7.1 计算公式

样品中阴离子洗涤剂的浓度以亚甲蓝活性物质（MBAS，mg/L）计，按照式（1）计算：

$$\rho = \frac{A_w - A_b - a}{b} \times f \tag{1}$$

式中：ρ——试样中亚甲蓝活性物（MBAS）的浓度，mg/L；

  A_w——试样的吸光度；

  A_b——空白试验的吸光度；

  a——标准曲线的截距；

  b——标准曲线的斜率；

  f——试样的稀释倍数。

7.2 有效数字

当样品含量＜1.00 mg/L 时，结果保留小数点后 3 位；当样品含量≥1.00 mg/L 时，结果保留 3 位有效数字。

8 质量控制

8.1 空白实验

每个分析批次至少测定 2 个实验室空白，测定结果应低于方法检出限。

8.2 校准

每批样品分析均需绘制校准曲线，校准曲线的相关系数 r≥0.995，否则应重新绘制校准曲线。

8.3 精密度控制

采用实验室分析平行样进行精密度控制。每批次样品应至少分析 10%的平行样，样品数量少于 10 个时，至少分析 1 个平行样，平行样测定结果的相对偏差应符合表 1 的要求。

当平行样测定结果为 1 个未检出、1 个检出时，不进行精密度评价。当平行样测定结果处于检出限和测定下限之间时，可多取 1 位有效数字计算相对偏差。

8.4 准确度控制

采用有证标准样品或加标回收率测定进行准确度控制，应优先使用与样品基体相同的有证标准样品开展准确度控制。每批样品应至少测定 5% 的有证标准样品或加标回收样，样品数量少于 20 个/批时，应至少测定 2 个有证标准样品或加标回收样。

有证标准样品的测定值应在其保证值范围内。样品加标回收率的加标量应控制在实际样品浓度水平的 0.5～3 倍，加标后样品浓度应控制在校准曲线有效范围内，回收率应符合表 1 给出的范围。当样品测定结果低于方法测定下限时，可不进行加标回收率评价，但应同步使用有证标准样品进行准确度控制。

表 1 实验室质量控制参考标准

分析结果所在数量级	平行样 相对偏差 上限/%	加标样 加标回收率 下限/%	加标样 加标回收率 上限/%
10^{-4}	1.0	95	105
10^{-5}	2.5	95	110
10^{-6}	5	95	110
10^{-7}	10	90	110
10^{-8}	20	85	115
10^{-9}	30	80	120

9 注意事项

9.1 试剂和环境温度影响分析结果，冰箱贮存的试剂需放置到室温后再分析。

9.2 样品容器均经铬酸洗液洗 1 次，自来水 3 次，去离子水 2～3 次，萃取液 2 次；分液漏斗活塞上的润滑油脂用纸擦去，再用氯仿洗净。

9.3 若萃取出现深蓝色絮状物，此絮状物不能放入盛洗涤液的分液漏斗中。漏斗颈内有水，要用脱脂棉先行吸去。

编写人员：

姚文君（国家海洋环境监测中心）
张丽（江苏省连云港环境监测中心）
贺心然（江苏省连云港环境监测中心）

海水　苯并[*a*]芘的测定　气相色谱-质谱法

本方法依据《海水中 16 种多环芳烃的测定　气相色谱-质谱法》（GB/T 26411—2010）编写，作为全国海水水质国控网监测统一方法使用。本方法在 GB/T 26411—2010 的基础上，优化了操作细节、质控要求和注意事项等相关规定。

监测单位可根据实际情况选用不同前处理进行分析测试工作，但需对使用不同前处理的方法进行方法验证，明确方法的检出限、精密度和正确度。

1　适用范围

本方法规定了测定海水中苯并[*a*]芘的气相色谱-质谱法。

本方法适用于海水、河口水及入海排污口污水样品中苯并[*a*]芘的测定。

当取样量为 1 000 mL，定容体积为 0.5 mL，进样体积为 2 μL 时，方法检出限为 1.0 ng/L，测定下限为 4.0 ng/L。

2　方法原理

样品中苯并[*a*]芘经固相萃取、净化、浓缩和定容后，用气相色谱分离，质谱检测，根据保留时间、特征离子及不同离子丰度比定性，内标法定量。

3　试剂与材料

除另有说明外，分析时均使用符合国家标准的分析纯试剂，实验用水为新鲜制备的纯水。

3.1　正己烷（C_6H_{14}）：色谱纯。

3.2　二氯甲烷（CH_2Cl_2）：色谱纯。

3.3　丙酮（C_3H_6O）：色谱纯。

3.4　异丙醇（C_3H_8O）：色谱纯。

3.5　甲醇（CH_3OH）：色谱纯。

3.6　甲醇/水混合溶液：1+1。

将甲醇（3.5）加入等体积水中，混匀，临用现配。

3.7　无水硫酸钠（Na_2SO_4）：使用前在马弗炉中于 550℃烘烤 8 h，冷却后置于磨口玻璃瓶中密封保存。

3.8　二氯甲烷-正己烷混合溶剂：1+1。

二氯甲烷（3.2）和正己烷（3.1）等体积混合，临用现配。

3.9　苯并[a]芘标准贮备液：ρ＝1 000 μg/mL。

可购买市售有证标准溶液，参照产品说明书保存。

3.10　苯并[a]芘标准使用液：ρ＝10.0 μg/mL。

移取苯并[a]芘标准贮备液（3.9）100 μL，于 10 mL 容量瓶中，用正己烷（3.1）定容，混匀，转移至带聚四氟乙烯衬垫螺旋瓶盖的棕色试剂瓶中，密封避光于 0～4℃冷藏保存。

3.11　替代物贮备液：对三联苯-d_{14}，ρ＝1 000 μg/mL。

可购买市售有证标准溶液，参照产品说明书保存。

3.12　替代物使用液：对三联苯-d_{14}，ρ＝10.0 μg/mL。

移取替代物贮备液（3.11）100 μL，于 10 mL 容量瓶中，用正己烷（3.1）定容，混匀，转移至带聚四氟乙烯衬垫螺旋瓶盖的棕色试剂瓶中，密封避光于 0～4℃冷藏保存。

3.13　内标贮备液：芘-d_{12}，ρ＝2 000 μg/mL。

可购买市售有证标准溶液，参照产品说明书保存。

3.14　内标使用液：芘-d_{12}，ρ＝20.0 μg/mL。

取 100 μL 内标贮备液（3.13）于 10 mL 容量瓶中，用正己烷（3.1）定容，混匀，转移至带聚四氟乙烯衬垫螺旋瓶盖的棕色试剂瓶中，密封避光于 0～4℃冷藏保存。

3.15　十氟三苯基膦（DFTPP）贮备液：ρ＝50 μg/mL。

可购买市售有证标准溶液，参照产品说明书保存。

3.16　氢气：纯度≥99.999%。

3.17　氦气：纯度≥99.999%。

4　仪器与设备

4.1　气相色谱-质谱仪：色谱部分具有分流/不分流进样口、程序升温功能。质谱部分采用电子轰击电离源（EI源），具有手动（自动）调谐、数据采集、定量分析和谱库检索等功能。

4.2　色谱柱：石英毛细管色谱柱，长 30 m，内径 0.25 mm，膜厚 0.25 μm，固定相为 5% 的苯基和95%的二甲基聚硅氧烷，或其他等效的毛细管色谱柱。

4.3　固相萃取装置：可通过真空泵调节流速，流速为 1～80 mL/min。

4.4　固相萃取柱：C_{18}，500 mg/6 mL，或具有同等萃取性能的物品。

4.5　佛罗里硅藻土净化柱：500 mg/6 mL。

4.6　玻璃棉或玻璃纤维滤纸：使用前用二氯甲烷淋洗自然干，在 400℃加热 1 h，冷却后，贮存于磨口玻璃瓶中密封保存。

4.7　玻璃纤维滤膜（0.7 μm）：在 400℃灼烧 1 h 冷却或二氯甲烷（3.2）超声 30 min 后自然干燥，贮存于磨口玻璃瓶种密封保存。

4.8　干燥柱：长 250 mm，内径 10 mm，玻璃活塞不涂润滑油的玻璃柱。在柱的下端，放入少量玻璃棉或玻璃纤维滤纸（4.6），加入 10 g 无水硫酸钠（3.7）。

4.9　真空抽气泵。

4.10　氮吹仪。

4.11　一般实验室常用仪器和设备。

5　分析步骤

5.1　样品保存

样品采集并运至实验室后，如不能及时分析，应于 4℃ 以下避光保存，在 7 d 内萃取完毕，萃取液应于 4℃ 以下避光保存，在 40 d 内分析完毕。

5.2　液液萃取

量取 1 000 mL 左右经沉降 24 h 以上的水样上清液至 2 000 mL 分液漏斗中，加入 5.0 μL 替代物使用液（3.12），加入 50 mL 二氯甲烷（3.2）充分振荡混匀，静置分层；收集有机相，水相再重复萃取一次，合并萃取液并经无水硫酸钠（3.7）干燥柱脱水后转移至旋转蒸发瓶或氮吹瓶中，浓缩至 2 mL，使用正己烷（3.1）置换，再浓缩至 2 mL。

5.3　液液萃取净化、浓缩

5.3.1　用 8 mL 二氯甲烷（3.2）和 8 mL 正己烷（3.1）依次浸润佛罗里硅藻土净化柱，在液面消失前，将萃取液转移至小柱上，用 1～2 mL 正己烷（3.1）洗涤浓缩管 3 次，洗涤液一并上柱，应始终保持填料上方留有液面，用 10 mL 二氯甲烷-正己烷（1+1）洗脱，洗脱流速应控制在约 5 mL/min，收集所有洗脱液。

5.3.2　洗脱液用氮吹仪 30℃ 水浴浓缩至近干，正己烷（3.1）定容至 0.5 mL，加入 5.0 μL 内标使用液（3.14），转移至样品瓶中待分析。

5.4　固相萃取

5.4.1　将固相萃取柱（4.4）安装在固相萃取装置（4.3）上，加入 3 mL 正己烷（3.1）于柱中，拧松开关，让溶剂完全浸润柱填充物时拧紧开关，保持 1 min。打开开关，使溶剂缓慢流过柱子，速度为 1 滴/s。当溶剂液面接近柱填充物时，再加入 3 mL 正己烷（3.1），共重复 3 次。

5.4.2　继续加入二氯甲烷（3.2）于柱中，重复 5.4.1 的操作。

5.4.3　继续加入甲醇（3.5）于柱中，重复 5.4.1 的操作。

5.4.4　继续加入水于柱中，重复 5.4.1 的操作。

5.4.5　样品富集。

量取 1 000 mL 左右经沉降 24 h 以上的水样上清液（5.2），依次加入 10 mL 甲醇（3.5）和 5.0 μL 替代物使用液（3.12），混匀，以 5 mL/min 的流速流过已活化好的固相萃取柱（4.4），最后用 10 mL 水淋洗固相萃取柱，弃去流出液。抽干固相萃取柱或用氮气（3.17）

吹干固相萃取柱。

5.5　固相萃取洗脱、浓缩

5.5.1　加入 1.5 mL 丙酮（3.3）于柱中，拧松开关，当溶剂完全浸润柱填充物时拧紧开关，保持 3 min。打开开关，使溶剂缓慢流过柱子，速度为 1 滴/s。用玻璃试管收集洗脱液。

5.5.2　加入 3 mL 二氯甲烷（3.2），重复 5.5.1 的操作，洗脱液收集于玻璃试管 1 中。继续用 3 mL 二氯甲烷（3.2）重复操作一次，合并洗脱液。

5.5.3　将洗脱液转移至干燥柱（4.8）上，收集干燥后的洗脱液于玻璃试管 2 中。当液面接近无水硫酸钠顶部时，加入 5 mL 二氯甲烷（3.2）冲洗干燥柱，重复两次，合并洗脱液至玻璃试管 2 中。洗脱液用氮吹仪浓缩至近干，正己烷（3.1）定容至 0.5 mL，加入 5.0 μL 内标使用液（3.14），转移至样品瓶中待分析。

5.6　空白试样的制备

用实验用水代替样品，按照步骤 5.2～5.5 进行实验室空白试样的制备。

5.7　仪器条件

5.7.1　色谱条件

进样方式：不分流进样；进样量：1.0～2.0 μL；进样口温度：250℃。

程序升温模式：50℃保持 1 min，以 20℃/min 的速度升至 150℃保持 2 min；再以 12℃/min 的速度升至 290℃保持 7 min。

载气流速：恒流模式 1.5 mL/min，总流量：50 mL/min。

5.7.2　质谱参考条件

传输线温度：280℃。

离子源温度：230℃。

离子源电子能量：70 eV。

扫描方式：全扫描定性分析。

质量数范围：50～500。

选择离子扫描（SIM）定量分析。

苯并[a]芘、替代物和内标物的主要特征离子见表 1。

溶剂延迟时间：5 min。

其余参数参照仪器使用说明书进行设定。

表 1　目标化合物测定参考参数

化合物名称	定量离子	辅助离子	化合物类型
苯并[a]芘	252	126，253	目标化合物
芘-d_{12}	264	260，265	内标物
对三联苯-d_{14}	244	122，212	替代物

5.8 校准

5.8.1 仪器性能检查

样品分析前,用 1 μL 十氟三苯基膦(DFTPP)贮备液(3.15)对气相色谱-质谱系统进行仪器性能检测,所得质量离子的丰度应满足表 2 的要求。

表 2 DFTPP 关键离子及离子丰度评价

质量离子(m/z)	丰度评价	质量离子(m/z)	丰度评价
51	强度为 198 碎片的 30%~60%	199	强度为 198 碎片的 5%~9%
68	强度小于 69 碎片的 2%	275	强度为 198 碎片的 10%~30%
70	强度小于 69 碎片的 2%	365	强度大于 198 碎片的 1%
127	强度为 198 碎片的 40%~60%	441	存在但不超过 443 碎片的强度
197	强度小于 198 碎片的 1%	442	强度大于 198 碎片的 40%
198	基峰,相对强度 100%	443	强度为 442 碎片的 17%~23%

5.8.2 标准曲线

分别移取适量苯并[a]芘标准使用液(3.10)及替代物使用液(3.12),用正己烷(3.1)稀释配制标准系列,配制至少 5 个浓度点的标准系列溶液(不含 0 点),标准系列溶液的浓度依次为 5.0 μg/L、20.0 μg/L、50.0 μg/L、100 μg/L、250 μg/L、500 μg/L,每 1.0 mL 标准系列溶液加入 10.0 μL 内标使用液(3.14),配制内标浓度为 200 μg/L,混匀待测。可根据实际工作需要,调整标准系列点的浓度。

在本方法的色谱条件下,目标化合物的选择离子流图见图 1。

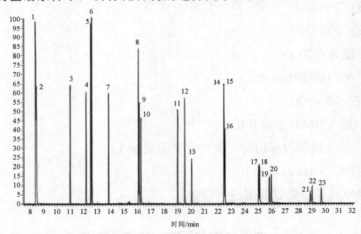

1—萘-d_8(内标);2—萘;3—2-氟联苯(替代物);4—苊烯;5—苊-d_{10}(内标);6—苊;7—芴;8—菲-d_{10}(内标);9—菲;10—蒽;11—荧蒽;12—芘;13—对三联苯-d_{14}(替代物);14—苯并[a]蒽;15—䓛-d_{12}(内标);16—䓛;17—苯并[b]荧蒽;18—苯并[k]荧蒽;19—苯并[a]芘;20—苝-d_{12}(内标);21—茚并[1,2,3-c,d]芘;22—二苯并[a,h]蒽;23—苯并[g,h,i]苝

图 1 目标化合物的选择离子扫描(SIM)离子流图

5.9　样品测试

按照 5.7.1～5.7.2 的仪器条件进行样品（5.4.5）和空白试样（5.6）的测定。记录定性、定量离子的峰面积（或峰高）和保留时间。

注：当样品浓度超出标准曲线范围时，应该减小取样体积重新进行前处理，再进行测定。

6　结果与记录

6.1　定性分析

通过样品中目标物与标准系列中目标物的保留时间、质谱图、碎片离子质荷比及其丰度等信息比较，对目标物进行定性。应多次分析标准溶液得到目标物的保留时间均值，以平均保留时间±3 倍的标准偏差为保留时间窗口，样品中目标物的保留时间应在其范围内。

目标物标准质谱图中相对丰度高于 30% 的所有离子应在样品质谱图中存在，样品质谱图和标准质谱图中上述特征离子的相对丰度偏差要在 ±30% 之内。一些特殊的离子如分子离子峰，即使其相对丰度低于 30%，也应该作为判别化合物的依据。如果实际样品存在明显的背景干扰时应扣除背景影响。

6.2　定量分析

在对目标物定性判断的基础上，根据定量离子的峰面积，采用内标法进行定量。当样品中目标化合物的定量离子有干扰时，可使用辅助离子定量。

6.3　平均相对响应因子的计算

按式（1）、式（2）计算标准系列目标化合物定量离子的相对响应因子及平均相对响应因子，并计算相对响应因子的相对标准偏差。

相对响应因子（RRF）按式（1）计算。

$$RRF_i = \frac{A_S \rho_{ISi}}{A_{ISi} \rho_S} \tag{1}$$

式中：RRF_i——校准曲线系列中第 i 点目标化合物的相对响应因子；

A_S——校准曲线系列中第 i 点目标化合物定量离子的响应值；

ρ_S——校准曲线系列中第 i 点目标化合物的质量浓度，μg/L；

ρ_{ISi}——校准曲线系列中内标的质量浓度，μg/L；

A_{ISi}——校准曲线系列中第 i 点与目标化合物相对应内标定量离子的响应值。

平均相对响应因子（$\overline{RRF}$）按式（2）计算。

$$\overline{RRF} = \frac{\sum_{i=1}^{n} RRF_i}{n} \tag{2}$$

式中：$\overline{RRF}$——校准曲线系列中目标化合物的平均相对响应因子；

RRF$_i$——校准曲线系列中第 i 点目标化合物的相对响应因子；

n——标准系列点数。

6.4 定量计算

6.4.1 用平均相对响应因子法计算

以选择离子扫描方式（SIM）采集数据，内标法定量。样品中目标物的质量浓度 ρ（ng/L）按式（3）计算。

$$\rho = \frac{A_{ex} \times \rho_{IS} \times V_2}{A_{IS} \times \overline{RRF} \times V_1} \times 1\,000 \tag{3}$$

式中：ρ——样品中目标化合物的浓度，ng/L；

A_{ex}——目标化合物定量离子的峰面积；

ρ_{IS}——目标化合物对应的内标物的浓度，μg/L；

V_2——试样体积，mL；

A_{IS}——与目标化合物相对应内标定量离子的峰面积；

$\overline{RRF}$——目标化合物的平均相对响应因子；

V_1——样品体积，mL。

6.4.2 用标准曲线法计算

当目标物（或替代物）采用标准曲线法进行计算时，从标准曲线上查到试样中目标物浓度 ρ_i，样品中目标物的质量浓度 ρ（ng/L）按式（4）计算。

$$\rho = \frac{\rho_i \times V_2}{V_1} \times f \times 1\,000 \tag{4}$$

式中：ρ——样品中目标化合物的浓度，ng/L；

ρ_i——根据标准曲线查得目标化合物的浓度，μg/L；

f——试样的稀释倍数；

V_2——试样体积，mL；

V_1——水样体积，mL。

6.5 结果表示及有效数字

当测定结果 ≥1.00 ng/L 时，数据保留 3 位有效数字；当测定结果 <1.00 ng/L 时，数据保留 2 位小数。

7 精密度和准确度

7.1 精密度

6 家实验室对含苯并[a]芘 20.0 ng/L 和 200 ng/L 的空白加标样品进行了 6 次重复测定：实验室内相对标准偏差分别为 2.5%～8.3% 和 2.4%～3.7%；实验室间相对标准偏差分别为

7.9%和8.1%；重复性限分别为2.4 ng/L和16.9 ng/L；再现性限分别为4.5 ng/L和45.4 ng/L。

7.2　准确度

6家实验室利用固相萃取法对海水实际水样进行了加标分析测定，加标浓度为10.0 ng/L：加标回收率为84.5%～104%。

8　质量控制

8.1　空白

每个分析批次至少测定2个实验室空白，测定结果应低于方法检出限。否则，应检查试剂空白、仪器系统及前处理过程。

8.2　校准曲线

校准系列中目标化合物相对响应因子的相对标准偏差应≤20%。否则，说明进样口或色谱柱存在干扰，应进行必要维护。

校准曲线相关系数$r \geq 0.995$。否则，应查找原因并重新绘制标准曲线。

样品测定期间每24 h至少测定1次曲线中间点浓度的标准溶液，目标化合物的测定结果与标准值间的相对标准偏差应≤10%。否则，应查找原因并重新绘制标准曲线。

8.3　精密度控制

采用实验室分析平行样进行精密度控制。每批次样品应至少分析10%的平行样，样品数量少于10个时，至少分析1个平行样，平行样测定结果的相对偏差应符合表3的要求。当平行样测定结果为1个未检出、1个检出时，不进行精密度评价。当平行样测定结果处于检出限和测定下限之间时，可多取1位有效数字计算相对偏差。

表3　实验室质量控制参考标准

分析结果所在数量级	10^{-4}	10^{-5}	10^{-6}	10^{-7}	10^{-8}	10^{-9}	10^{-10}
相对偏差容许限/%	1.0	2.5	5	10	20	30	50

8.4　准确度控制

每个分析批次（最多20个样品）至少测定1对基体加标样品，基体加标的回收率一般控制在60%～130%。

8.5　替代物回收率范围

经过提取、净化、浓缩、分析过程，对三联苯-d_{14}的回收率控制在60%～130%。

9　注意事项

9.1　实验中产生的废液应分类收集和保管，并做好相应标识，依法委托有资质的单位处理。

9.2 整个实验过程应在具有通风设备的实验室进行。

9.3 玻璃器皿使用前应先用清水冲洗，等水干后放入 40～50℃的重铬酸钾-浓硫酸洗液中浸泡 24 h，取出后用清水洗净，再用纯水清洗，用烘箱 105℃烘 2 h，再于马弗炉中 400℃灼烧 4 h，玻璃器皿彻底清洗干净后放入专用柜保存。带有刻度的玻璃器皿不能灼烧。

9.4 当待测化合物在气相色谱-质谱的全扫描方法下不能定性时，可通过提取碎片离子方式定性分析。

9.5 样品预处理时，应在水样液面以下加入替代物。当受环境影响，如室温过高，加速了替代物的挥发，损失较大，可能对测定结果有影响时，可采取增加替代物标准溶液使用液的浓度、减少加入体积的方法提高回收率。

9.6 C_{18} 固相萃取柱的活化和水样萃取过程中，应始终保持填料浸没于液面以下。

9.7 定容 0.5 mL 时，转移至进样小瓶中，可使用内插管以保证进样针能够吸取到试剂。

编写人员：
武子澜（国家海洋环境监测中心）
张鸣珊（海南省生态环境监测中心）

海水　总大肠菌群的测定　多管发酵法

1　适用范围

本方法规定了用多管发酵法测定海水中的总大肠菌群。

本方法适用于海水中总大肠菌群的测定。

本方法的检出限为 20 MPN/L。

2　术语及定义

下列术语和定义适用于本方法。

2.1　总大肠菌群（Total Coliforms）

总大肠菌群是一群在 37℃生长时能使乳糖发酵，在 24 h 内产酸产气的需氧及兼性厌氧的革兰氏阴性无芽孢杆菌。

2.2　最大可能数（Most Probable Number，MPN）

最大可能数又称稀释培养计数，是一种基于泊松分布的间接计数法。利用统计学原理，根据一定体积不同稀释度样品经培养后产生的目标微生物阳性数，查表估算一定体积样品中目标微生物存在的数量（单位体积存在目标微生物的最大可能数）。

3　方法原理

总大肠菌群在乳糖蛋白胨培养液中于 37℃生长时能使乳糖分解产酸产气，产酸使溴甲酚紫指示剂由紫色变为黄色，产气进入发酵倒管中，经复发酵产气证实海水水样中存在大肠菌群，并通过查 MPN 表，计算即得总大肠菌群浓度值。

4　试剂与材料

本方法所用试剂除另有注明外，均为符合国家标准的分析纯化学试剂；实验用水为新制备的去离子水或蒸馏水。

为减少配制中的误差，可选用商品化即用型或脱水型培养基，应对照下文自配培养基组成成分选用合适的培养基，经实验室验证合格后代替下文培养基。

4.1　溴甲酚紫乙醇溶液

称取 1.6 g 溴甲酚紫 [$C_6H_4SO_2OC(C_6H_2CH_3OHBr)_2$] 溶于 2～3 mL 乙醇（$C_2H_5OH$）中，然后用蒸馏水定容到 100 mL。

4.2　碳酸钠溶液

称取 10.6 g 碳酸钠（Na_2CO_3）溶于蒸馏水，并定容至 100 mL。

4.3　乳糖蛋白胨培养液

4.3.1　成分

蛋白胨	10.0 g
牛肉膏	3.0 g
乳糖	5.0 g
氯化钠	5.0 g
溴甲酚紫乙醇溶液	1 mL
蒸馏水	1 000 mL

4.3.2　制法

将规定量的蛋白胨、牛肉膏、乳糖、氯化钠（NaCl）加热溶解于 1 000 mL 蒸馏水中，用碳酸钠溶液（4.2）调节 pH 为 7.2～7.4，再加入溴甲酚紫乙醇溶液（4.1）1 mL，充分混匀，分装于置有发酵倒管的试管中，置高压蒸汽灭菌器中，于 115℃（68.95 kPa）灭菌 20 min，贮存于冷暗处备用。

4.4　三倍乳糖蛋白胨培养液

按普通浓度的乳糖蛋白胨培养液（4.3）配方将蒸馏水由 1 000 mL 减为 333 mL，配制成浓缩三倍的乳糖蛋白胨培养液备用，制法同上。

4.5　EC 培养基

4.5.1　成分

胰蛋白胨（或胨胨）	20.0 g
乳糖	5.0 g
胆盐混合物（或三号胆盐）	1.5 g
磷酸氢二钾（$K_2HPO_4 \cdot 3H_2O$）	4.0 g
磷酸二氢钾（KH_2PO_4）	1.5 g
氯化钠　（NaCl）	5.0 g
蒸馏水	1 000 mL

4.5.2　制法

将上述成分加热溶解于蒸馏水中，混匀后分装于置有发酵倒管的试管内，盖上乳胶塞，置入高压蒸汽灭菌器于 115℃（68.95 kPa）灭菌 20 min，灭菌后 pH 应为 6.9。此培养基宜常温存放，置冰箱保存会出现假阳性。

注：参照《水和废水监测分析方法》（第四版），培养基在灭菌后 pH 降低 0.1～0.2，EC 培养基灭菌前 pH 应调节到 7.0～7.1，根据配制的培养基灭菌后 pH 的变化情况，在灭菌前进行调节。

4.6　稀释水

可用无菌海水、磷酸盐缓冲液（PBS）或其他适合的市售缓冲液。无菌海水即用清洁海水，按无菌操作要求，121℃高压蒸汽灭菌 20 min。

5　仪器与设备

5.1　恒温培养箱：37℃±1℃。

5.2　高压蒸汽灭菌器：115℃、121℃，可调。

5.3　干热灭菌箱：160～180℃。

5.4　冰箱：0～4℃。

5.5　天平：精确到 0.1 g。

5.6　移液管：1 mL、10 mL。

5.7　试管：ϕ15 mm×150 mm；ϕ25 mm×200 mm。

5.8　发酵倒管：ϕ6 mm×35 mm；ϕ8 mm×50 mm。

5.9　接种环：ϕ＞3 mm 能进行火焰灭菌的金属丝接种环，或者一次性的灭菌包装接种环。

5.10　pH 计：精确到 0.1。

5.11　接种环：ϕ＞3 mm 能进行火焰灭菌的金属丝接种环，或者一次性的灭菌包装接种环。

5.12　棉绳：用于制作绵塞，也可用于捆绑灭菌器具。

5.13　牛皮纸：用于包裹灭菌器具。

5.14　纱布及棉花：塞试管用，可用乳胶塞代替。

5.15　脱脂棉或白绒布：用于过滤非市售培养基。

5.16　锥形瓶：500 mL。

5.17　烧杯：2 000 mL。

5.18　量筒：1 000 mL。

5.19　折叠式接种箱或生物安全柜或无菌室。

6　分析步骤

6.1　试验准备

6.1.1　器具灭菌

试验开始前，准备充足数量经 121℃高压蒸汽灭菌 20 min（或 160～170℃干热灭菌 2 h）的移液管、试管等玻璃器皿。

6.1.2　水样接种量

根据充分混匀的海水样品污染程度，确定水样接种量。每个样品至少用 3 个不同的水样量接种。

常规海水样品，一般按照 10 mL、1 mL、0.1 mL 梯度各 5 管接种分析。海水浑浊不透明污染严重时，可减少接种量，按 10 倍递减的 3 个梯度分别接种于普通浓度乳糖蛋白胨培养液中，如 1 mL、0.1 mL、0.01 mL 或 0.1 mL、0.01 mL、0.001 mL 等。

如接种量为 10 mL，则试管内应装有三倍浓缩乳糖蛋白胨培养液 5 mL；如接种量为 1 mL 或少于 1 mL，则可接种于普通浓度的乳糖蛋白胨培养液 10 mL 中。

6.1.3 水样稀释

接种量为 0.1 mL 时，吸取 1 mL 水样，注入盛有 9 mL 灭菌稀释水的无菌锥形瓶中，混匀，制成 1：10 稀释样品。接种量为 0.01 mL 时，吸取 1：10 的稀释样品 1 mL 注入盛有 9 mL 无菌稀释水的无菌锥形瓶中，混匀成 1：100 稀释样品。其他稀释倍数依次类推，先逐级稀释制成稀释样品再接种。

检测过程中遵守无菌操作方法，不同样品需更换移液管操作。

6.2 初发酵实验

以无菌操作方法，等量吸取 10 mL 经充分摇匀的水样，分别加入 5 支各盛有 5 mL 已灭菌的三倍浓缩乳糖蛋白胨培养液的试管中（内有倒管）。

等量吸取 1 mL 水样，分别加入 5 支各盛有 10 mL 已灭菌的普通浓度乳糖蛋白胨培养液的试管中（内有倒管）。吸取 1 mL 水样注入盛有 9 mL 已灭菌稀释水的试管中，摇匀。

另换一支移液管，等量吸取此种稀释水样 1 mL，分别加入 5 支各盛有 10 mL 已灭菌的普通浓度乳糖蛋白胨培养液的试管中（内有倒管）。

将上述 15 支试管充分混匀后，置于 37℃±1℃恒温培养箱中培养（24±2）h。

6.3 复发酵实验

经培养 24 h 后，将产酸（培养液变成黄色）产气（倒管上端积有气泡）及只产酸的发酵管，用无菌接种环转接入 EC 培养液中，摇匀后置于 37℃±1℃恒温培养箱中培养（24±2）h。在此期间所得的产气阳性管即证实有总大肠菌群存在。

注：应根据点位属于近岸或远岸海域、采样现场环境情况、近期气象状况以及水质本身外观情况等综合预判，适当增加几个稀释梯度，以确保能够得到准确的总大肠菌群监测结果。

6.4 对照实验

6.4.1 空白对照

每次试验都要用稀释水（4.6）按照步骤 6.1～6.3 进行实验室空白测定。培养后的试管中不得有任何变色反应，否则，该次样品测定结果无效，应查明原因后重新测定。

6.4.2 阳性及阴性对照

将总大肠菌群的阳性菌株（如大肠埃希氏菌，*Escherichia coli*）和阴性菌株（如金黄色葡萄球菌，*Staphylococcus aureus*）制成菌悬液，分别取相应体积的菌悬液按水量接种量（6.1.2）的要求接种，然后按初发酵试验（6.2）和复发酵试验（6.3）的要求培养。阳性菌株应呈现阳性反应，阴性菌株应呈现阴性反应，否则，该次样品测定结果无效，应查明原因后重新测定。

7　结果与记录

7.1　计算公式

依据阳性管数查大肠菌群检数表（表 1），即可得每 100 mL 水样中总大肠菌群的最大可能数（MPN），再按照式（1）换算样品中总大肠菌群数（MPN/L）：

$$C = \frac{M \times 100}{f} \tag{1}$$

式中：C——样品中总大肠菌群数，MPN/L；

　　　M——查 MPN 表得到的 MPN 值，MPN/100 mL；

　　　100——为 10×10 mL，其中，10 将 MPN 值的单位 MPN/100 mL 转换为 MPN/L，

　　　　　　 10 mL 为 MPN 表中最大接种量；

　　　f——实际样品最大接种量，mL。

表 1　大肠菌群检数表

（接种 5 份 10 mL 水样、5 份 1 mL 水样、5 份 0.1 mL 水样）

各接种量阳性份数			100 mL 水样中大肠菌群数最近似值	95%置信限		各接种量阳性份数			100 mL 水样中大肠菌群数最近似值	95%置信限	
10 mL	1 mL	0.1 mL		下限	上限	10 mL	1 mL	0.1 mL		下限	上限
0	0	0	<2			4	2	1	26	9	78
0	0	1	2	<0.5	7	4	3	0	27	9	80
0	1	0	2	<0.5	7	4	3	1	33	11	93
0	2	0	4	<0.5	11	4	4	0	34	12	93
1	0	0	2	<0.5	7	5	0	0	23	7	70
1	0	1	4	<0.5	11	5	0	1	31	11	89
1	1	0	4	<0.5	11	5	0	2	43	15	110
1	1	1	6	<0.5	15	5	1	0	33	11	93
1	2	0	6	<0.5	15	5	1	1	46	16	120
2	0	0	5	<0.5	13	5	1	2	63	21	150
2	0	1	7	1	17	5	2	0	49	17	130
2	1	0	7	1	17	5	2	1	70	23	170
2	1	1	9	2	21	5	2	2	94	28	220
2	2	0	9	2	21	5	3	0	79	25	190
2	3	0	12	3	28	5	3	1	110	31	250
3	0	0	8	1	19	5	3	2	140	37	340

各接种量阳性份数			100 mL 水样中大肠菌群数最近似值	95%置信限		各接种量阳性份数			100 mL 水样中大肠菌群数最近似值	95%置信限	
10 mL	1 mL	0.1 mL		下限	上限	10 mL	1 mL	0.1 mL		下限	上限
3	0	1	11	2	25	5	3	3	180	44	500
3	1	0	11	2	25	5	4	0	130	35	300
3	1	1	14	4	34	5	4	1	170	43	490
3	2	0	14	4	34	5	4	2	220	57	700
3	2	1	17	5	46	5	4	3	280	90	850
3	3	0	17	5	46	5	4	4	350	120	1 000
4	0	0	13	3	31	5	5	0	240	68	750
4	0	1	17	5	46	5	5	1	350	120	1 000
4	1	0	17	5	46	5	5	2	540	180	1 400
4	1	1	21	7	63	5	5	3	920	300	3 200
4	1	2	26	9	78	5	5	4	1 600	640	5 800
4	2	0	22	7	67	5	5	5	≥2 400		

7.2 有效数字

当测定结果≥100 MPN/L 时，以科学计数法表示；当测定结果＜100 MPN/L 时，按实际有效位数保留；当测定结果低于检出限时，以"未检出"或"＜20 MPN/L"表示。

8 质量保证和质量控制

8.1 培养基

8.1.1 培养基的验收

8.1.1.1 每批新购培养基，均应进行外观检查（包括生产日期和保质期等），并用标准样品或标准菌株进行技术性验收，填写相应的培养基验收记录。培养基必须满足验收参数要求方可使用，否则作退回处理。

8.1.1.2 验收时应使用有证标准样品或标准菌株，可使用来自（英国）国家菌种保藏中心（NCTC）、美国菌种保藏中心（ATCC）、中国工业微生物菌种保藏管理中心（CICC）、中国医学微生物菌种保藏中心（CMCC）的产品或其他市售产品。

8.1.2 培养基的制备

8.1.2.1 应按照厂商提供的说明对培养基进行配制并灭菌，同时进行灭菌效果监测（温控胶带），填写相应的培养基配制记录和高压蒸汽灭菌器灭菌监控及使用记录。

8.1.2.2 若温控效果不合格，则该批培养基不能使用，应查找原因，采取纠正措施后重新配制。

8.1.3　培养基的期间核查和新开封核查

8.1.3.1　培养基开封后，若在保质期内但已超过 6 个月未使用完，应在开封后每 6 个月进行一次期间核查；每新开封一瓶培养基时，也应对其进行技术性检查，并填写相应的培养基期间核查监控记录。培养基必须满足技术性参数要求方可继续使用，否则应做作废处理。超过保质期的培养基应做作废处理。

8.1.3.2　用标准样品或标准菌株对培养基进行期间核查，新开瓶培养基检查可用标准样品或标准菌株，也可用已知阳性样品（已知阳性样品，是指已分析样品中阳性管中的菌液，用以替代标准样品或标准菌株）。

8.1.4　培养基的贮存和使用

8.1.4.1　商品化的即用型培养基，严格按照厂商提供的贮存条件、有效期和使用方法进行保存和使用。

8.1.4.2　配制好的培养基，按照《水和废水监测分析方法》（第四版）的要求贮存和使用，以少量勤配为宜，已灭菌的培养基可在 4～10℃存放 1 个月，同时应注明配制日期。

8.1.5　培养基的弃置

　　使用后的培养基（包括结果显示阴性的培养基）应在实验完成后立即灭菌弃置，未使用的培养基超过规定保存期限后也应灭菌弃置，并填写高压蒸汽灭菌器灭菌监控及使用记录。

8.2　空白对照

　　每批样品应用无菌海水做全程序空白和实验室空白测定，培养后的培养液不得有任何变化，否则，该批次样品测定结果无效，应查明原因后重新测定。

8.3　阴性及阳性对照

　　每批样品建议使用有证标准菌株进行阳性、阴性对照试验，也可根据实验需求每周或每月进行一次对照实验。标准菌株繁殖必须在 6 代以内。

8.4　平行样品

　　总大肠菌群的检验应按照无菌操作的要求进行，同时应作平行样品的测定。

8.5　实验室质量控制

　　全程序空白样品、实验室空白样品、阳性质控、阴性质控样品同步检测。

8.6　灭菌

　　每次灭菌时，建议使用高压蒸汽高温灭菌指示胶带，如变色不均匀或不彻底，会提示未达到灭菌条件。除高压蒸汽灭菌法外，也可根据实际灭菌需求选择干热灭菌法或辐射灭菌法等其他灭菌方式。每月使用孢子悬浮液或孢子试条，如嗜热脂肪杆菌芽孢菌片进行灭菌效果检测。

8.7　培养箱放置要求

　　培养箱放置的房间温度应比培养箱使用温度低，使用时在内部放置一个精确的自动记录温度仪监控实验温度变化。

9 注意事项

9.1 灭菌物品

待灭菌的物品不宜摆放得过于拥挤，应保留一定的空间；灭菌后的物品应置于无菌室专门空间存放或置于消毒柜中暂存；灭菌后的物品 2 周内未使用，需重新灭菌。

9.2 废物处置

试验过程中产生的废物及使用器皿须经 121℃高压蒸汽灭菌 30 min 后，器皿方可清洗，废物作为一般废物处置，并填写记录。

编写人员：

苏洁（国家海洋环境监测中心）

宋向明（连云港市海洋生态环境监测中心）

师文惠（海河北海监测与科研中心）

刘展新（连云港市海洋生态环境监测中心）

杨知临（首都医科大学）

海水　粪大肠菌群的测定　发酵法

1　方法原理

粪大肠菌群在乳糖蛋白胨培养液中于 44℃ 生长时能使乳糖分解产酸产气，产酸使溴甲酚紫指示剂由紫色变为黄色，产气进入小倒管中，经复发酵产气证实海水水样中存在粪大肠菌群，并通过查 MPN 表，计算即得粪大肠菌群浓度值。

2　培养基与试剂

2.1　试剂配制

2.1.1　溴甲酚紫乙醇溶液：称取 1.6 g 溴甲酚紫 $[C_6H_4SO_2OC(C_6H_2CH_3OHBr)_2]$ 溶于 2~3 mL 乙醇（C_2H_5OH）中，然后用蒸馏水定容至 100 mL。

2.1.2　碳酸钠溶液：称取 10.6 g 碳酸钠（Na_2CO_3）溶于蒸馏水，并定容至 100 mL。

2.2　乳糖蛋白胨培养液

将蛋白胨 10.0 g、牛肉膏 3.0 g、乳糖 5.0 g、氯化钠 5.0 g、加热溶解于 1 000 mL 蒸馏水中，用碳酸钠溶液（2.1.2）调节 pH 至 7.2~7.4，加入 1 mL 溴甲酚紫乙醇溶液（2.1.1）。混匀后分装 10 mL 于置有小倒管的试管内，盖上乳胶塞，置入高压蒸汽灭菌器于 115℃ 灭菌 20 min，冷却贮存于暗处备用。

根据需要将蒸馏水体积由 1 000 mL 减为 333 mL，制成三倍浓缩乳糖蛋白胨培养液，混匀后分装 5 mL 于置有小倒管的试管内，盖上乳胶塞，同上灭菌存于暗处备用。

也可使用商用配方乳糖蛋白胨培养基配制，商用培养基按其提供要求和方法保存、使用。

2.3　EC 培养基

将胰蛋白胨或胨胨 20.0 g、乳糖 5.0 g、胆盐混合物或 3 号胆盐 1.5 g、磷酸氢二钾 4.0 g、磷酸二氢钾 1.5 g、氯化钠 5.0 g 加热溶解于蒸馏水 1 000 mL。混匀后分装 8 mL 于置有小倒管的试管内，盖上乳胶塞，置入高压蒸汽灭菌器于 115℃ 灭菌 20 min，冷却存于暗处备用。灭菌后 pH 应为 6.9，此培养基宜常温存放，置冰箱保存会出现假阳性。

也可使用商用配方 EC 培养基配制，商用培养基按其提供要求和方法保存、使用。

2.4　无菌水

用新制备的去离子水或蒸馏水，按无菌操作要求，121℃ 高压蒸汽灭菌 20 min，备用。

2.5　无菌海水

用清洁海水，按无菌操作要求，121℃ 高压蒸汽灭菌 20 min，备用。

3 仪器与设备

3.1 恒温培养箱：44℃±0.5℃。

3.2 高压蒸汽灭菌器。

3.3 无菌操作台。

4 检验步骤

4.1 试验准备

4.1.1 试验开始前，准备充足数量经高压灭菌的稀释、接种用具（如试管、移液管等）。

4.1.2 根据充分混匀的海水样品污染程度，确定水样接种量。

常规海水样品，一般按照 10 mL、1 mL、0.1 mL 梯度各 5 管接种分析。

海水浑浊不透明污染严重时，可减少接种量，按 10 倍递减的 3 个梯度分别接种于普通浓度乳糖蛋白胨培养液中。接种量为 0.1 mL 时，吸取 1 mL 水样，注入盛有 9 mL 无菌海水的试管中，混匀，制成 1∶10 稀释样品。其他稀释倍数依次类推，先制成稀释样品再接种。

4.1.3 检测过程中遵守无菌操作方法，不同样品需更换移液管操作。

4.1.4 现场空白样品、实验室空白样品、阳性质控、阴性质控样品同步检测。

4.1.5 阳性及阴性对照

将粪大肠菌群的阳性菌株（如大肠埃希氏菌，*Escherichia coli*）和阴性菌株（如产气肠杆菌，*Enterobacter aerogenes*）制成一定浓度的菌悬液，分别取相应体积的菌悬液按接种量（4.1.2）的要求接种，然后按初发酵试验（4.2）和复发酵试验（4.3）要求培养，阳性菌株应呈现阳性反应，阴性菌株应呈现阴性反应，否则，该次样品测定结果无效，应查明原因后重新测定。

注：若使用的是定性标准菌株，可先制备较高浓度菌悬液，进行预实验，或采用血球计数器在显微镜下对其浓度进行初步测定，摸清浓度后按目标 300～3 000 MPN/L 稀释；若使用的是定量标准菌株，则可按照给定值直接稀释。

4.2 初发酵试验

4.2.1 摇匀水样，等量吸取 10 mL 水样分别加入 5 支盛有 5 mL 已灭菌的三倍浓缩乳糖蛋白胨培养液的试管（内有小倒管）中，混匀。

4.2.2 等量吸取 1 mL 水样分别加入 5 支盛有 10 mL 已灭菌的普通浓度乳糖蛋白胨培养液的试管（内有小倒管）中，混匀。

4.2.3 吸取 1 mL 水样注入 9 mL 已灭菌的清洁海水试管内，摇匀。另换一支无菌移液管等量吸取 1 mL 此稀释水样，分别注入 5 支 10 mL 已灭菌的普通浓度乳糖蛋白胨培养液的试管（内有小倒管）中，混匀。

4.2.4 将 15 支试管置于 44℃±0.5℃恒温箱中培养 24 h。

4.2.5 填写试验记录。

4.3 复发酵试验

4.3.1 经 24 h 初发酵，将产酸（培养液由紫变黄）产气（倒管内有气泡）及只产酸试管，用无菌环转接入 EC 培养液试管中混匀，置于 44℃±0.5℃恒温箱中培养（24±2）h。所得产气管即为阳性管，证实有粪大肠菌群存在。

4.3.2 依据阳性管数查表 1，即为每 100 mL 水样中粪大肠菌群 MPN 数，再乘以 10 即得每升水样中粪大肠菌群数。若为污染严重的稀释水样，则用查得的每 100 mL 水样中粪大肠菌群 MPN 数，乘以 10 再乘以稀释倍数，即得每升水样中粪大肠菌群数。

4.3.3 填写试验记录。

表 1 粪大肠菌群检数（MPN 表）

出现阳性份数			每 100 mL 水样中粪大肠菌群数的最近似值	95%可信限值		出现阳性份数			每 100 mL 水样中粪大肠菌群数的最近似值	95%可信限值	
5 个 10 mL 管	5 个 1 mL 管	5 个 0.1 mL 管		下限	上限	5 个 10 mL 管	5 个 1 mL 管	5 个 0.1 mL 管		下限	上限
0	0	0	<2			4	2	1	26	9	78
0	0	1	2	<0.5	7	4	3	0	27	9	80
0	1	0	2	<0.5	7	4	3	1	33	11	93
0	2	0	4	<0.5	11	4	4	0	34	12	93
1	0	0	2	<0.5	7	5	0	0	23	7	70
1	0	1	4	<0.5	11	5	0	1	31	11	89
1	1	0	4	<0.5	11	5	0	2	43	15	110
1	1	1	6	<0.5	15	5	1	0	33	11	93
1	2	0	6	<0.5	15	5	1	1	46	16	120
2	0	0	5	<0.5	13	5	1	2	63	21	150
2	0	1	7	1	17	5	2	0	49	17	130
2	1	0	7	1	17	5	2	1	70	23	170
2	1	1	9	2	21	5	2	2	94	28	220
2	2	0	9	2	21	5	3	0	79	25	190
2	3	0	12	3	28	5	3	1	110	31	250
3	0	0	8	1	19	5	3	2	140	37	340
3	0	1	11	2	25	5	3	3	180	44	500
3	1	0	11	2	25	5	4	0	130	35	300
3	1	1	14	4	34	5	4	1	170	43	490
3	2	0	14	4	34	5	4	2	220	57	700
3	2	1	17	5	46	5	4	3	280	90	850
3	3	0	17	5	46	5	4	4	350	120	1 000
4	0	0	13	3	31	5	5	0	240	68	750

出现阳性份数			每100 mL 水样中粪大肠菌群数的最近似值	95%可信限值		出现阳性份数			每100 mL 水样中粪大肠菌群数的最近似值	95%可信限值	
5个 10 mL 管	5个 1 mL 管	5个 0.1 mL 管		下限	上限	5个 10 mL 管	5个 1 mL 管	5个 0.1 mL 管		下限	上限
4	0	1	17	5	46	5	5	1	350	120	1 000
4	1	0	17	5	46	5	5	2	540	180	1 400
4	1	1	21	7	63	5	5	3	920	300	3 200
4	1	2	26	9	78	5	5	4	1 600	640	5 800
4	2	0	22	7	67	5	5	5	≥2 400		

注：接种 5 份 10 mL、5 份 1 mL、5 份 0.1 mL 水样时，各种不同阳性及阴性情况下 100 mL 水样中粪大肠菌群数的最近似值和 95%可信限值。

5 质量保证和质量控制

5.1 试验用无菌水、清洁海水、空白样品应经 115℃灭菌 20 min。

5.2 配制的乳糖蛋白胨培养液保存时限不得超过 1 周，EC 培养液现配现用。

5.3 采样瓶经高温灭菌后，2 周内未使用，需重新灭菌。

5.4 粪大肠菌群的质控应包括现场空白、实验室空白、阳性质控、阴性质控。其中现场空白、实验室空白和阳性质控每批样品至少各分析 1 个；阴性质控每批试剂至少分析 1 次（浴场监测期间至少分析 1 次），每次不少于 1 个。

6 废物处理

试验过程中产生的废物及使用器皿须经 121℃高压蒸汽灭菌 30 min 后，器皿方可清洗，废物作为一般废物处置，并填写记录。

7 引用标准

《海洋监测规范　第 7 部分：近海污染生态调查和生物监测》（GB 17378.7—2007）

《水质粪大肠菌群的测定　多管发酵法》（HJ 347.2—2018）

编写人员：

苏洁（国家海洋环境监测中心）

宋向明（连云港市海洋生态环境监测中心）

刘展新（连云港市海洋生态环境监测中心）

杨知临（首都医科大学）

海水　盐度的测定　盐度计法

海水盐度应尽量采用 CTD 法现场原位测定。本方法主要用于温盐深剖面仪出库前的仪器状态确认，即 CTD 与盐度计开展仪器比对。

1　开机准备

1.1　盐度计应在室内恒温条件下工作，最佳环境温度为 20～30℃，避免放置在空调出风口附近，避免阳光直射。

1.2　加水。观察水浴箱窗口，水位低于箭头处时，通过仪器加水孔，用潜水泵加超纯水至观察窗口箭头处，停止加水，谨防加满溢出（该水浴箱的水，冬季每 1～2 个月更换一次，夏季每半月更换一次。排水时，将排水管连接到溢流口处，自动排水）。

1.3　插好电源线，打开电源开关，预热 10 min。电源指示灯亮，上位机通电启动，盐度计操作软件自动运行，建立通信连接，读取并显示水浴温度曲线。

1.4　定标或测量之前，控制水浴温度。设定与环境温度接近的温度（±3℃），当温度达到预设值时，方可进行定标或测量操作。

2　定标

2.1　冲洗电导池前，将软管一端接入盐度计排水口，另一端置于盛放废弃海水的容器中。建议使用盐度值为 35 的标准海水冲洗电导池，电导池内存水与标准海水盐度相差 5 以内时，应冲洗 1～3 次，盐度相差较大时，应冲洗 3～5 次。

2.2　确认标准海水盐度值为 35 左右，检查无飘絮、沉淀、结晶现象。轻轻地、彻底地摇晃标准海水，将进样水管插入标准海水瓶中下部，不要接触瓶底。

2.3　点击"定标"按钮，如果水浴温度条件允许，盐度计开始自动抽取标准海水。待感温平衡后，显示温度、电导率、盐度值数据。如果水浴温度偏差、波动较大，需等待水浴温度稳定后定标。

2.4　多次点击"定标"按钮，重复测量标准海水盐度值。如果测量值与标称值误差在±0.002以内，可以不写入定标系数。

2.5　定标系数

a）定标结束后，如测量值与标准海水标称值误差超出±0.002，需要写入定标系数，对盐度计进行校准。

b）输入标准海水批号、标准海水 K15（或 R15）和盐度测量值（盐度测量值为标准海水的盐度测量值，需参照本瓶标准海水的多次测量结果，自行调整确定）。

c）点击"确认"，对话框中显示由 K15 值计算出的标准海水的盐度值、批号和本次定标产生的校准系数，点击"确认"后，定标系数将写入盐度计主控电路板，定标即时生效。

d）写入定标系数后，刷新显示定标校准系数、时间。继续点击定标按钮，考察定标后的盐度值是否与标准海水标称盐度值相符。

3　样品测定

3.1　建议使用盐度相近的海水冲洗电导池，盐度相差 5 以内时，冲洗 1～3 次，相差较大时，冲洗 3～5 次。

3.2　海水样品重复 2.2 操作。确认海水样品无浑浊、结晶现象。轻轻地、彻底地摇晃海水样品将进样水管插入海水样品瓶中下部，不要接触瓶底。

3.3　点击"首次测量"，如果水浴温度条件允许，软件将弹出对话框，输入样品编号、操作者等信息，点击"确认"后，盐度计开始自动抽取海水样品，测量完毕，软件重复 3.3 操作，计算最后 11 次盐度的平均值作为本次进样的盐度值，显示在右侧数据表格（应等待水浴温度稳定后测量）。

3.4　首次测量之后多次点击"再次测量"按钮，重复测量海水样品的盐度值，重复测量一瓶海水时，盐度应趋于一致，相邻误差<0.001。

4　结束测量

在全部水样测完毕，需要将电导池内注满纯净水。将进样管插入纯净水瓶内，冲洗 5～7 次。关闭软件，关闭上位机，关闭电源开关。

长时间不用或者需要运输时，水平取下溢流口处的硅胶塞，迅速接入软管，排空水浴箱。

5　结果表示

测定结果的表达方式为小数点以后保留 3 位。

6　质量保证和质量控制

6.1　每次测量前需开机预热 30 min 后测量标准海水样品。当标准样品测定值在误差允许范围内时方可进行样品测量。

6.2　每批样品应至少测定 10%的平行样，样品数量少于 10 个时，应至少测定一个平行样。

6.3　连续测量时，应按照 5%的比例测定有证标准海水，开展准确度控制。样品量少于 10 个时，应至少测定 1 个有证标准海水。

7　注意事项

7.1　加满水后尽量不要移动盐度计，需要移动时，应水平搬运，防止水浴箱水溢出。运输过程中盐度计务必排空，使用随附的抽水管排空水浴箱。

7.2　每 3 个月检查一次水浴箱水位。当水位过低时，盐度计无法有效控温，同时，搅拌桨会产生漩涡并伴随声音。

7.3　每进行 3 次冲洗、定标或测量，盐度计会自动排空废液槽内的海水，此时软件状态栏提示"废液槽应有水排出"，可以观察到海水从排液口排出。

7.4　排液管末端不要浸没在水中，垂直高度应＞0.5 m，以保证顺利排水。

7.5　出现盐度明显偏低的情况（偏低 0.01 以上），电导池可能有气泡。尝试重新进样测量，或者取出进样管，用空气"冲洗"电导池。

7.6　在测量海水水样时，引水塑料管口应加过滤布，以防脏物进入电导池。如果被测水样的海水比较浑浊，应将水样沉淀 24 h 后再进行测定。

编写人员：

姚文君（国家海洋环境监测中心）

王爱平（天津市滨海新区生态环境监测中心）

附录 作业指导书与现行标准的细化说明

监测指标及分析方法名称	序号	现行标准中的相关规定	作业指导书中的相关规定	说明
海水 悬浮物的测定 重量法	1	未给出方法检出限数据	取样体积 1 000 mL，检出限为 2 mg/L	细化操作步骤和质控要求
	2	样品制备步骤："用不锈钢镊子把预先称重为 W_2 的水样滤膜置于预先称得的 W_b 的空白校正滤膜的上面，装好。"	用不锈钢镊子把预先称重为 W_2 的水样滤膜放入过滤器中，组装好。进行空白校正操作时，须在水样滤膜下面放置预先称重为 W_b 的空白校正滤膜	
	3	增加质控要求	每批样品至少测定 10% 的平行双样。样品数量应小于 10 个，每批样品至少测定一个平行双样，测定结果相对偏差小于 20%；每批样品至少测定 2 个空白样，计算结果时需要空白校正	
化学需氧量——碱性高锰酸钾法	1	未给出方法检出限	方法检出限为 0.15 mg/L	一
	2	缺少结果表示部分	测定结果小数点后位数的保留与方法检出限一致，最多保留 3 位有效数字	
	3	除非另作说明，本方法所用试剂均为分析纯，水为蒸馏水或等效纯水	除非另有说明，分析时均使用符合国家标准的分析纯试剂，实验用水为新制备的蒸馏水或等效纯水	
	4	碘酸钾、硫代硫酸钠标准溶液、高锰酸钾溶液为自行配制；未规定试剂的保存条件及有效期	试剂除自行配制外，亦可购买市售产品；增加了防爆沸玻璃珠	细化操作步骤和质控要求
	5	使用用加热设备为"电热板"	除电热板外，增加了等效加热装置	
	6	未描述样品的前处理	将冷冻保存的样品置于室温，完全解冻。取样前充分摇动，混合均匀	
	7	取 100 mL 水样于 250 mL 锥形瓶中	取 100 mL 样品于 250 mL 碘量瓶中	
	8	若有机物含量高，可少取水样	注 1：加热时，若溶液红色褪去，说明高锰酸盐指数值超过 4.5 mg/L，需重新取样，稀释后测定 注 2：当试样的高锰酸盐指数值超过 4.5 mg/L 时，酌情分取少量试样，稀释后测定	

监测指标及分析方法名称	序号	现行标准中的相关规定	作业指导书中的相关规定	说明
化学需氧量——碱性高锰酸钾法	9	于电热板上加热至沸，准确煮沸 10 min（从冒出第一个气泡时开始计时），然后迅速冷却至室温	加入 3~5 粒防爆玻璃珠，于电热板（或等效加热装置）上加热至沸，准确煮沸 10 min，然后采用冷水浴迅速冷却至室温。注：从冒出第一个气泡或爆沸玻璃珠开始跳动时开始计时，若样品初沸时间不同，应分别计时	细化操作步骤和质量控制要求
	10	平行双样滴定读数相差不超过 0.10 mL，未详尽说明实验室质量控制措施	增加了质量保证和质量控制部分：每批样品应至少分析 2 个实验室空白，空白样品的测定值应低于方法检出限。每批样品至少测定 10%的平行双样，平行双样测定数应少于 10 个时，或样品数量相差应≤0.10 mL 或测定至少测定一个市售样品。平行双样测定数相对偏差应≤5%，两者满足其一即可。每批样品需至少测定一个市售样品，测定结果需在误差允许范围内	
	11	对使用的玻璃量器、滴定器等无精度规定	试验中使用的移液管需定期进行校准，使用的滴定器、定量加液器等计量设备应需校准外，还需根据使用情况进行自校，确保量值精准	
	12	未对试验中可能发生的危险及注意事项进行说明	增加了警告部分	
	13	未对试验产生的废液处置进行说明	增加了废液处置	
五、生化需氧量——五日培养法	1	补充相关原理内容	细化方法原理及相关要求	细化操作步骤和质量控制要求
	2	试剂及其配置内容不全	将硫代硫酸钠配制方法的引用内容直接纳入作业指导书中，方便使用。增加接种液和稀释水的制备。调整实验用水要求	
	3	现行仪器及设备中无曝气装置	多通道空气泵或其他曝气装置	
	4	无相关内容	增加水样保存和预处理限要求，以及冷冻样品的处理要求	
	5	现行方法中规定采样用培养瓶体积为 250~300 mL，滴定时使用培养瓶体积为 125 mL，并做容积校正	调整采养后稀释溶解氧的测定方法	
	6	现行方法记录与计算中无相关数字内容	增加计算公式及有效数字等要求	
	7	无质控相关内容	每一批样品应做两个分析空白试样，稀释法和稀释接种法空白试样的测定结果不能超过 0.5 mg/L，非稀释接种法空白试样的测定结果不能超过 1.5 mg/L，否则应查看可能的污染来源。每批样品需测定一个市售有证标准样品，测定结果需在误差允许范围内。标准样品需按照样品稀释要求进行稀释接种	细化操作步骤和质量控制要求

监测指标及分析方法名称	序号	现行标准中的相关规定	作业指导书中的相关规定	说明
海水 亚硝酸盐的测定 流动分析法	1	适用范围海水、河口水及入海排污水溶液	大洋、近岸海水及河口水体	优化和细化操作步骤和质控要求
	2	系统清洁液：聚氧乙烯月桂醚水溶液	系统清洁液：聚氧乙基苯末基醚溶液	
	3	流动分析仪组成：自动进样器、蠕动泵、空气注入阀（连续流动）、加热池、流通池、检测器、计算机数据处理系统	流动分析仪组成：自动进样器、蠕动泵、空气注入阀（连续流动）、定量阀（流动注射）、加热池、流通池、检测器、计算机数据处理系统	
	4	规定了曲线浓度点及范围	根据实际样品的浓度范围，曲线浓度范围可适当调整	
	5	未描述冷冻样品、冷藏标准样品相关处理措施	补充冷冻样品、冷藏标准贮备液等应放至室温再进行测定	
	6	未提空白试验的测定	补充空白试验及空白试验的质控要求	
	7	未描述结果表示相关要求	补充结果表示相关要求	
	8	质量保证了平行样控制规定了平行样和内控样比例为样品总量10%～20%	细化完善为每批次样品空白、校准、平行、有证标准样品和基体加标的比例要求及判定标准要求等	
	9	测定波长550 nm	可根据具体仪器技术要求设置波长	
	10	未对实验室器皿洁净做出规定	所有实验室器皿的亚硝酸盐残留必须很低，以免沾污样品和试剂。用稀盐酸溶液（1～2 mol/L）浸泡器皿24 h以上，用纯水彻底冲洗干净	
	11	显色剂成分磷酸	将显色剂中磷酸换成盐酸	
	12	标准贮备液为自行配制	优先使用市售标准贮备液	
海洋监测规范 第4部分：海水分析 亚硝酸盐——萘乙二胺分光光度法	1	未给出方法检出限数据	适用范围方法检出限为0.001 mg/L，测定下限为0.004 mg/L	—
	2	未作规定	监测单位可根据实际情况选用其他规格比色皿进行分析测试工作，但需对使用该规格比色皿的方法进行方法验证，明确方法的检出限、精密度和正确度	优化和细化操作步骤和质控要求
	3	亚硝酸盐标准贮备溶液（100 μg/mL-N）：称取0.4926 g 亚硝酸钠（$NaNO_2$）经110℃下烘干，溶于少量水中后全量转移入1 000 mL 量瓶中，加水至标线，混匀。加1 mL 三氯甲烷（$CHCl_3$），混匀。贮于棕色试剂瓶中于冰箱内保存，有效期为两个月	优先使用市售有证标准溶液	

监测指标及分析方法名称	序号	现行标准中的相关规定	作业指导书中的相关规定	说明
海洋监测规范 第4部分：海水分析 亚硝酸盐 萘乙二胺分光光度法	4	亚硝酸盐标准使用溶液（5.0 μg/mL-N）	亚硝酸盐标准使用溶液浓度调整为1.00 mg/L	优化和细化操作步骤和质控要求
	5	绘制标准曲线	调整标准系列溶液浓度	
	6	水样的测定	增加样品浓度超出曲线范围时的处理要求	
	7	计算公式	增加稀释倍数	
	8	未作规定	补充精密度和正确度实验和评价要求	
	9	注意事项	调整部分注意事项	
海水 硝酸盐的测定 流动分析法	1	现行方法中无"干扰和消除"的部分内容	增加方法可能存在的干扰因素以及消除干扰的方法	优化和细化质控要求
	2	现行方法中的"质量保证与控制"仅对平行样和内控样的检测数量有规定，未给空白实验、校准等重要内容的质量控制要求	补充和细化质控要求	
	3	现行标准中的系统清洁液用的试剂为聚氧化乙烯月桂醚（$C_{58}H_{118}O_{24}$，简称Brij 35）	根据不同仪器，调整系统清洁液	
	4	现行标准中分析方法中缓冲溶液为氯化铵稀溶液	调整为咪唑缓冲溶液：称取30.0 g 咪唑（$C_3H_4N_2$，优级纯）溶于900 ml水中，混匀，加入硫酸（H_2SO_4，$\rho=1.84$ g/ml）1 ml，硫酸铜溶液（4.6）5 ml，50% Triton X-100（4.4）2 ml，定容1 L。调节pH至7.5±0.05。此溶液在常温条件下可保存7 d	
硝酸盐氮-镉柱还原法	1	未给出方法检出限数据	方法检出限为0.004 mg/L	—
	2	未给出干扰与消除	增加方法可能存在的干扰因素以及消除干扰的方法	
	3	除非另有说明，分析时所用均使用符合国家标准的分析纯化学试剂，实验室用水为均为二次离子水或等效纯水	除非另有说明，分析时均使用符合国家标准的分析纯化学试剂，实验用水均为超纯水或等效纯水	优化和细化操作步骤和质控要求
	4	未对氯化铵试剂纯度做做相关规定	氯化铵纯度是影响硝酸盐空白吸光度的重要因素，在条件允许的情况下，应对优级纯和进口试剂进行空白验证，选择空白较低的氯化铵进行试验	
	5	称取0.7218 g 硝酸钾（KNO_3，预先在110 ℃下烘1 h，置于干燥器中冷却）溶于少量水中，用水稀释至1 000 ml，混匀。加1 ml 三氯甲烷（$CHCl_3$），混合。贮于1 000 ml 棕色试剂瓶中，于冰箱内保存。有效期为半年	优先使用市售有证标准物质作为标准溶液	

监测指标及分析方法名称	序号	现行标准中的相关规定	作业指导书中的相关规定	说明
	6	只有镉屑镀镉的方式获得镉柱	增加购置成品镉柱，成品镉粒装柱等多种方式	
	7	未对活化后空白样品吸光度进行规定	如氯化镀缓冲液过柱洗涤 3 次后，接取的流出液空白吸光度仍超 0.100，应考虑镉屑尺寸和柱内径尺寸是否匹配	
	8	未对过滤液体积进行详细说明	需要重复 2 遍使用 30 mL 溶液清洗还原柱的操作，即前 60 mL 溶液过还原柱后弃去，接取第 3 遍过还原柱后的流出液	
	9	未明确标准样品及样品使用注意事项	样品和标准溶液的显色时间和环境保持一致，样品解冻后应立即分析	
	10	硝酸盐氮浓度为 25 ug/L，100 ug/L，200 ug/L 的人工合成，水样重复性相对标准偏差为 1.1%。硝酸盐的浓度为 210 ug/L 的人工合成水样在线性相对标准偏差为 2.4%，相对误差为 1.4%	补充精密度和正确度实验和评价的要求	
硝酸盐氮-镉柱还原法	11	质量控制手段不全面	空白试验每 20 个样品或每批次（少于 20 个样品/批）至少分析 2 个，空白中硝酸盐氮的浓度应低于方法检出限。5 cm 比色皿空白吸光度一般不高于 0.030。如果不是新配制校准曲线，每批样品（≤20 个）应至少测定 1 个校准曲线浓度点，其测定结果与校准曲线该浓度点的相对误差应≤10%。否则，应重新绘制校准曲线。当测定样品的实验条件与制定工作曲线的条件相差较大时（如更换光源或光电管、温度变化较大时），应及时重制工作曲线。平行样每批样品应至少测定 10%的平行样，样品数量少于 20 个批时应至少测定 2 个平行样。有证标准样品和基体加标样每批样品应至少测定 5%的有证标准样品或加标回收样，样品数量少于 20 个批时应至少测定 2 个有证标准样品或加标回收样。加入的有证标准样品浓度应在其保证值范围内；加标回收实验的浓度加入量与实际样品浓度的比例应为 0.5~3 倍；对实际样品浓度小于实际样品浓度的还原效率与实测定样品浓度与实际样品浓度的还原效率 R，确保 R≥95%。每 30 个样品测定一次镉柱的还原效率 R，不进行加标的样品，对镉柱还原效率降低时，需对镉柱重新进行活化或装柱	优化和细化操作步骤和质控要求
	12	未对废物处置进行相关规定	镉屑或镉粒具有一定毒性，实验过程中应做好回收，用后的镉屑或镉粒应避免皮肤直接接触，用后的镉屑或镉粒应做好回收处置	

监测指标及分析方法名称	序号	现行标准中的相关规定	作业指导书中的相关规定	说明
海水 氨氮的测定 流动分析法	1	现行标准中的系统清洁液用的试剂为聚氧化乙烯月桂醚（$C_{58}H_{118}O_{24}$，简称 Brij 35）	根据不同仪器，调整系统清洁液	
	2	现行方法中无"干扰和消除"的部分内容。	增加方法可能存在的干扰因素以及消除干扰的方法	
	3	方法中质控措施不完善。	细化质量保证和质量控制措施	
	4	未作规定	新增：可根据氨氮与苯酚和次氯酸盐在亚硝基铁氰化钠的催化作用下反应，生成靛酚蓝的原理，根据仪器实际情况配制相应试剂并修改测定步骤测定样品（按照 7.1 中所述步骤测定样品）。测定波长（640 nm）。	
	5	未作规定	新增：标准曲线应在每次分析样品的当天绘制	
	6	未作规定	新增注意事项：注 1：应用接近水样盐度的人工海水或陈化海水配制标准系列溶液，并作为进样器清洁液，以避免水样中离子强度的影响的影响造成盐差误差，人工海水中宜加入 Mg^{2+}、Ca^{2+}。注 2：氨氮测定应在无氨氮的实验室环境中进行，远离厕所、厨房等环境，避免环境交叉污染对测定结果产生影响。注 3：根据实际样品的浓度范围，曲线浓度范围可适当调整，至少 6 个点（包含 0 点）。曲线浓度范围不超过两个数量级	优化和细化操作步骤和质控要求
	7	流动分析仪组成：自动进样器、蠕动泵、空气注入阀（连续流动）、加热池、流通池、检测器、计算机数据处理系统	流动分析仪组成：自动进样器、蠕动泵、空气注入阀（连续流动）、定量阀（流动注射）、加热池、流通池、检测器、计算机数据处理系统	
	8	标准贮备液为自行配制	优先使用市售标准贮备液	

监测指标及分析方法名称	序号	现行标准中的相关规定	作业指导书中的相关规定	说明
海水 氨氮的测定 次溴酸盐氧化法	1	未给出方法检出限数据	取样体积为50 ml，使用5 cm比色皿测定时，方法检出限为0.002 mg/L，测定下限为0.008 mg/L	
	2	对使用不同规格比色皿未作规定	监测单位可根据实际情况选用其他规格比色皿进行分析测试工作，但需对使用该规格比色皿的方法进行方法验证，明确方法的检出限、精密度和正确度	
	3	未给出实验用水配置方法	除非另有说明，分析时所用试剂均使用符合国家标准的分析纯化学试剂，实验用水均为无氨水或等效纯水。3.1 无氨水，在无氨环境中用下述方法之一制备。3.1.1 离子交换法：将蒸馏水通过强酸性阳离子交换树脂（氢型）柱，将流出液收集在有磨口塞的玻璃瓶内。每升流出液加10 g同样的树脂，以利于保存。3.1.2 蒸馏法：在全玻璃蒸馏器中重蒸馏1 000 ml的蒸馏水中，加0.1 ml硫酸（ρ=1.84 g/ml），然后将约800 ml馏出液收集在带有磨口塞的玻璃瓶中。弃去前50 ml馏出液。每升馏出液加10 g强酸性阳离子交换树脂（氢型）。3.1.3 纯水法用市售纯水器直接制备	优化和细化操作步骤和质控要求
	4	未给出氢氧化钠溶液相关配置要求	增加备注：氢氧化钠中氨氮含量较高，需通过煮沸除氨；现阶段使用的进口试剂中氨氮含量较低，可将10.0 g氢氧化钠直接溶于500 ml水中使用，不需要经过加热蒸发过程；查找合适的氢氧化钠，可通过试剂空白检验	
	5	对使用市售有证标准溶液未给出相关要求	直接购买市售有证标准溶液，溶液浓度可根据购置情况进行调整。如无市售有证标准溶液，可按下述方法进行配制	
	6	36.2.3.2 铵标准使用溶液（10.0 mg/L-N）：移取10.0 ml铵标准贮备溶液（见36.2.3.1）于100 ml量瓶中，加水至刻度，混匀。临用前配制。	3.9 铵标准使用溶液（1.00 mg/L-N）。吸取5.00 ml铵标准贮备溶液（3.8）于500 ml容量瓶中，加水至刻度，混匀。临用前配制。可根据实际使用需要确定标准使用溶液浓度。注1：可根据实际使用需要确定标准使用溶液浓度，稀释操作过程中，稀释倍数不应大于100倍。注2：铵标准储备溶液从冰箱取出后，需放置到室温后使用，以降低温度不同引入的移取体积误差	

监测指标及分析方法名称	序号	现行标准中的相关规定	作业指导书中的相关规定	说明
	7	36.2.5.1 绘制工作曲线 按以下步骤绘制标准曲线： a）6 个 200 ml 量瓶，分别加入 0 ml、0.20 ml、0.40 ml、0.80 ml、1.20 ml、1.60 ml 铵标准使用溶液（见 36.2.3.2），加水至标线，混匀； b）各量取 50.0 ml 上述溶液，分别置于 100 ml 具塞锥形瓶中； c）各加入 5.0 ml 次溴酸钠溶液（见 36.2.3.6），混匀，放置 30 min； d）各加入 5.0 ml 磺胺溶液（见 36.2.3.7），混匀，放置 5 min； e）各加入 1.0 ml 盐酸萘乙二胺溶液（见 36.2.3.8），混匀，放置 15 min； f）选 543 nm 波长，5 cm 比色池，测量吸光值 A_i，其中 0 浓度为 A_0； g）以吸光度 A_i-A_0 为纵坐标，相应的浓度（mg/L）为横坐标，绘制工作曲线	5.1 标准曲线绘制 5.1.1 标准曲线应在每次分析样品的当天绘制。 标准曲线按以下步骤绘制：取 6 个 50 ml 具塞比色管，分别加入 0.00 ml、0.50 ml、1.00 ml、1.50 ml、2.00 ml、3.00 ml 铵标准使用溶液（3.9），加无氨水至标线，混匀，其所对应的氨氮浓度分别为 0 mg/L、0.010 mg/L、0.020 mg/L、0.030 mg/L、0.040 mg/L、0.060 mg/L。 5.1.2 各加入 5.0 ml 次溴酸钠溶液（3.5），混匀，放置 5 min。 5.1.3 各加入 5.0 ml 磺胺溶液（3.6），混匀，放置 5 min。 5.1.4 各加入 1.0 ml 盐酸萘乙二胺溶液（3.7），混匀，放置 15 min。 5.1.5 在波长 543 nm 下，用 5 cm 比色皿，以无氨水作参比，相应的量吸光度 A_i，其中 0 浓度为 A_0，绘制校准曲线。 注 1：根据实际样品的浓度范围，曲线浓度范围可适当调整，至少 6 个点（包含 0 点）。 注 2：在条件许可下，最好用无氨海水绘制工作曲线。 注 3：如标准曲线线性不好或空白过高，可使用塑料比色管代替玻璃比色管进行氨氮分析试验。 注 4：标准曲线和样品加盐酸萘乙二胺试剂后，应在 2 h 内测定完毕，并避免阳光照射	
海水 氨氮的测定 次溴酸盐氧化法	8	计算公式不完整	6.1 结果计算 水样中氨氮的质量浓度（以 N 计）按以下公式计算： $$\rho_{(N_a)} = (A_w-A_b-a)/b \times f$$ $$\rho_{(NH_3-N)} - \rho_{(NO_2-N)}$$ 式中：$\rho_{(N_a)}$——由工作曲线得到的氨氮（包括亚硝酸盐氮）的浓度，mg/L； A_w——水样的吸光度； A_b——空白试验的吸光度； a——校准曲线的截距； b——校准曲线的斜率； f——样品稀释倍数； $\rho_{(NH_3-N)}$——水样中氨氮的浓度，mg/L； $\rho_{(NO_2-N)}$——水样中亚硝酸盐氮的浓度（按海水亚硝酸盐氮规定标准方法测定），mg/L	优化和细化操作步骤和质控要求

监测指标及分析方法名称	序号	现行标准中的相关规定	作业指导书中的相关规定	说明
	9	未给出结果表示的相关要求	测定结果以 mg/L 表示，小数点后位数与方法检出限一致，最多保留三位有效数字	
			8 质量保证和质量控制 8.1 空白试验 每 20 个样品或每批次（少于 20 个样品/批）至少分析 2 个实验室空白，空白中氨氮的浓度应低于方法检出限。5 cm 比色皿空白吸光度一般不高于 0.030。 8.2 校准 标准曲线的相关系数 $r \geq 0.999$，否则需重新绘制校准曲线。 8.3 平行样 每批样品应至少测定 10%的平行样，样品数量少于 20 个/批时应至少测定 2 个平行样。 8.4 有证标准样品和基体加标 每批样品应至少测定 5%的有证标准样品或加标回收样，样品数量少于 20 个/批时应至少测定 2 个有证标准样品或加标回收样。加入的有证标准样品，其测定值应在其保证值范围内；加标回收实验的浓度应为 0.5～3 倍；对实际样品加入量与实际样品浓度的比例应为 0.5～3 倍；对实际样品浓度小于方法检出限 5 倍的样品，不进行加标回收实验	优化和细化操作步骤和质控要求
	10	未给出质量保证和质量控制相关要求		
海水 氨氮的测定 次溴酸盐氧化法	11	36.2.8 注意事项	9 注意事项 9.1 实验所用的器皿等均应无氨污染，玻璃器皿应用新配制的稀盐酸溶液（1 mol/L～2 mol/L）浸泡，用自来水冲洗后再用无氨水冲洗数次，洗净后立即使用。 9.2 可根据比色皿规格调整分析测试步骤中的标准曲线和样品体积，对应的试剂加入量等比例进行调整。 9.3 该法氧化率较高，简便，快速，灵敏，但部分氨基酸也被测定	

监测指标及分析方法名称	序号	现行标准中的相关规定	作业指导书中的相关规定	说明
海水 氨氮的测定 靛酚蓝分光光度法	1	未给出方法检出限数据	取样体积为 50.0 ml，使用 5 cm 比色皿测定时，本方法检出限为 0.002 mg/L，测定下限为 0.008 mg/L。	/
	2	未给出相关要求	监测单位可根据实际情况选用其他规格比色皿进行分析测试工作，但需对使用该规格比色皿的方法进行方法验证，明确方法的检出限、精密度和正确度。	
	3	未给出实验室用水配置方法	除非另有说明，分析时所用试剂均使用符合国家标准的分析纯化学试剂，实验用水均为无氨水或等效纯水。3.1 无氨水，在无氨环境中用下述方法之一制备。3.1.1 离子交换法蒸馏水通过强酸性阳离子交换树脂（氢型）柱，将流出液收集在带有磨口玻璃塞的玻璃瓶内。每升流出液加 10 g 同样的树脂，以利于保存。3.1.2 蒸馏法在 1 000 ml 的蒸馏水中，加 0.1 ml 硫酸（ρ=1.84 g/ml），在全玻璃蒸馏器中重蒸馏，弃去前 50 ml 馏出液，然后将约 800 ml 馏出液收集在带有磨口玻璃塞的玻璃瓶内。3.1.3 纯水器法用市售纯水器直接制备阴性阴离子交换树脂（氢型）。	优化和细化操作步骤和质控要求
	4	未给出相关要求	注：氢氧化钠中氨氮含量较高，需通过煮沸除氨；现阶段使用的进口试剂中，有部分品牌试剂中氨氮含量较低，可将 10.0 g 氢氧化钠直接溶于 500 ml 水中使用，不需要经过加热蒸发过程。可通过试剂空白检验，查找合适的氢氧化钠	
	5	未给出相关要求	注：若发现苯酚出现粉红色则必须精制：取适量苯酚置蒸馏瓶中，徐徐加热，用空气冷凝管冷却，收集 182~184℃馏分。精制后的苯酚为无色结晶状。在酚的蒸馏过程中应注意意暴发沸和火灾；或直接购买精制苯酚，但要注意药品有效期。警告：苯酚试剂毒性大，需水浴 40~60 ℃加热融解全程在通风橱操作	

监测指标及分析方法名称	序号	现行标准中的相关规定	作业指导书中的相关规定	说明
海水 氨氮的测定 酚酞蓝分光光度法	6	未给出相关要求	直接购买市售有证标准溶液，溶液浓度可根据购置情况进行调整。如无市售有证标准溶液	
	7	36.1.3.2 铵标准使用溶液（10.0 mg/L-N）吸取10.0 ml 铵标准贮备溶液（36.1.3.1）于100 ml 容量瓶中，稀释至刻度，混匀。临用前配制。	铵标准使用溶液（1.00 mg/L-N）吸取5.00 ml 铵标准贮备溶液（3.11）于500 ml 容量瓶中，稀释至刻度，混匀。可根据实际标准使用需要确定标准使用液浓度，稀释倍数不应大于100倍。注1: 可根据实际标准使用需要确定标准使用液浓度，稀释倍数不应大于100倍。注2: 铵标准储备溶液从冰箱取出后，需放置到室温后使用，以降低温度不同引入的移取体积误差	
	8	6个100 ml 量瓶，分别加入0 ml、0.30 ml、0.60 ml、0.90 ml、1.20 ml、1.50 ml 铵标准使用溶液（36.1.3.2），加无氨水（36.1.3.11）至标线，混匀。移取35.0 ml 上述各点溶液分别置于50 ml 具塞比色管中，各加入1.0 ml 柠檬酸钠溶液（36.1.3.3），混匀；各加入1.0 ml 苯酚溶液（36.1.3.5），混匀；各加入1.0 ml 次氯酸钠使用溶液（36.1.3.9），混匀。放置6 h以上（浓水样品放置3 h以上）	标准曲线应在每次分析样品的当天绘制。标准曲线按以下步骤绘制: 6个50 ml 具塞比色管中，分别加入0.00 ml、1.00 ml、2.00 ml、3.00 ml、4.00 ml、5.00 ml 铵标准使用溶液（3.12），加无氨水（3.1）至标线，混匀；其所对应的氨氮浓度分别为0 mg/L、0.020 mg/L、0.040 mg/L、0.060 mg/L、0.080 mg/L、0.100 mg/L，各加入1.5 ml 苯酚溶液（3.5），混匀；各加入1.5 ml 柠檬酸钠溶液（3.4），混匀；各加入1.5 ml 次氯酸钠使用溶液（3.9），混匀。避光放置6 h以上	优化和细化操作步骤和质控要求
	9	未给出计算公式	式中: $\rho_{(NH_3-N)}$——水样中氨氮的质量浓度，mg/L； A_w——水样的吸光度； A_b——空白实验的吸光度； a——校准曲线的截距； b——校准曲线的斜率； K——水样的稀释倍数。 再用校正过的吸光度值 f（A_w-A_b）按照6.1.1的方法进行计算。 f——盐误差校正系数	
	10	未给出相关要求	测定结果以mg/L表示，小数点后位数与方法检出限一致，最多保留三位有效数字	

监测指标及分析方法名称	序号	现行标准中的相关规定	作业指导书中的相关规定	说明
海水 氨氮的测定 靛酚蓝分光光度法	11	36.1.8 注意事项 本标准执行中应注意如下事项： ——除非另作说明，本方法所用试剂均为分析纯，水为无氨蒸馏水或等效纯水； ——水样经0.45μm滤膜过滤后盛于聚乙烯瓶中。应从速分析，不能立即分析，则应快速冷冻至-20℃。样品解冻后不能延迟3h以上；若样品采集后不能立即分析，则应冷冻至-20℃。样品解冻化后立即分析。 ——测定中要避免空气中的氨对水样或试剂或器皿的沾污； ——若发现苯酚出现粉红色则必须精制，即：取适量苯酚置蒸馏瓶中，徐徐加热，用空气冷凝管冷却，收集182~184℃馏分。精制后的苯酚为无色结晶状。在酚的蒸馏过程中应注意爆沸和火灾； ——样品和标准溶液的显色时间应保持一致，并避免阳光照射。 ——该法重现性好，空白值低，灵敏度略低	9 注意事项 9.1 实验所用的器皿等均应无氨污染，玻璃器皿应用新配制的盐酸溶液或硫酸溶液浸泡，用自来水冲洗后再用无氨水冲洗数次，洗净后立即使用。9.2 可根据比色皿规格调整分析测试步骤中的标准曲线制备体积，对应的试剂和样品体积和样品格等比例调整。 9.3 该法重现性好，空白值低，但反应慢，灵敏度略低。10 废物处置苯酚有毒，有机氯化物不被灵敏度略低，试验后废液应做好回收与处置触，实验过程应避免皮肤直接接	优化和细化操作步骤和质控要求
海水 活性磷酸盐的测定 流动分析法	1	10.1.1 适用范围本方法适用于海水、河口水及海洋污水中活性磷酸盐的测定	本法适用于大洋、近岸海水及河口水中活性磷酸盐的测定	调整适用范围
	2	检出限： 0.72 ug/L	方法检出限为0.001 mg/L，测定下限为0.004 mg/L。	调整方法检出限和测定下限
	3	10.1.3.9 硫酸盐标准贮备溶液A (300.0 mg/L，以磷计)	3.9 活性磷酸盐标准贮备液：$\rho=100$ mg/L。称取0.439 g磷酸二氢钾(3.1)，溶解于纯水中并准确定容至1 L。在冰箱保存稳定期约为3个月。可直接购买市售有证标准溶液	优化和细化操作步骤和质控要求

监测指标及分析方法名称	序号	现行标准中的相关规定	作业指导书中的相关规定	说明
	4	10.1.3.10 磷酸盐标准使用溶液 A（3.00 mg/L，以磷计）	3.10 活性磷酸盐标准使用液：ρ=1.00 mg/L。移取 1.00 ml 活性磷酸盐贮备液（3.9），用纯水准确稀释至 100 ml，临用前配制。注1：可根据实际使用需要确定标准使用溶液浓度，稀释操作过程中，稀释倍数不应大于 100 倍。注2：活性磷酸盐标准储备溶液从冰箱取出后，需放置到室温后使用，以降低温度不同引入的移取体积误差	
	5	10.1.4 仪器及设备 流动分析仪，由以下各部分组成：自动进样器；蠕动泵；空气注入阀；加热池；流通池；检测器；滤光片	流动分析仪，由以下各部分组成：自动进样器；蠕动泵；空气注入阀（连续流动）；定量阀（流动注射）；加热池；流通池；检测器；计算机数据处理系统	
海水 活性磷酸盐的测定 流动分析法	6	10.1.5 分析步骤	5.2.1 校准系列的准备 新增：标准曲线应在每次分析样品的当天绘制 5.2.2 校准曲线的绘制 新增：量取适量标准系列溶液（5.2.1），置于样品杯中，由进样器按程序依次取样，测定。以测定信号值（峰高或峰面积）为纵坐标，对应的活性磷酸盐质量浓度（以 P 计）为横坐标，绘制校准曲线	优化和细化操作步骤和质控要求
	7	无相关规定	5.3 试样测定 按照与校准曲线的建立（5.2）相同的仪器条件进行试样的测定。注1：如果样品浓度超出标准曲线的浓度范围，则应对样品进行稀释，重新测定。注2：冷冻样品应先在室温下解冻。所有溶液取用时应放置到室温。校准曲线与样品应在同一环境测定。注3：同批测定的样品，可在样品之间插入空白，以减小高浓度样品对低浓度样品的影响	
	8	10.1.5.3 样品测定 设定适宜的流动分析仪分析水样中活性磷酸盐的浓度范围。如果样品浓度超出标准曲线的浓度范围，则应进行稀释，重新测定。		

监测指标及分析方法名称	序号	现行标准中的相关规定	作业指导书中的相关规定	说明
海水 活性磷酸盐的测定 流动分析法	9	无相关规定	新增：5.4 空白试验 用实验用水代替试样，按照5.3步骤进行空白试验	
	10	无相关规定	新增：6.2 结果表示 测定结果以 mg/L 表示，小数点后位数与方法检出限一致，最多保留3位有效数字	
	11	质量保证与控制在样品测定的同时，平行样和内控样应占样品总份数的10%～20%	8 质量控制 8.1 空白试验每20个样品或每批次（少于20个样品/批）至少分析2个实验室空白，空白中活性磷酸盐的浓度应低于方法检出限。 8.2 校准每批样品分析均须绘制校准曲线，标准曲线的相关系数 $r \geq 0.999$。每 20～30 个样品或每批次（少于20个样品/批）应分析测定1个曲线浓度点标准溶液，测定结果与曲线该点浓度的相对误差应在±5%以内。 8.3 平行样每20个样品或每批次（少于20个样品/批）应至少测定10%的平行样，样品数量少于10个时，应至少测定2个平行样。 8.4 有证标准样品和基体加标样品每批次至少测定5%的有证标准样品或加标回收样。加入的有证标准样品数量少于20个/批时应测定2个有证标准样品或样品加标回收样。其测定值应在其保证值范围内；加标回收实验加入浓度加入量与检出限的比例应为0.5～3倍；对实际样品浓度小于检出限5倍的样品，不进行加标回收实验	优化和细化操作步骤和质控要求
	12	10.1.9 注意事项	新增：9.1 在近岸海域水体中，铜和硅的质量浓度一般为较低，不会对活性磷酸盐测定产生干扰。高质量浓度的铁会引起沉淀并损失自身浓度。水样如采自深海缺氧的盆地时，如有硫化物影响，可简单地通过水样稀释处理即可消除干扰，因含硫高的样品大多磷酸盐也高。 9.2 测定过程中的所有实验用品，其磷酸盐的残留应很低，对样品和试剂无沾污。可用稀盐酸溶液（1～2 mol/L）浸泡器皿 24 h 以上，用纯水彻底冲洗干净	

监测指标及分析方法名称	序号	现行标准中的相关规定	作业指导书中的相关规定	说明
海水 汞的测定 原子荧光法	1	未给出方法检出限	方法检出限为0.007μg/L，测定下限为0.028μg/L	—
	2	未给出汞溶液的保存时间	补充汞溶液的保存条件和时间	
	3	未给出仪器参考测量条件	补充仪器参考测量条件	
	4	未给出计算结果有效数字	补充计算结果有效数字要求	
	5	现行方法质量控制未作明确要求	每测定20个样品要测定实验室空白一个，当批准不满20个样品时要测定实验室空白两个。全程序空白的测定结果应小于方法检出限	
	6		每次样品分析应绘制校准曲线。校准曲线的相关系数应大于或等于0.995	
	7		每测完20个样品进行一次校准曲线零点和中间点浓度的核查，零点值应低于空白值，中间点浓度测试结果的相对偏差参照表2	优化和细化操作步骤和质控要求
	8		每批样品应至少测定10%的平行双样，样品数量少于10个时，至少测定1个平行双样，控制指标见表2	
	9		每批样品至少测定10%的加标样，样品数量少于10个时，至少测定1个加标样，控制指标见表2	
	10		自控样品按照标样保证值及不确定度要求自检，当自控样品未超出要求范围时，为合格；当自控样品超出要求范围时，应检查曲线绘制和分析过程，查找到原因后，重新绘制标准曲线和进行自控检查	
	11		增加质控要求表	
	12	现方法未作要求	实验中产生的废液和废物不可随意倾倒，应置于密闭容器中保存委托有资质的单位进行处理	

监测指标及分析方法名称	序号	现行标准中的相关规定	作业指导书中的相关规定	说明
海水铜、铅、镉、镍的连续测定无火焰原子吸收分光光度法	1	方法原理中镍的测定 pH 值为 4~6	改为 5~6	整合铜、铅、镉、镍同步萃取的优化和细化操作步骤和质控要求
	2	铜、镉、铅萃取后直接有机相上机测定	有机相萃取后采用硝酸溶液进行反萃取，最后水相上机测定	
	3	未给出干扰与去除	增加了干扰及排除部分	
	4	铜、铅、镉取样量为 50 mL，镍取样量为 20 mL	铜、铅、镉、镍统一取样量为 100 mL	
	5	标准溶液采用高纯金属溶解配制	采用市售有证标准溶液	
	6	未给出试样的制备的注意点	根据实验过程给出了注意点：注1:样取样量可根据仪器灵敏度、样品实际浓度情况进行调整。注2: pH 调节是萃取实验中关键的步骤，接近变色临界点时，可使用更低浓度的硝酸和氨水调节；尽量使用最少量的硝酸和氨水，以降低试剂空白；校准曲线以及空白的 pH 尽量保持一致。注3: 萃取操作时应避免光直射以远离热源；萃取时振摇要充分，分层彻底，除盐干净	
	7	未给出标准曲线建立的注意点	注：根据实际样品的浓度范围，曲线浓度范围可适当调整，包含 0 点至少 6 点	
	8	未给出仪器参考条件	将原子吸收分光光度法工作条件附上	
	9	未给出结果计算公式及结果表示要求	将公式列在正文中，并给出结果表示的相关要求	
	10	试剂与材料中未给出氩气纯度要求	氩气：纯度不低于 99.99%	
海水铜、铅、锌、镉、总铬、镍、砷的测定电感耦合等离子体质谱法	1	内标浓度为 10.0 mg/L	补充：待测样品涉及低浓度的海水样品时，内标浓度一般可选用 10.0 μg/L	优化和细化操作步骤和质控要求
	2	缺少了计算公式	补充：样品做适当调整	
	3	有效数字	补充：测定结果小数位数与方法检出限保持一致，最多保留三位有效数字	
	4	质量控制	补充：实验室平行：实验室平行样应占样品总量的 5%～10%，每批次分析 2 个平行样	
	5		补充：每分析 20 个样品，应分析一次校准曲线中间浓度点，其测定结果与实际浓度值相对偏差应≤10%，否则应查找原因或重新建立校准曲线	
	6		补充：每次分析样品均应绘制校准曲线，通常情况下校准曲线的相关系数应达 0.999 以上	
	7	注意事项	补充：平行双样和加标回收率允许值表	
	8	空白样	补充：同批次工作曲线和样品盐度应接近	
	9		补充：依照待测样品盐度，使用高纯氯化钠调节分析空白样品盐度	

监测指标及分析方法名称	序号	现行标准中的相关规定	作业指导书中的相关规定	说明
海水 铜、铅、镉、锌、镍、总铬的测定 在线预处理-电感耦合等离子体质谱法	1	尚无标准	本方法在 EPA200.10 的基础上，并结合 JIS K0133、日本《海洋观测指南》等方法编写，采用在线预处理，采用在线稀释（在线螯合、在线整合预富集）并联用电感耦合等离子体质谱进行分析。其中，总铬（以及铬）采用在线稀释模式，铜铅镉锌镍（以及铜）采用在线螯合预富集模式。在线稀释模式是针对不能利用富集环节的元素（总铬、铬等），通过稀释，被螯合柱富集的元素（总铬、铬等），并辅助基体配基，测元素富集的方式，降低了海水盐分基质的干扰。在线螯合预富集柱上，使待测元素与盐分基测元素富集，去除了盐分基质分离，同时使低含量元素表得了浓缩体分离，去除了盐分基质	本方法实现了海水样品的直接进样分析，自动化程度高，试剂用量少，污染环节少，空白可测元素低，可测元素低，检出限低，效率高
	1	未作规定	可根据实际情况开展其他规格比色皿测定时对应的检出限验证，在进行方法验证和确认后可用于海水水质国控网监测工作	优化和细化操作步骤和质控要求
	2	使用光程为 10 mm 的比色皿，测定上限浓度为 1.0 mg/L	调整方法测定上限	
	3	标准贮备液自行配制	优先购置市售有证标准物质作为标准溶液	
	4	未作规定	7.1 注1: 根据实际样品的浓度范围，曲线浓度范围可适当调整，曲线浓度范围不超过两个数量级。至少6个点（包含0点）。注2: 可根据样品情况选择其他规格比色皿开展标准曲线和样品的分析测试工作，但相关方法需通过实验室方法验证和确认	
水质 六价铬的测定 二苯碳酰二肼分光光度法	5	实验室样品应该用玻璃瓶采集，采集时，加入氢氧化钠，调节样品 pH 约为 8. 并在采集后尽快测定）不要超过 24 h	删去加氢氧化钠调节 pH	
	6	不含悬浮物且色度较低时直接测定；有色但不太深时目视校正：混浊、色度较深时锌盐沉淀深度校正	当样品色度较低时可直接测定。当样品色度较高时中六价铬检出时排除锌盐色度干扰的方法	
	7	取适量（含六价铬少于 50 ug）无色透明试份，置于 50 ml 比色管中，用水稀释至标线	增加加样品信号值超出曲线性范围时的处理方法	
	8	计算公式为 mV	计算公式，有效数字补充更新	
	9	无质量控制要求和注意事项	增加了质量控制要求和注意事项	

监测指标及分析方法名称	序号	现行标准中的相关规定	作业指导书中的相关规定	说明
海水 总铬的测定 无火焰原子吸收分光光度法	1	萃取后直接有机相上机测定	有机相萃取后采用硝酸溶液进行反萃取，最后水相上机测定，使测试过程更加稳定，改善了精密度和准确度	优化和细化操作步骤和质控要求
	2	未给出干扰与去除	增加了干扰及排除部分	
	3	取样量为10.0 mL，定容体积为10 mL	取样量为50 mL，定容体积为5 mL	
	4	标准溶液采用高纯金属离溶解配制	采用市售有证标准溶液	
	5	未给出试样的制备的注意点	根据实验过程给出了注意点。注1：样品取样量可根据仪器灵敏度、样品实际浓度情况进行调整。注2：pH 调节是萃取实验中关键的步骤，接近变色临界点时，可使用更低浓度的硝酸和氨水调节；尽量使用最少量的硝酸和氨水，以降低试剂空白，校准曲线以及空白的 pH 尽量保持一致。注3：萃取操作时应避免光直射并远离热源；萃取时振摇要充分、分层彻底，除盐干净	
	6	未给出标准曲线建立的注意点	注：根据实际样品的浓度范围，曲线浓度范围可适当调整，包含 0 点至少 6 个点	
	7	未给出结果表示要求	测定结果小数点后位数的保留与方法检出限一致，最多保留 3 位有效数字	
	8	试剂与材料中未给出氩气纯度要求	氩气：纯度不低于 99.99%	
海水 砷的测定 原子荧光法	1	现行方法未明确砷标准溶液的保存时间、条件	4.13 砷标准中间液：4℃下可存放 1 年。4.14 砷标准使用液：4℃下可存放 30 d	优化和细化操作步骤和质控要求
	2	现行方法未明确仪器参考条件	6.1 仪器参考条件	
	3	现行标准：样品加入还原剂后放置 20 min，待测。	6.2 标准曲线绘制：室温放置 30 min（室温低于 15℃时，置于 30℃水浴中保温 30 min）。6.3 样品前处理：室温放置 30 min（室温低于 15℃时，置于 30℃水浴中保温 30 min）	
	4	标准曲线绘制	6.2 标准曲线绘制：也可以使用仪器自动稀释绘制标准曲线。注1：根据实际样品的浓度范围，曲线浓度范围可以适当调整。注2：标准曲线至少包含 5 个浓度点。注3：标准曲线应对每次分析样品的当天绘制	
	5	记录与计算	7.1 计算公式：以备注的形式对计算公式进行补充。注：使用仪器自动稀释绘制标准曲线时，用仪器直读出的质量浓度参与计算	
	6	现行标准中对有效数字未作要求	7.2 有效数字：当测定结果小于 10 μg/L 时，保留三位有效数字；当测定结果大于 10 μg/L 时，保留小数点后一位	

监测指标及分析方法名称	序号	现行标准中的相关规定	作业指导书中的相关规定	说明
	7	现行标准中对质量控制部分未作要求	9.1 空白试验 每测定20个样品要增加测定实验室空白一个，当批不满20个样品时，全程空白实验应空白两个，全程空白的测试结果应小于方法检出限。 9.2 校准 每次样品分析应绘制标准曲线。标准曲线的相关系数应≥0.995。每测定20个样品进行一次标准曲线零点和中间点浓度的核查，测试结果的相对偏差参照表3。否则，应重新建立标准曲线。 9.3 平行样 每批样品至少测定10%的平行双样，样品数量少于10个时，至少测定1个平行双样，测试结果的相对偏差参照表3。 9.4 基体加标或标准物质 每批样品至少测定10%加标样，样品数小于10时，至少测定一个加标样，加标回收率的范围参照表3，或者每批样品带入有证标准品，其测定值应在其保证值范围内	优化和细化操作步骤和质控要求
海水 砷的测定 原子荧光法	8		注意事项 10 注意事项：对注意事项进行补充。10.5 当测试样品浓度值超出曲线上限，应该进行清洗程序对仪器进行清洗。重测校准曲线零点和中间点浓度，中间点应经过稀释进行重新测定。 10.6 实验室工作温度应保持恒定，波动范围应在5 ℃以内。 10.7 硼氢化钾是强还原剂，在中性和酸性溶液中易分解产生硼氢化钾原剂时，要将硼氢化钾固体溶解在氢氧化钠溶液中，并临用现配。 10.8 选用双层结构石英管原子化器，内外两层均通氩气，外面形成保护层隔绝空气，使待测元素的基态原子不与空气中的氧和氮碰撞，降低荧光淬灭对测定的影响。 10.9 实验中产生的废弃物应分类收集，集中保管，并做好相应标识，依法委托有资质的单位处置	

监测指标及分析方法名称	序号	现行标准中的相关规定	作业指导书中的相关规定	说明
海水锌火焰原子吸收分光光度法	1	方法原理中 pH 为 3.5~4	pH 为 4~6	优化和细化操作步骤和质控要求
	2	干扰与消除	干扰与消除：螯合萃取方法将样品中的锌与海水基体（主要是 NaCl）分离，消除了 NaCl 基体的干扰	
	3	试剂与材料 指示剂：二甲基黄 萃取剂：MIBK	指示剂改为溴甲酚绿；萃取剂改为 MIBK-环己烷	
	4	试样制备：取样量为 20 ml，经螯合后用 3 ml MIBK 萃取，待测。	试样制备：取样量为 100.0 ml，经螯合后用 10.0 ml MIBK-环己烷萃取后用硝酸溶液反萃取，定容后 10.0 ml。	
海水 硒的测定 原子荧光光度法	1	G2 方法原理：经加入硫脲后样品中的硒还原成四价。 在酸性介质中加入硼氢化钾溶液，四价硒形成硒化氢气体，由载气（氩气）直接导入石英管原子化器中，进而在氩氢火焰中原子化。基态原子受特种空心阴极灯光源的激发，产生原子荧光，通过检测原子荧光的相对强度，利用荧光强度与溶液中的硒含量成正比的关系，计算样品溶液中相应硒的含量	3.方法原理：经预处理后的试液进入原子荧光仪，在酸性条件的硼氢化钾（或硼氢化钠）还原作用下，生成硒化氢气体，硒化氢在氩氢火焰中形成基态原子，其基态原子受硒空心阴极灯发射光的激发产生原子荧光，原子荧光强度与试液中待测元素含量在一定范围内呈正比	优化和细化操作步骤和质控要求
	2	G3.2 硼氢化钾溶液：ρ（KBH4）=7 g/L。称取 7 g 硼氢化钾于预先加有 2 g 氢氧化钠的 200 ml 去离子水中，用玻璃棒搅拌至溶解后，用脱脂棉棉过滤，稀释至 1 000 ml。此溶液现用现配	调整硼氢化钾溶液浓度为 20 g/L	
	3	现行方法未明确硒标准溶液的保存时间、条件。	优先使用市售有证标准物质，增加标准溶液稀释有效期	
	4	G7 校准曲线的绘制	调整试样标准备方法、测定方法，超出线性范围时的样品处理方法	
	5	G6 分析步骤	调整硒标准曲线系列溶液配制方法等要求	
	6	未给出空白实验要求	补充空白实验要求	
	7	G8 数据分析及计算	根据分析等情况调整计算公式	
	8	未规定有效数字	增加有效数字要求	
	9	缺少质量保证和质量控制	补充质量控制要求	
	10	G10 分析注意事项	新增部分注意事项	

监测指标及分析方法名称	序号	现行标准中的相关规定	作业指导书中的相关规定	说明
海水 氧化物的测定 异烟酸-吡唑啉酮分光光度法	1	现行方法中无"干扰和消除"的部分内容	增加样品中可能存在的干扰及消除方法	
	2	现行标准缺少异烟酸-吡唑啉酮溶液配置步骤	增加异烟酸-吡唑啉酮溶液的配制方法	
	3	氢氧化钠溶液保存在小口试剂瓶中	氢氧化钠溶液改贮于聚乙烯容器中	
	4	无乙酸铅试纸制制方法	增加乙酸铅试纸制备方法	
	5	使用氰化钾纯品配制储备液	使用市售标准物质制备储备液	
	6	未给出相关要求	10.1 空白实验: 每批样品至少做一个空白试验，其测定结果应低于方法检出限。 10.2 标准曲线: 标准曲线的相关系数应≥0.999。 10.3 精密度控制: 每批样品至少测定 10%的平行双样，样品数量少于 10 个时，应至少测定一个平行双样。 10.4 准确度控制: 每批样品至少做一个加标回收试验或者曲线校核点，加标回收率应在 80%~110%; 或者每批样品带入有证标准样品，其测定值应在标准要求范围内	优化和细化操作步骤和质控要求
	7	未给出相关要求	当样品含量小于 1 mg/L 时，结果保留至小数点后三位; 当含量大于或等于 1 mg/L 时，结果保留三位有效数字	
	8	未给出相关要求	当取样体积为 500 mL，使用 3 cm 比色皿测定时，本方法检出限为 0.000 5 mg/L	
	9	未给出相关要求	9.1 精密度 9.2 正确度	六家实验室分别测试低、中、高浓度的实际样品（或实际样品加标）的室内偏差范围。 六家实验室分别测试低、中、高浓度的实际样品加标回收率范围

监测指标及分析方法名称	序号	现行标准中的相关规定	作业指导书中的相关规定	说明
海水 硫化物的测定 硫化物吹气酸化-亚甲基蓝分光光度法	1	原标准中无"干扰和消除"项次，仅在注中有表述	水样中 CN-离子浓度达到 500 mg/L 时，对测定有干扰。NO₂⁻可与亚甲基蓝反应，使测定结果偏低，NO₂⁻浓度（以 N 计）高于 2.0 mg/L 时，本方法不适用	
	2	对氨基二甲基苯胺二盐酸盐溶液原标准建议"宜在临用时现配"	常温可稳定保存 3 个月	
	3	氮气中如有微量氧，可安装洗气瓶（内装亚硫酸钠饱和溶液）予以除去。	氮气：纯度 99.999%	
	4	硫化氢曝气装置	根据 HJ1226 修改成：硫化物酸化-吹气-吸收装置。删掉原标准中部分仪器设备	
	5	原标准中无氮气流速要求	在 8.2 中细化氮气流速要求	
	6	样品前处理中要求取水样 2 000 mL（每一水样取两份）	取水样 2 000 mL 于反应瓶中	
	7	缺少"准确度"	补充精密度、正确度实验和结果评价要求	
	8	缺少质量保证和质量控制	11.1 每批样品（≤20 个）应至少做一个实验室空白试样，其测定结果应低于方法检出限。 11.2 标准曲线应不少于 5 个浓度点（不包括零点）。标准曲线相关系数应大于等于 0.999，否则，应重新绘制校准曲线。 11.3 每批样品（≤20 个）至少测定 10%的平行双样（现场采集平行样），样品数量少于 10 个时，应至少测定一个平行双样，其测定结果相对偏差应在30%以内。 11.4 每批样品（≤20 个）至少测定 1 个基体加标样品，有证标准物质或曲线校核点，加标回收率应在 75%~120%之间，样品加标浓度范围一般为实际样品浓度 0.5~3 倍左右，对于高出检出限 20 倍的加标样品才进行准确性评价。有证标准物质的测定值应在其测量不确定范围内。曲线校核点浓度与标准曲线相应点浓度的相对误差应在±10%以内	

监测指标及分析方法名称	序号	现行标准中的相关规定	作业指导书中的相关规定	说明
海水 硫化物的测定 酸化吹气吸收-亚甲基蓝分光光度法	9	水样不能立即分析时，每升水中加入2.0 mL乙酸锌溶液（1 mol/L）和2 mL 40 g/L NaOH，予以固定	水样不能立即分析时，每升水中加入2.0 mL乙酸锌溶液（50 g/L）和2 mL 40 g/L NaOH，予以固定，可保存7 d	
	10	试剂和材料	6.7 硫化物标准溶液：$\rho_{(s^{2-})}$ =100 mg/mL。购买市售有证标准物质。6.8 硫化物标准使用溶液：$\rho_{(s^{2-})}$ =20 mg/mL。取10.00 ml硫化物标准溶液（6.16）移入到已加入2.0 mL氢氧化钠溶液（6.12）和适量除氧去离子水（6.1）的50 mL棕色容量瓶中，用除氧去离子水（6.1）定容，配制成含硫离子浓度为10.00 mg/L的硫化物标准使用溶液。临用现制	
	11	无结果表示要求	测定结果最多保留三位有效数字，小数点位数与检出限保持一致	
海水 硫化物的测定 酸化蒸馏吸收-亚甲基蓝分光光度法	1	6.16 硫化物标准溶液：可购买市售有证标准物质，也可自行配制，配制和标定方法见附录A	购买市售有证标准物质。删除附录A 自行配制部分	
	2	12 质量保证和质量控制 12.1 每批样品应至少采集1个全程序空白样品和制备1个实验室空白样品，其测定结果应低于方法检出限。12.2 标准曲线的相关系数应≥0.999。12.3 每批样品应至少测定10%的平行双样，样品数量不足10个时，应至少测定1个平行双样，其测定结果相对偏差应在30%以内。12.4 每批样品应至少测定10%的基体加标样品，样品数量不足10个时，应至少测定1个基体加标样品，其加标回收率应在60%~120%之间	12.1 每批样品应至少采集1个全程序空白样品和制备1个实验室空白样品，其测定结果应低于方法检出限。12.2 标准曲线应不少于5个浓度点（不包括零点）。标准曲线的相关系数应≥0.999。12.3 每批样品应至少测定10%的平行双样，样品数量不足10个的平行双样，样品数量不足10个，其测定结果相对偏差应在30%以内。12.4 每批样品（≤20个）至少测定1个基体加标样品，加标回收率应在75%~120%之间，样品加标浓度一般为实际样品浓度0.5~3倍左右，对于高出检出限20倍的加标样品才进行准确性评价。有证标准物质的测定值应在其测定不确定度范围内。曲线校核点测定结果与标准曲线相应浓度相对误差应在±10%以内	优化和细化操作步骤要求

监测指标及分析方法名称	序号	现行标准中的相关规定	作业指导书中的相关规定	说明
海水 挥发性酚的测定 4-氨基安替比林萃取分光光度法	1	未明确比色皿及方法检出限	取样体积为 200 mL, 使用 3 cm 比色皿测定时, 方法检出限为 0.0011 mg/L (检出限源自 GB 17378.4—2007)	
	2	酚标准使用液由精致苯酚配制而成	也可直接购买市售有证标准溶液直接进行配制	
	3	分光光度计无配置要求	分光光度计: 具 460 nm 波长, 并配有相应光程的比色皿	
	4	未给出校准曲线有效期等相关信息	标准曲线一般使用一周, 每次分析利用标准曲线中间浓度进行标准核查, 校核查, 校核点测定值和校准曲线相应浓度的相对误差不超过 10%, 否则应重新绘制标准曲线。注: 根据实际样品浓度范围, 曲线浓度范围可适当调整, 包含 0 点至少 6 个点	
	5	量取 200 mL 水样, 若酚量高可少取水样, 记下体积 V, 加无酚水至 200 mL, 全玻璃蒸馏器中。用磷酸溶液调节 pH 到 4.0 左右(以甲基橙作指示液), 使水样由桔色变为橙红色), 加入 5 mL 硫酸铜溶液, 放入少许无釉瓷片, 加热。蒸出 150 ml 时, 停止蒸馏, 在沸腾停止后, 向蒸馏瓶内加入 50 ml 左右无酚水, 继续蒸馏, 直到收集馏出液 (D) 大于或等于 200 mL 为止	量取 200 mL 水样, 若酚量高可少取水样, 记下体积 V, 加无酚水至 200 mL, 置于 500 mL 全玻璃蒸馏器中, 蒸馏前, 向蒸馏瓶内多加入 50 mL 左右无酚水 (5.1)。用磷酸溶液 (5.2) 调节 pH 到 4.0 左右[以甲基橙作指示液 (5.3), 使水样由桔色变为橙红色]。加入 5 mL 硫酸铜溶液 (5.4), 放入少许无釉瓷片, 加热。直到收集馏出液 (D) 大于或等于 200 mL 为止	优化和细化操作步骤和质控要求
	6	无结果表示要求	当测定结果小于 1.00 mg/L 时, 保留到小数点后两位; 大于等于 1.00 mg/L 时, 一般保留三位有效数字	
	7	无质量控制要求	增加质控要求	
	8	无相关要求	增加注意事项	
海水 油类的测定 荧光分光光度法	1	实验用水	调整用水位置	
	2	13.1.3.12 描述了自配油标准贮备液的方法	3.12 增加了 "或直接购买市售标准溶液"	
	3	13.1.5.1 曲线绘制	5.1 增加了 "根据实际情况的浓度范围, 曲线浓度范围可适当调整, 包含 0 点至少 6 个点"	
	4	无结果表示要求	当样品量小于 1 mg/L 时, 结果保留至小数点后三位; 当样品量大于等于 1 mg/时, 结果保留三位有效数字	优化和细化操作步骤和质控要求
	5	无质量控制要求	8.1 空白样品: 每批样品至少做一个分析空白, 其测定结果应低于方法检出限。8.2 标准曲线: 线性相关系数 r 应大于或等于 0.999。8.3 每批标准样品 (≤20 个) 应测定 1 个有证标准样品。有证标准样品的测定值应在允许范围内	

监测指标及分析方法名称	序号	现行标准中的相关规定	作业指导书中的相关规定	说明
海水 六六六、滴滴涕的测定 气相色谱法	1	GB17378.4 色谱柱是填充柱	色谱柱是石英毛细管双柱	优化和细化操作步骤和质控要求
	2	GB17378.4 自配标准溶液	使用有证标准溶液	
	3	GB17378.4 样品取样体积为 500 ml	样品取样体积为 1 000 ml	
	4	GB17378.4 无色谱条件	推荐色谱分析条件	
	5	现行方法无相关内容	补充仪器校准内容：由于 ECD 的灵敏度高，在分析之前应确保进样口和色谱柱清洁无污染。开机后，打开 ECD 检测器，待基线平稳后，测定基线斜率，以确保在要求范围之内方可分析。在样品分析之前，应先分析标准物，以校准保留时间和标准曲线。	
	6	现行方法无相关内容	补充注意事项：1. 海水样品容易乳化，若萃取过程中乳化现象严重，宜采用机械手段完成两相分离，包括离心、用玻璃棉过滤等方法破乳，也可采用冷冻的方法破乳。 2. 在样品制备的浓缩步骤中，采用氮吹的方式时应注意不能吹干。 3. 样品预处理过程中引入的邻苯二甲酸酯类会对农药测定造成很大的干扰。实验过程中应避免接触任何塑料物品，检查所有溶剂和试剂的沾污情况。 4. 本方法所使用的试剂和标准溶液为易挥发的有毒化合物，配制过程应在通风柜中进行操作，避免接触皮肤和衣服。 5. 实验过程中产生的大量废液，应放置于适当的密闭容器中保存，实验结束后，应一并交由有资质的单位处理。 6. 所用的玻璃器皿必须经过认真的清洗，有必要的话可使用铬酸洗液和高温灼烧，并使用高纯度（99.999%）的载气，尽可能避免仪器及其部件本身产生的干扰。 7. 新安装的毛细管色谱柱需在通氢气条件下老化数小时，此时应断开与检测器接口。 8. 滴滴涕在进样口处容易降解。进样口衬管和进样垫受到以前注射的高沸点残留物污染，都会造成滴滴涕的分解。若造成滴滴涕的分解超过 20%，则应及时更换衬管，清洁进样口。 9. 建议可采用双柱进样对样品中六六六、滴滴涕的测定，滴滴涕的准确定性	
	7	现行方法无相关内容	质量控制与质量保证：样品分析前以及每运行 12 h，应对气相色谱系统进行检查，注入 1.0 μL、p,p'-DDT（1.0 mg/L）测定其降解率，计算公式见下列公式。如果滴滴涕分解率≥20%，系统检查合格后方可进行测定	

监测指标及分析方法名称	序号	现行标准中的相关规定	作业指导书中的相关规定	说明
海水 六六六、滴滴涕的测定 气相色谱质谱法	1	HJ 699—2014 适用于地表水、地下水、生活污水、工业废水和海水；HY/T 147.1—2013 适用于海水、河口水和入海排污口	调整适用范围	基质范围缩小，方法更具有针对性
	2	HJ 699—2014 测定目标物 34 种有机氯，HY/T 147.1 测定目标物 20 种有机氯	HY/T 147.1 明确 8 种有机氯，分别为 α-666、β-666、γ-666、δ-666、p,p'-DDE、p,p'-DDD、o,p'-DDT、p,p'-DDT	
	3	HJ 699—2014：石英毛细管柱，长 30 m，内径 0.25 μm，膜厚 0.25 μm，固定相为 35%苯基甲基聚硅氧烷 (DB-35)；HY/T 147.1：石英毛细管柱，长 30 m，内径 0.25 mm，膜厚 0.25 μm，固定相为 5%苯基-甲基聚硅氧烷石英毛细管柱 (DB-5)	两种石英毛细管柱，等效色谱柱亦可选用	
	4	HJ 699—2014：水样未说明需过滤；HY/T 147.1—2013 明确说明经 GF/F 玻璃纤维滤膜过滤。	水样经沉降 24 h 后取上清液	
	5	HJ 699—2014：液液萃取取样体积 100 mL，固相萃取取样体积 200 mL；HY/T 147.1—2013 取样体积 1 000 mL	HY/T 147.1—2013 取样量 1 000 mL	
	6	HJ 699—2014：具有玻璃塞的棕色磨口瓶或具有聚四氟乙烯衬垫的棕色螺口玻璃瓶，盐酸溶液调节 pH<2，4℃下保存，7 d 内完成萃取，40 d 内完成分析；HJ 442—2020：玻璃容器，现场萃取，或加硫酸至 pH<2，冷藏，7 d	增加样品采集和保存的方法	优化和细化操作步骤和质控要求
	7	HJ 699—2014 和 HY/T 147.1—2013 无相关内容	增加了 7.2	
	8	HJ 699—2014 中 100 mL 水样萃取溶剂正己烷 15 mL 两遍，HY/T 147.1—2013 中 1 000 mL 水样萃取溶剂正己烷是 60 mL 和 50 mL 各一遍	参考 GB17378.4—2007 (14) 萃取溶剂正己烷 20 mL 萃取 2 遍，萃取液合并后经无水硫酸钠干燥柱脱水，用 5 mL 正己烷淋洗干燥柱	
	9	HJ 699—2014 未说明浓缩方式，HY/T 147.1—2013 采用旋转蒸发浓缩	增加其他的浓缩装置	

监测指标及分析方法名称	序号	现行标准中的相关规定	作业指导书中的相关规定	说明
海水 六六六、滴滴涕的测定 气相色谱质谱法	10	HJ 699—2014 采用弗罗里里硅藻土净化，10 mL 丙酮/正己烷（1+9）洗脱；HY/T 147.1—2013 采用硅胶柱净化，80 mL 正己烷/二氯甲烷（1+1）洗脱	采用 HJ 699—2014 弗罗里里硅藻土净化，同时参考 GB 17378.4—2007（14）增加了浓硫酸净化方式，并减少了浓硫酸的用量	优化和细化操作步骤和质控要求
	11	HJ 699—2014 推荐温度 300℃	230℃或300℃，具体根据仪器品牌	
	12	HJ699—2014 标准曲线 20.0 μg/L、50.0 μg/L、100 μg/L、200 μg/L、500 μg/L、1 000 μg/L	10.0 μg/L、20.0 μg/L、50.0 μg/L、100 μg/L、200 μg/L	
	13	无相关说明	增加了海水质控样和加标样确性评价标准	增加了海水质控样和加标样确性评价标准
	14	HJ 699—2014 采用校准曲线计算法	保留校准曲线计算法，同时增加了平均相对响应因子计算法	—
	15	HJ 699—2014 仅给出危险废液和危险废物处理	给出方法的影响因素	
	16	HJ 699—2014 检出限范围 0.025~0.056μg/L	调整方法检出限	
海水 马拉硫磷和甲基对硫磷的测定 气相色谱法	1	测量条件时间较长	更改了实验条件，将整体时间缩短	由于只做两种物质，可优化实验条件
	2	现行方法无相关内容	补充：一、质量保证和质量控制 (1)空白试验 实验室空白每天至少1个且每批样品（≤10）分析1个实验室空白，空白中目标化合物的浓度应低于方法检出限。(2)校准 校准曲线的相关系数应大于0.990。分析每批样品时，均须用校准曲线中间浓度点进行连续校准，测定结果与曲线该点浓度的相对误差应在±20%以内，否则，应建立新的校准曲线。(3)平行样 平行样测定应为2个以上，当样品数量少于10个时，每批样品至少分析1个，相对偏差应在±20%以内。(4)基体加标 基体加标测定应为2个或2个以上，当样品数量少于10个时，每批样品测定数不少于1个，加标回收率应在70%~130%之间。二、废物处置 实验室中产生的所有废液和废物（包括检测后的残液）应分类收集，于密封容器中密封保存，粘贴明显标志，并委托有资质的单位进行处理	补充质量控制和废物处置
	3	现行方法无相关内容	补充计算公式	补充计算公式

监测指标及分析方法名称	序号	现行标准中的相关规定	作业指导书中的相关规定	说明
海水 马拉硫磷和甲基对硫磷的测定 气相色谱质谱法	1	现行方法 HJ 1189—2021 标准适用于地表水、地下水、海水、生活污水和工业废水中的有机磷	适用于海水	基质范围缩小，方法更具有针对性
	2	气相色谱参考条件升温程序对样品的测定时间较长	更改了实验条件，将整体时间同缩短	
	3	用微量注射器分别取适量有机磷标准使用液（4.15）和替代代物标准使用液（4.18），用丙酮-正己烷混合溶液（4.10）配制浓度分别为 1.0 μg/ml、2.0 μg/ml、5.0 μg/ml 和 10.0 μg/ml 的溶液；用微量注射器分别取适量有机磷标准贮备液（4.13）和替代代物标准贮备液（4.17），用丙酮-正己烷混合溶液（4.10）配制浓度分别为 50.0 μg/ml 和 100 μg/ml 的溶液。此标准曲线系列浓度为 1.0 μg/ml、2.0 μg/ml、5.0 μg/ml、10.0 μg/ml、50.0 μg/ml 和 100 μg/ml	用微量注射器分别取适量有机磷农药标准贮备液（5.10）和替代代物标准贮备液（5.13），用丙酮-正己烷混合溶液（5.4）配制浓度分别为 0.2 mg/L、0.5 mg/L、1.0 mg/L、2.0 mg/L、5.0 mg/L、10.0 mg/L 和 20.0 mg/L 的溶液（此为参考浓度）。同标准曲线中各点浓度点溶液加入适量内标贮备液（5.11），使内标化合物的浓度为 5.0 mg/L	优化和细化操作步骤和质控要求
	4	数据采集方式：全扫描	数据采集方式：选择离子扫描（SIM）	
海水 阴离子洗涤剂的测定 亚甲基蓝分光光度法	1	给出干扰未说明如何消除	补充干扰及其消除方法，包括：有较深颜色的水样本这受干扰。有机的硫酸酯、磺酸盐、羧酸盐、酚类以及无机的氰酸盐等引起正干扰，硝酸盐和硫酸酯盐等引起负干扰（有机硫酸酯、磺酸盐和硝酸盐的干扰去除，其中氯化物和硝酸盐的干扰这些正干扰（适当条件下）去除，有机胺类引起负干扰，可采用阴离子交换树脂去除	优化和细化操作步骤和质控要求
	2	试剂与材料	补充氯化钠溶液、硫酸溶液、直链烷基苯磺酸钠标准溶液等配制方法	
	3	仪器与设备	5 仪器与设备，补充紫外可见分光光度计：20 mm 比色皿。分析天平：精度为 0.0001 g	
	4	标准曲线	明确标准曲线的具体配制方法和有效期限	
	5	未对样品前处理进行说明	增加 6.2 样品前处理进行说明	
	6	计算定量文字说明未给出具体公式	补充了具体计算公式及符号说明	
	7	没有对结果的有效期进行约定	增加 7.2 有效期结果的修约要求	
	8	精密度和准确度	增加 8 准确度，含正确度和精密度要求	
	9	没有具体的质控规定	补充 质量控制要求	
	10	没有废物处置的相关规定	增加 10 废物处置的要求	
	11	注意事项	补充和更新了一些注意事项	

监测指标及分析方法名称	序号	现行标准中的相关规定	作业指导书中的相关规定	说明
海水 苯并[a]芘的测定 气相色谱质谱法	1	《海水中16种多环芳烃的测定 气相色谱-质谱法》(GB/T 26411—2010)中前处理仪提供固相萃取方法,《水质 多环芳烃的测定 液液萃取和固相萃取高效液相色谱法》(HJ 478—2009)中前处理采用液液萃取和固相萃取	前处理方法包括液液萃取和固相萃取两种方法,液液萃取取方法借鉴HJ 478—2009,固相萃取借鉴GB/T 26411—2010	优化和细化操作步骤和质控要求
	2	GB/T 26411—2010 使用的内标为四氯间二甲苯或六甲基苯,替代物为萘-d8、苊-d10、菲-d10、屈-d12和苝-d12。HJ 478-2009中替代物为十氟联苯,目标物为16种多环芳烃。	内标为苊-d12,替代物为对三联苯-d14,目标物为苯并[a]芘	
	3	GB/T 26411—2010校准曲线浓度范围为2~80 μg/L	校准曲线浓度范围为2~500 μg/L	
	4	GB/T 26411—2010 中绘制标准曲线描述为计算不同浓度待测物的相应峰面积(或峰面积),绘制标准曲线。	以标准系列溶液中目标组分的质量浓度(μg/L)和内标物浓度(μg/L)的比值为横坐标,以其对应的峰面积(或峰高)与内标物峰面积(或峰高)的比值为纵坐标,建立标准曲线	
	5	GB/T 26411—2010 中内标物浓度为 80 μg/L,替代物浓度为40 μg/L	内标物浓度为 200 μg/L,替代物浓度为100 μg/L	
	6	GB/T 26411—2010 中离子源温度为200℃	离子源温度为230℃	
	7	GB/T 26411—2010 中空白试验包括全程序空白、全程空白和分析空白试验。分析空白试验描述为按照试样做分析步骤和条件对空白样品进行分析试验,得到的结果为"空白值"	空白试验包括全程序空白和分析空白。作业指导书中分析空白试验描述为每批做一个空白实验(不超过20个样品)须做一个空白实验,测定结果中目标物浓度不应超过方法检出限。否则,应检查试剂空白、仪器系统及测定前处理过程	
	8	GB/T 26411—2010 中无基体加标数量要求	增加基体加标要求,每批样品(最多20个样品)至少测定1对基体加标样品,基体加标的回收率控制在60%~130%范围	
	9	GB/T 26411—2010 中无相关内容	质量控制 10.2 校准曲线校准系列中目标化合物相对响应因子的相对标准偏差应小于或等于20%。否则,说明进样口或色谱柱存在干扰,查找原因并行必要维护。校准曲线相关系数≥0.995。否则,查找原因并重新绘制标准曲线	

监测指标及分析方法名称	序号	现行标准中的相关规定	作业指导书中的相关规定	说明
海水　苯并[a]芘的测定　气相色谱质谱法	10	GB/T 26411—2010 中无相关内容	8.1 定性分析 通过样品中目标物与标准系列中目标物的保留时间、质谱图、碎片离子质荷比及其丰度等信息比较，对目标物进行定性。应多次分析标准溶液得到目标物的保留时间均值，以平均保留时间同±3倍的标准偏差为保留时间窗口，样品中目标物的保留时间应在其范围内。 目标物标准质谱图中相对丰度高于 30% 所有离子应在样品质谱图中存在，样品质谱图和标准质谱图中上述特征离子的相对丰度偏差要在±30%之内。一些特殊的离子如分子离子峰，即使其相对丰度低于 30%，也应该作为判别化合物的依据。如果实际样品存在明显的背景干扰时应扣除背景影响	优化和细化操作步骤和质控要求
	11	采用目标物，替代物，内标物比较公式进行计算	采用 8.4.1 用平均相对响应因子法计算与 8.4.2 用标准曲线法计算两种计算方法	
	12	GB/T 26411—2010 基本原理，式 59	补充精密度和正确度实验及结果评价要求	
海水　盐度的测定　盐度计法	1	29.1.2 基本原理，式 59	2.方法原理，式 59，增加因子	
	2	29.1.4 主要技术指标：电导率比 0.07～1.2；测量准确度 电导率比 0.01；测量：测量精密度 0.003；盐度分辨率 0.001；测温电桥准确度 0.5℃	4.2 主要技术指标：测量准确度±0.003；测量精密度 0.003；测量分辨率 0.000 3；测量稳定性 8 小时漂移小于±0.003；水浴温场波动±0.0003℃。（精密度未确定）	优化和细化操作步骤和质控要求
	3	29.1.5 分析步骤，感应式盐度计	5 分析步骤，改为新款实验室盐度计	
	4	无质量控制内容	新增 7 质量保证和质量控制	
	5	29.1.7 注意事项，电导池部分内容删除	8 注意事项，电导池部分内容删除